环境治理体系和能力现代化系列研究

美丽中国建设与全球环境治理

——国际环境政策与技术 2023

生 态 环 境 部 国 际 合 作 司
生态环境部对外合作与交流中心 编著

中国环境出版集团·北京

图书在版编目（CIP）数据

美丽中国建设与全球环境治理 ： 国际环境政策与技术． 2023 / 生态环境部国际合作司， 生态环境部对外合作与交流中心编著． -- 北京 ： 中国环境出版集团， 2024． 9． --（环境治理体系和能力现代化系列研究）．
ISBN 978-7-5111-5979-3

Ⅰ． X-01

中国国家版本馆 CIP 数据核字第 20242UP530 号

责任编辑 宋慧敏　金捷霆
封面设计 宋　瑞

MEILI ZHONGGUO JIANSHE
YU QUANQIU HUANJING ZHILI
GUOJI HUANJING ZHENGCE YU JISHU 2023

出版发行 中国环境出版集团
（100062　北京市东城区广渠门内大街 16 号）
网　　址：http://www.cesp.com.cn
电子邮箱：bjgl@cesp.com.cn
联系电话：010-67112765（编辑管理部）
发行热线：010-67125803，010-67113405（传真）

印　　刷 北京中科印刷有限公司
经　　销 各地新华书店
版　　次 2024 年 9 月第 1 版
印　　次 2024 年 9 月第 1 次印刷
开　　本 787×1092　1/16
印　　张 15
字　　数 290 千字
定　　价 69.00 元

本书编委会

主　编：周国梅　田成川　李永红

副主编：邱伟杰　崔丹丹　丁　辉

编　委（按姓氏笔画）：

王　新　王祖光　王语懿　朱留财

刘　侃　刘　援　孙阳昭　李　霞

李宏涛　杨玉川　杨礼荣　肖学智

吴明辉　张剑智　张慧勇　陈　明

邵丁丁　尚舒文　赵子鹰　郭晓林

唐艳冬　黄　淼　彭　政　鲁成钢

蓝　艳　路国强

编　者：张泽怡　唐华清　曹　杨　郑　静

段光正　李　乐

前　言

当前，世界之变、时代之变、历史之变正以前所未有的方式展开，世界格局加速演变，新一轮科技革命和产业变革迅猛发展。人类文明在大步前进的同时，不安全、不稳定、不确定因素也明显增加，对美丽家园建设带来了巨大挑战。应对好这一大变局，关键要有识变之智、应变之方、求变之勇。

建设美丽家园是人类共同的梦想。面对气候变化、生物多样性丧失等全球性生态环境挑战，中国将继续秉持人类命运共同体理念，承担大国责任、展现大国担当，以美丽中国建设引领全球环境治理进程，为建设清洁美丽世界、实现更加绿色的全球可持续发展贡献中国智慧和中国力量。

为服务我国环境外交大局，生态环境部对外合作与交流中心围绕全球环境治理、环境国际公约履约、清洁能源发展、减污降碳协同增效、欧美等国家和地区环境政策以及绿色“一带一路”建设等重要议题开展了深入研究，取得了丰硕成果。

本书精心收录了 2023 年 30 篇优秀研究报告并集结成书，以期为我国环境外交发挥决策参考作用。

前 言

目　录

第一章　积极应对国际博弈：全球环境形势与政策…………………………… 1

国际经济环境形势观察与分析（2023 年第一季度）……………………………… 2

应对气候变化与绿色低碳发展国际形势分析（2023 年上半年）………………… 8

应对气候变化与绿色低碳发展国际形势分析（2023 年前三季度）…………… 21

欧盟碳边境调节机制（CBAM）过渡期实施细则介绍及建议…………………… 39

美国《通胀削减法案》对全球能源转型的影响分析……………………………… 52

德国联邦政府发布“中国战略”对中德环境与气候合作影响分析……………… 58

东盟碳排放与应对气候变化现状及启示…………………………………………… 64

主要经济体气候信息披露办法对比研究…………………………………………… 79

第二章　推动减污降碳协同增效：全球污染防治与技术………………………87

塑料污染治理国际动态（一）……………………………………………………… 88

塑料污染治理国际动态（二）……………………………………………………… 94

塑料污染治理国际动态（三）………………………………………………………100

对美国发布《防止塑料污染国家战略（草案）》的分析和思考 …………………106

“终结塑料污染的高雄心联盟”主要观点分析及我国应对策略建议 …………111

《欧盟电池和废电池法规》潜在影响评析及建议 …………………………………117

欧盟和美国对 PFAS 管控最新进展及启示 …………………………………………123

欧盟拟修订大气、水环境管理指令对我国推进减污降碳协同增效的启示……129

化工园区新污染物管控国际经验与对策研究………………………………………135

第三章　深度参与全球环境治理：环境公约履约与国际合作………………… 143

基于 G20 成员甲烷排放结构差异性　布局甲烷控排双多边国际合作 ………144

浅析中美欧《基加利修正案》管控行动…………………………………………… 151
全球生物多样性框架基金成功设立……………………………………………………… 158
《欧盟自然恢复条例》草案的主要内容及其影响分析 …………………………… 163
新发展阶段，我国亟须生物多样性可持续利用促进法……………………………… 168
国家公园生态产品价值市场化实现研究——以生物多样性抵消和信用为例… 173
“一带一路”倡议下加强我国与西巴尔干国家城市固体废物治理合作探析 … 180
加强地方履约能力建设　提升自主履约能力……………………………………… 188

第四章　推动绿色低碳高质量发展：全球绿色实践与美丽中国建设………… 193
全球风光水等可再生能源发电现状、趋势及启示………………………………… 194
《全球太阳能光伏市场回顾 2022》主要内容和启示 …………………………… 205
全球氢能发展状况分析与建议……………………………………………………… 214
绿证交易与绿电交易对比研究……………………………………………………… 220
绿色供应链管理助力行业绿色低碳高质量发展——中国家用电器制造行业
调研报告……………………………………………………………………………… 226

第一章

积极应对国际博弈：全球环境形势与政策

2023 年是世界政治、经济形势极为复杂多变的一年，全球环境治理面临认知、合作、资金等一系列困难，环境议题政治化趋势明显增强。但随着全球气候变化风险持续增加，主要国家对推动经济绿色低碳转型仍然有着较强意愿。欧盟和美国两大主要经济体围绕能源低碳转型和产业绿色发展动作频频。美国发布了《美国国家清洁氢能战略和路线图》《2023 年关键材料评估》，欧盟通过了“绿色协议工业计划”“氢能银行计划”等计划，公布了欧盟碳边境调节机制过渡阶段实施细则，《欧盟电池和废电池法规》正式生效。这些政策的出台将对全球产业布局产生深刻影响，并掀起新一轮产业竞争。面对严峻的风险挑战，中国政府在习近平生态文明思想的指引下，牢固树立和践行“绿水青山就是金山银山”理念，推动中国经济社会发展全面绿色转型，并在全球环境治理的国际舞台上发挥更大的领导力，引领国际社会继续走在绿色可持续发展的正确轨道上。中国必须继续采取坚决有力措施，以自身工作的确定性应对形势变化的不确定性，确保中国在 2035 年基本实现美丽中国建设目标，经济社会实现全面绿色转型发展。

本章主要编者为张泽怡。

国际经济环境形势观察与分析（2023 年第一季度）

郑 静

2023 年，通货膨胀、美元加息、俄乌冲突及中美经贸关系有可能出现缓和，但仍存在很大的不确定性，导致世界经济下行甚至深度衰退的存量矛盾和增量矛盾同时存在。中国经济面临严峻挑战，但经济发展的基本面尚未改变。中国促成沙伊复交，为中东地区和平稳定打开新局面。中美重启气候对话，为全球应对气候变化行动注入了强心剂。但是美国遏制和打压中国的战略基调不会发生根本性变化，中美气候外交中竞争与合作之势共存。俄乌冲突持续一年，能源危机或将加速全球能源绿色转型。欧洲议会环境、公共卫生和食品安全委员会于 2023 年 2 月 9 日正式通过了欧盟碳边境调节机制，欧盟将成为世界上第一个征收碳关税的经济体。具体情况如下。

一、全球许多经济体展现“超出预期的韧性”，威胁全球经济增长的风险有所缓解，全球经济将由“滞胀”向衰退演变

国际货币基金组织（IMF）2023 年 1 月 31 日发布的《世界经济展望报告》指出，预计 2023 年全球经济增长率为 2.9%，2024 年全球经济增长率将升至 3.1%，并认为 2023 年世界经济有可能走出谷底。这是数个季度以来首次上调对 2023 年的经济增速预测，比 2022 年 10 月的预测上调 0.2 个百分点。IMF 表示，2022 年全球经济表现出意料之外的弹性，劳动力市场强劲，家庭消费和企业投资也有韧性，欧洲在能源危机下的表现好于预期，大多数国家 2023 年应该能避免经济衰退。但由于全球经济活动仍面临各大央行上调利率以及俄乌冲突带来的压力，此次的预期增速仍低于历史（2000—2019 年）平均值（3.8%）。

IMF 预计，发达经济体增长率将从 2022 年的 2.7% 降至 2023 年的 1.2%，并认为约有 90% 的发达经济体 2023 年经济增速将放缓，2024 年小幅反弹。其中，美国经济增速 2023 年、2024 年将分别降至 1.4% 和 1.0%，预计美联储本轮加息的终端利率将高达 5.1%。预计 2023 年，欧元区经济增速将降至 0.7%，2024 年将反弹至 1.6%；英国经济将萎缩 0.6%；日本经济将增长 1.8%，2024 年随着刺激措施的影响消

散，经济增速将降至 0.9%。IMF 认为，大约一半的新兴市场和发展中经济体 2023 年经济增速将低于 2022 年，但作为一个整体已经触底反弹，预计 2023 年、2024 年分别上升至 5.3% 和 5.2%。IMF 预计全球高通胀 2023 年有望缓解，预计 2023 年全球约 84% 的国家的总体通胀率将低于 2022 年，全球通胀将从 2022 年的 8.8% 下降到 2023 年的 6.6% 以及 2024 年的 4.3%，但仍高于新冠疫情前（2017—2019 年）约 3.5% 的水平。世界贸易组织（WTO）发布的报告指出，预计 2023 年全球贸易将仅增长 1%。2023 年 3 月，美国硅谷银行倒闭事件成为全球关注的焦点。该事件凸显美联储激进加息的负面影响，可能引发美国科技公司的大范围倒闭和裁员浪潮，并威胁到更大范围内的金融稳定。

随着新冠疫情防控措施持续优化调整，中国经济复苏势头强劲，有力提振全球经济增长信心。中国银行研究院 2022 年年底发布的《2023 年经济金融展望报告》认为，2023 年，中国经济将步入内外需增长动能转换期，发展面临的内外部环境和条件或将有所改善，宏观经济各项指标将较 2022 年有所回升。在悲观、基准、乐观三种情景下，预计 2023 年 GDP 分别增长 3.6%、5.3%、6.6% 左右。IMF 大幅上调 2023 年中国经济增长预期至 5.2%，高出 2022 年 10 月预测值 0.8 个百分点，并称 2024 年有望继续增长 4.5%。IMF 认为，中国优化调整防疫政策等因素将改善中国和全球经济增长前景。摩根士丹利、高盛、摩根大通等多家国际投资机构纷纷上调 2023 年中国经济增速预测。据海关总署统计，2023 年前两个月，中国外贸进出口总值达 6.18 万亿元，出口规模创历史同期新高。东盟继续是中国第一大贸易伙伴，占中国外贸总值的 15.4%，其次是日本和韩国。中国对共建"一带一路"国家进出口 2.12 万亿元，同比增长 10.1%。中国对其他《区域全面经济伙伴关系协定》（RCEP）成员国合计进出口 1.91 万亿元，同比增长 3.1%。

观察建言：当前，威胁全球经济增长的风险有所缓解，很多经济体被压抑的需求得到释放，全球经济将由"滞胀"向衰退演变。亚太新兴经济体出口增长面临压力，美联储加息步伐有望放缓，大宗商品价格将在高位调整。全球高通胀态势将在一定程度上缓解，但是通胀水平仍将高于新冠疫情前。面对世界经济的严峻复杂形势，中国发展需要应对的风险和挑战、需要解决的矛盾和问题比以往更加错综复杂。中国应完整、准确、全面贯彻新发展理念，加快构建新发展格局，加强国际贸易、气候转型等领域的多边合作，着力推动"一带一路"高质量发展，把实施扩大内需战略同深化供给侧结构性改革有机结合，加快产业绿色转型和低碳经济发展，有效防范化解重大风险，不断为世界经济注入更多新动能。

二、中国促成沙伊复交，达成“北京和解”，得到国际社会普遍欢迎，为中东地区和平稳定打开新局面

2023 年 3 月 10 日，中国、沙特、伊朗三国在北京发表三方联合声明，沙特和伊朗宣布同意恢复双方外交关系。联合国秘书长古特雷斯对此表示欢迎，感谢中国为促成沙伊两国对话所作出的贡献。巴基斯坦外交部长比拉瓦尔赞赏中国为推动沙伊两国恢复外交关系发挥的积极作用。伊拉克、卡塔尔、阿联酋、土耳其、黎巴嫩等中东多国都表示欢迎。此次“北京和解”不仅对缓和伊斯兰国家内部矛盾具有重要意义，也对中东局势的改善有着积极影响，或将对其他热点问题起到典范性影响，为通过对话协商化解国家间矛盾分歧树立了典范，是全球安全倡议的一次成功实践。

中国与伊朗、沙特均是全面战略伙伴关系，同时是两国最大的贸易伙伴国，中国与沙伊两国均形成了重要的信任关系，在斡旋调解两国关系中起到了重要的建设性作用。从 2022 年 12 月首届中国 - 阿拉伯国家峰会召开，到 2023 年 2 月中伊元首会晤，中国以高层对话为核心推动了此次“北京和解”，为中东地区和平稳定打开新局面。沙特与伊朗的关系正常化，为两国正式加入金砖国家合作机制铺平了道路。沙伊复交使中国“一带一路”建设在中东地区所面临的区域风险得到缓释，也使中国的能源安全保障进一步强化，有利于推动能源贸易人民币结算进程。未来中国或将同两国在基础设施、数字经济、可再生能源等领域进一步深化合作。2023 年正值“一带一路”倡议提出 10 周年，商务部 3 月 2 日表示将共同筹办好第三届“一带一路”国际合作高峰论坛，预计提升贸易质量、拓展合作领域、优化共建项目等或成为推进中国同共建“一带一路”国家经贸合作走深走实的重要方向。

观察建言：在当前全球政经新形势下，中国应积极倡导摒弃零和博弈的安全观，本着相互尊重的精神进行平等对话，用多边主义对抗霸权主义和单边主义，为妥善处理当今世界的热点问题发挥建设性作用。2023 年中国将举办首次中国 - 中亚峰会和第三届“一带一路”国际合作高峰论坛（含绿色之路分论坛）两大主场外交活动。中国应以此为契机，进一步加强和稳固周边国家关系，维护地缘政治稳定，推动构建“一带一路”能源合作共同体，推动共建国家的绿色低碳高质量发展。

三、中美重启气候对话，为全球应对气候变化行动注入了强心剂

2022 年 8 月，针对美国国会众议长佩洛西窜访中国台湾地区，中国外交部宣布采取暂停中美气候变化商谈等八项反制措施。2022 年 11 月，G20 巴厘岛峰会开幕的前一天，中美两国元首举行了双边会晤，同意恢复在气候变化问题上的合作。2023 年

10月，根据两国领导人的要求，中国气候变化事务特使解振华与美国气候问题特使克里在《联合国气候变化框架公约》第二十七次缔约方大会（COP27）期间进行了正式磋商，双方气候变化谈判团队就COP27重点谈判议题和预期成果举行了多轮磋商，以建设性的方式努力寻找共同点，共同为推动COP27取得成功作出了贡献。解振华评价这些磋商“坦诚、友好、积极、正面，很有建设性”，双方商定在这次大会结束之后继续开展正式磋商，“甚至还要进行面对面磋商”。克里强调，要将全球升温控制在1.5℃以下，美中必须在气候方面进行合作，“如果没有中国，我们就无法实现气候目标”。中美重启气候对话，为全球应对气候变化行动注入了强心剂，国际社会对中美合作充满期待，希望中美合作为全球气候变化行动注入活力。

2023年3月13日，国务院总理李强回应“中美脱钩”时指出：“据中方统计，去年，中美贸易额近7 600亿美元，创下历史新高。中美两国经济你中有我、我中有你，彼此都从对方的发展中受益。”“中美可以合作、也应该合作。中美合作大有可为。围堵、打压对谁都没好处。”中美找到正确相处之道是两国人民和世界各国人民的共同期待。双方应确立对话而非对抗、双赢而非零和的交往基调，以实际行动推动中美关系重返健康稳定发展轨道，造福两国，惠及世界。

观察建言：中国、美国作为全球温室气体排放前两名的经济体，中美气候合作符合双方利益，更是推动全球气候治理、促进全球绿色低碳转型的重要举措。虽然拜登多次表示希望与中国在气候变化领域展开合作，但美国遏制和打压中国的战略基调不会发生根本性变化，中美气候外交中竞争与合作之势共存。中国应一如既往与包括美方在内的各方一道，积极推动应对气候变化全球治理，推动构建公平合理、合作共赢的全球气候治理体系。同时，在妥善管控中美气候竞争风险、避免冲突的基础上，寻求中美气候合作的主动权，同美国加强对话、拓展合作方向。

四、俄乌冲突持续一年，欧洲遭遇严重的能源危机，加速全球能源绿色转型

俄乌冲突爆发一年来，溢出效应不断显现，特别是西方与俄罗斯之间的能源博弈，改变了全球能源流向、贸易规则和治理体系，重塑了全球能源格局，进而影响全世界的能源转型。据国际能源署（IEA）估计，2022年全球已有创纪录的1.4万亿美元投入清洁能源项目，包括太阳能发电场、电池和电动汽车充电站，已经超过投入化石能源项目的资金。英国气候智库Ember发布的报告显示，2022年风能和太阳能发电量占欧盟国家总发电量的22.3%，创下历史新高，首次超过核能（21.9%）和天然气（19.9%），成为欧盟最大的电力来源，帮助欧洲度过了由俄乌冲突引发的天然

气供应短缺、干旱导致的水力发电量下降、多国意外的核电中断带来的“三重危机”。

虽然欧洲有惊无险地度过了这个冬天的能源供给危机，但能源高价危机以及更大范围内的通胀危机依然存在。同时，随着俄罗斯进一步减少对欧盟的天然气供应，以及其他大国经济复苏需求上升，欧盟可能面临多达 300 亿 m^3 的天然气缺口。因此，加快提高能源效率、加速可再生能源和热泵的部署、减少对化石燃料和天然气的需求，对欧盟的能源安全至关重要。欧洲正在努力摆脱对俄罗斯化石燃料的依赖：①欧盟委员会于 2023 年 2 月 1 日发布了“绿色协议产业计划”，其核心内容主要有四个：建设可预测和简洁高效的管理体系、加快获取欧盟及欧盟各国资金的速度、提升适用于绿色转型的技能、推进有助于供应链韧性的开放性贸易举措。②欧盟委员会于 2023 年 2 月 14 日公布了一项修订欧盟卡车、拖车和公共汽车二氧化碳标准的提案。该提案将管制车辆的范围从牵引车、大型载货车拓展到公共汽车、长途客车等，由欧洲重型车辆销售量的 60% 扩大到 90%。几乎所有新认证的重型车二氧化碳排放标准逐步加强，与 2019 年相比，从 2030 年起减少 45% 的排放，从 2035 年起减少 65% 的排放，从 2040 年起减少 90% 的排放。为了刺激在城市中更快地部署零排放公交车，欧盟委员会还建议从 2030 年起，所有新的城市公交车都要实现零排放。欧盟委员会表示，新标准将使 2031—2050 年进口石油需求减少约 20 亿桶。③欧洲议会通过了欧盟委员会和欧洲理事会达成的《2035 年欧洲新售燃油轿车和小货车零排放协议》。该协议的目标是 2035 年开始在欧盟 27 国范围内停售新的燃油轿车和小货车。按照普通家用轻型车 15 年的使用期限，这项禁令将确保欧盟到 2050 年实现温室气体零排放。欧盟要求，与 2021 年的水平相比，在 2030 年实现燃油轿车减排 55%，远高于现有的 37.5% 目标，小货车要实现 50% 的减排。④欧盟启动了欧盟能源平台以汇集需求、协调基础设施使用并与国际合作伙伴谈判来丰富能源供应来源和途径。⑤英国政府成立了能源安全和净零排放部（DESNZ），由以前的商业、能源和工业战略部（BEIS）拆分重组而来，其使命是“专注于保障能源供应安全，确保市场正常运行，提高能源效率，抓住零排放的机会，引领世界新型绿色产业”。⑥德国和比利时签署了加强天然气和电力供应等合作的协议，继续深化在能源方面的合作，并加强液化天然气的基础设施建设。预计新的运输管道未来还将与氢能运输兼容。⑦德国联邦政府召开为期两天的闭门内阁会议，重点讨论俄乌冲突影响及能源转型和数字化进程等话题。

观察建言：俄乌冲突引发的能源危机在欧洲内部形成了具有广大民意基础的共识，创造了一个绿色拐点和提高能效的机会，正在为全球能源转型创造全新的动力。大国在可再生能源领域的竞争将日趋激烈，可再生能源技术及其产业链和供应链已成为大国博弈的“新赛道”。中国应继续大力推进能源绿色低碳转型，加快能源结构调整步伐，加强与欧洲的技术交流与合作，积极布局最有效益和最具有安全性的清洁能源投资，不断加大对绿色低碳产业的支持力度，持续打造中国产业的全球竞争比较优势，以应对未来国际能源科技领域的竞争与博弈。

五、欧洲议会环境、公共卫生和食品安全委员会正式通过了欧盟碳边境调节机制

2023 年 2 月 9 日，欧洲议会环境、公共卫生和食品安全委员会正式通过了欧盟碳边境调节机制（CBAM）的协议，并计划在 4 月的欧洲议会全体会议上最终通过。CBAM 将于 2023 年 10 月 1 日正式生效，2023—2025 年是过渡期，申报企业只需要履行报告义务，2026 年正式起征，并在 2034 年之前全面实施。欧盟将成为世界上第一个征收碳关税的经济体，欧盟委员会将主要负责 CBAM 的执行和监管。第一批纳入征收范围的行业包括钢铁行业、水泥行业、铝行业、化肥行业和电力行业，并扩展到氢气、特定条件下的间接排放、特定前体以及某些下游产品，例如螺钉和螺栓以及类似的制品铁或钢。CBAM 是欧盟“减碳 55”（Fit for 55）一揽子计划的核心部分之一，目的在于解决碳泄漏问题，防止欧盟本地公司为逃避严格的减排政策而外迁。CBAM 的目标是到 2030 年包括欧盟碳市场涵盖的所有产品及其所涵盖行业 50% 以上的排放量。

国际上争议的核心聚焦于 CBAM 是否违背世界贸易组织（WTO）协定原则，并对多边贸易体制带来破坏。中国曾明确表明对 CBAM 的反对立场，印度、俄罗斯、巴西等国也针对 CBAM 表达了担忧和抨击，认为其具有歧视性和不公平性，违反自由贸易相关规定，其实质是单边贸易壁垒，对全球绿色贸易规则产生阻碍和破坏。关税与贸易总协定（GATT）中的例外条款即“为保护人类、动物或植物的生命或健康所必需的措施”和“与保护可用竭自然资源有关的措施”，可能将是欧盟在弥合 CBAM 与 WTO 协定的争端中最有可能加以利用的条款。

观察建言：当前，国际气候博弈日益加剧。发达经济体一方面酝酿成立各种内部气候合作关系，进一步牢牢控制气候政策、标准、科技等方面的话语权。另一方面，以促进减排为由，主导国际气候政策的制定，通过设置各种类似碳关税（欧盟的 CBAM、美国的 CCA）的贸易机制，制造绿色壁垒。中国应坚定不移地推行绿色发展，加快国内绿色转型，加大绿色能源基础设施建设，加快绿色低碳科技创新。同时，强化与欧盟的谈判和合作，推动全球制定统一的、透明的碳关税机制，联合发展中国家与欧盟开展谈判，商讨兼顾共同但有区别的原则，推动制定更加合理的豁免和抵消机制。

应对气候变化与绿色低碳发展国际形势分析（2023 年上半年）

郑 静

近年来，应对气候变化成为日益紧迫的全球性挑战，绿色低碳转型更加紧迫。气候议题日益政治化，已成为大国竞争和博弈的新领域。自 2022 年以来，欧盟和美国围绕能源低碳转型和产业绿色发展动作频频，对国际气候治理格局和全球产业链供应链产生了重大的影响，也对中国推动绿色低碳转型和对外国际合作带来新的挑战和机遇。

一、欧盟应对气候变化和绿色低碳领域的政策和进展

随着欧洲国家近两年高温、暴雨等极端天气增多，欧盟应对气候变化的压力不断加大。同时，俄乌冲突导致欧洲能源危机爆发，拖累欧盟实现减排目标，倒逼欧盟必须作出调整，重回低碳减排的轨道。绿色转型是当前欧盟重点关注的政策方向，也将是未来几十年关系欧盟前途与命运的关键进程之一。自欧盟于 2021 年 7 月发布“减碳 55”（Fit for 55）一揽子减排方案以来，欧盟在应对气候变化和推动绿色低碳产业发展方面动作频出，先后通过了《可再生能源发展法案》和《欧盟电池和废电池法规》等。一系列政策的出台，彰显了欧盟实现净零目标的决心，同时体现出明显的地区保护倾向，通过制定行业标准、防止本地公司外迁、加大绿色补贴等方式应对美国《通胀削减法案》。

（一）欧盟委员会发布欧洲研究区工业技术路线图

2023 年 1 月 24 日，欧盟委员会发布《欧洲研究区纺织、建筑和能源密集型行业循环技术和商业模式的工业技术路线图》，确定了纺织、建筑和能源密集型行业的 92 项循环技术和创新投资需求。关键循环技术包括：①纺织：生物基材料和再生材料等替代原材料、臭氧技术、可持续设计、自动纤维分选技术、化学回收技术、循环染色技术、数字认证（护照）等。②建筑：增材制造技术、城市采矿、模块化设

计与建筑拆装设计、数字护照和区块链等。③化工：酸、碱、盐废物回收技术，废塑料热化学回收技术、生物回收技术、溶剂分类等技术，数据收集、数据共享和数字孪生等数字技术。④金属和钢：废耐火材料再利用，使用传感器和机器学习的废料场管理，激光物体检测、X射线技术、人工智能检测等废料表征技术，金属废料切割机器人等。⑤陶瓷：废陶瓷、边角料、工业无机废料等回收利用，水回收再利用技术，冷烧结工艺，生态设计等。

（二）欧盟发布“绿色协议产业计划”

2023年2月1日，欧盟委员会发布“绿色协议产业计划”，旨在简化、加速和调整激励措施，以提高欧洲净零工业的竞争力。该计划被认为是正面对标美国《通胀削减法案》的重要产业保护计划，防止欧洲工业及相关价值链产业转移至美国。2023年1月1日起，美国《通胀削减法案》正式生效。欧盟担心美国这一项3 690亿美元的绿色补贴计划会使欧洲的产业外迁。“绿色协议产业计划”作为欧洲绿色协议和欧盟工业战略的补充，提出了四大行动支柱：①建立可预期、连续和简化的监管环境：将在2023年上半年制定净零工业法案、关键原材料法案、电力市场设计改革三项关键法案。②促进投资和融资：通过“国家援助临时危机和过渡框架”（TCTF）和《通用集体豁免条例》的修订简化资助项目审批，扩大可再生技术资助范围，并提议建立欧洲主权基金。③提高绿色技术技能：建立净零工业学院、实施资格认证等。④开放贸易以提升供应链韧性：成立关键原材料俱乐部、发展清洁技术和净零排放工业合作伙伴关系以及制定出口信贷战略等。

（三）欧盟通过两项《可再生能源指令》要求的授权法案

2023年2月13日，欧盟委员会通过了两项《可再生能源指令》要求的授权法案，提出了详细规则以定义可再生氢的构成，将确保所有非生物来源的可再生燃料（RFNBO）均由可再生能源电力生产。第一项授权法案《关于欧盟RFNBO的授权法案》（*Delegated Act on Renewable Liquid and Gaseous Fuels of Non-biological Origin*）定义了在何种条件下氢、氢基燃料或其他能源载体可被视为RFNBO，生产氢气的电解槽必须与新的可再生能源电力生产连接，旨在确保可再生氢的生产能够激励可再生能源并网。第二项授权法案《循环碳燃料温室气体减排最低阈值的授权法案》提供了计算RFNBO生命周期温室气体排放的方法，该方法考虑了燃料整个生命周期的温室气体排放，并阐明了如何计算可再生氢及其衍生物的温室气体排放量。

（四）欧盟公布两项交通领域减排提案

2023 年 2 月 14 日，欧盟委员会公布了一项修订欧盟卡车、拖车和公共汽车二氧化碳标准的提案。该提案将管制车辆的范围从牵引车、大型载货车拓展到公共汽车、长途客车等，由欧洲重型车辆销售量的 60% 扩大到 90%。几乎所有新认证的重型车二氧化碳排放标准逐步加强，与 2019 年相比，从 2030 年起减少 45% 的排放。从 2035 年起减少 65% 的排放，从 2040 年起减少 90% 的排放。为了刺激在城市中更快地部署零排放公交车，欧盟委员会还建议从 2030 年起，所有新的城市公交车都要实现零排放。欧盟委员会表示，新标准将使 2031—2050 年进口石油需求减少约 20 亿桶。

2023 年 2 月 14 日，欧洲议会通过了欧盟委员会和欧洲理事会达成的《2035 年欧洲新售燃油轿车和小货车零排放协议》。该协议的目标是 2035 年开始在欧盟 27 国范围内停售新的燃油轿车和小货车。按照普通家用轻型车 15 年的使用期限，这项禁令将确保欧盟到 2050 年实现温室气体零排放。欧盟要求，与 2021 年的水平相比，在 2030 年实现燃油轿车减排 55%，远高于现有的 37.5% 目标，小货车要实现 50% 的减排。这意味着由汽油、柴油等化石燃料驱动的车型从 2035 年起将无法在欧盟上市。欧盟此举引发了以德国为首的一些与汽车产业紧密相关的国家的反对，要求欧盟对此禁令作出修改。据报道，德国已与欧盟达成协议，欧盟将允许在 2035 年后销售使用可再生能源燃料的汽车。

（五）欧盟发布《净零工业法案》和《关键原材料法案》提案

2023 年 3 月 16 日，欧盟官网正式发布“绿色协议产业计划”的两大基石——《净零工业法案》和《关键原材料法案》提案，旨在确保欧盟在全球绿色工业技术方面处于领先地位，扩大欧盟制造关键碳中和或净零技术的规模，以确保安全、可持续和有竞争力的清洁能源供应链，实现欧盟在气候和能源方面的雄心。

《净零工业法案》是为应对美国《通胀削减法案》中的“碳中和产业法草案”的，法案提出到 2030 年欧盟战略性净零技术的本地制造能力将接近或达到年度部署需求的 40%。具体指示性行业目标包括：欧盟年度部署需求 40% 的太阳能光伏、50% 的电解槽和 60% 的热泵必须在欧盟本地制造。2030 年，电池和风能应达到 85%。法案将太阳能光伏和光热、陆上风能和海上可再生能源、电池和储能、热泵和地热能、电解槽和燃料电池、沼气、碳捕集和封存、电网技术、可持续的替代燃料和先进核能列为战略性净零技术。同时还提出了改善净零技术投资条件的关键行动，包括：①简化行政和许可授予流程，改善净零技术投资的条件；②加速二氧化碳捕集进程，到 2030 年实现欧洲碳封存年注入量达 5 000 万 t；③促进净零技术市场准入，要求政府部门在公共采购和拍卖中考虑净零技术的可持续性和弹性；④技能提升，设立净零排放工业学院以确保净零行业所需的熟练劳动力的可用性；⑤促进创新，允许成员国设立监管沙盒，开展净零技术的测试和激励；⑥建立净零欧洲平台，统筹欧盟委员会和成员国以及相关净零工业伙伴关系的协调行动与交流信息。

《关键原材料法案》旨在摆脱实现“碳中和”等目标所需战略原材料对第三方国家的依赖，增强整条价值链中关键和战略原材料的供应安全，如风力发电、储氢或电池。欧盟计划到 2030 年后每年至少有 10% 的关键原材料供应、40% 的关键原材料加工和 15% 的关键原材料回收来自欧盟本地。

（六）欧盟委员会发布氢能银行计划

2023 年 3 月 16 日，欧盟发布了氢能银行计划，该计划伴随《净零工业法案》而生。氢能银行计划的主要目标是通过应对氢能发展最初的投资挑战和需求，释放欧盟和第三国对氢价值链的私人投资，以期弥补并最终降低早期项目的可再生氢和化石燃料之间的成本差距。欧洲氢能银行内部有四大机制，其中两个是融资机制——用于创建欧盟内部市场，以及用于欧盟的国际进口。第三个机制与透明度和协调相关——评估需求、基础设施需求、氢流量和成本数据。最后一个机制是精简现有的金融工具——在欧盟和国际上将这些工具与新的公共资金和私人资金进行协调和融合。欧盟将于 2023 年秋季在创新基金支持下，启动首批可再生氢能试点拍卖，专项预算为 8 亿欧元，资金将以每公斤生产氢气的固定溢价形式分配，最长期限为 10 年，这也将是欧洲氢能银行的第一个金融工具。

（七）欧盟通过新的海运燃料协议

2023 年 3 月 23 日，欧洲议会、欧盟理事会和欧盟委员会就“关于在海上运输中使用可再生和低碳燃料”[《海运燃料法案》（*FuelEU Maritime*）] 达成协议。推广可持续航运燃料，减少海上运输排放，以确保航运业燃料的温室气体排放强度逐渐降低，到 2025 年减少 2%，到 2050 年减少 80%。该协议将通过设定船舶使用能源的年度温室气体强度的最大限值，并引入额外的泊位零排放要求，要求客船和集装箱船在港口使用岸上电源或替代零排放技术，采用基于目标和技术中立的方法，允许创新和开发新燃料技术，以帮助海上运输部门脱碳。

（八）欧盟大幅提高2030年可再生能源目标

2023年3月30日，欧盟议会和各成员国就《可再生能源指令》修订达成临时协议，重申了欧盟决心通过加快部署本地可再生能源来实现能源独立，并实现欧盟2030年温室气体减排55%的目标。该协议将欧盟2030年具有约束力的可再生能源占比目标从32%至少提高到42.5%（几乎是现有份额的两倍），指导性目标将提高到45%。该协议还对交通、工业、建筑以及供暖制冷等领域制定了具体的目标：①在交通领域，2030年前可再生能源利用占比需要达到29%，其中必须包括至少5.5%的先进生物燃料和可再生生物燃料，以及1%的非生物来源的可再生燃料；②在工业领域，目标是每年增加1.6个百分点的可再生能源占比，到2030年工业氢消费总量中可再生能源制氢的占比应达到42%；③在建筑领域，到2030年可再生能源占比为49%，可再生能源使用年增长率达1.6%；④该临时协议还通过了电气化和废热吸收支持能源系统整合的条款，给予了核电有限认可。

（九）欧盟理事会通过欧盟碳边境调节机制等五项碳减排立法提案

2023年4月25日，欧盟理事会投票通过欧盟碳边境调节机制（CBAM）。这标志着CBAM走完了整个立法程序，正式通过。CBAM将于2023年10月1日正式生效，2023—2025年是过渡期，申报企业只需要履行报告义务，2026年正式起征，并在2034年之前全面实施。欧盟将成为世界上第一个征收碳关税的经济体，欧盟委员会将主要负责CBAM的执行和监管。第一批纳入征收范围的行业包括钢铁行业、水泥行业、铝行业、化肥行业和电力行业，并扩展到氢气、特定条件下的间接排放、特定前体以及某些下游产品，例如螺钉和螺栓以及类似的制品铁或钢。CBAM是欧盟“减碳55”（Fit for 55）一揽子计划的核心部分之一，目的在于解决碳泄漏问题，防止欧盟本地公司为逃避严格的减排政策而外迁。CBAM的目标是到2030年包括欧盟碳市场涵盖的所有产品及其所涵盖行业50%以上的排放量。中国曾明确表明对CBAM的反对立场，印度、俄罗斯、巴西等国也针对CBAM表达了担忧和抨击，认为其具有歧视性和不公平性，违反自由贸易相关规定，其实质是单边贸易壁垒，对全球绿色贸易规则产生阻碍和破坏。

与CBAM同时通过的还有4项与碳市场相关的立法，包括欧盟碳市场（ETS）指令的修订，海运船舶排放的测量、报告和核查（MRV）规则的修订，航空业相关的碳市场规则的修订，以及设立社会气候基金的法规。①欧盟排放交易体系：新规则提出欧盟排放交易体系所涵盖的行业到2030年的总减排量应较2005年水平减少

62%（此前为 43%）。②海运排放：海运排放首次纳入欧盟排放交易体系范围，将分 3 个阶段逐步减少海运公司碳配额，分别为 2024 年减少 40%，2025 年减少 70%，2026 年全部取消碳配额。③航空排放：航空业的免费排放配额将逐步取消，并从 2026 年开始实行全面拍卖。在 2030 年 12 月 31 日之前，将保留 2 000 万份配额，以激励航空运营商减少化石燃料使用。④社会气候基金：社会气候基金将由成员国用于资助支持弱势家庭、微型企业和运输用户的措施和投资，并帮助他们应对建筑、道路运输和其他部门的排放交易体系对价格的影响。该基金的资金将主要来自新的排放交易系统，最高可达 650 亿欧元（717.7 亿美元）。

（十）欧洲议会通过了欧盟首个甲烷减排法规

2023 年 5 月 9 日，欧洲议会通过了 1 项旨在减少甲烷排放的新法规，重点关注石油、天然气和煤炭行业的直接甲烷排放，以及注入天然气管网后的生物甲烷。该法规将是欧盟范围内第一项强制甲烷减排的立法。欧盟的甲烷减排立法对全球甲烷减排行动起到引领和示范作用，对实现全球甲烷承诺、减缓气候变化起到推动作用。为了厘清能源部门的所有甲烷排放源及其排放量，欧盟将改进和执行更严格的 MRV 法规。新法规还将通过限制化石能源部门的甲烷排放来实现快速减排。由于欧盟 80% 以上的石油和天然气都依赖进口，因此欧盟还将甲烷减排法规的范围扩展到了进口能源。

二、美国应对气候变化和绿色低碳领域的政策和进展

美国应对气候行动屡遭挫折。自从 2006 年美国联邦最高法院通过了美国国家环境保护局（USEPA，以下简称美国环保局）拥有二氧化碳排放监管权的决议，发电行业和联邦政府之间的关系变得越发紧张。在重重阻挠下，从特朗普政府退出《巴黎协定》，到拜登政府重回《巴黎协定》，再到 2022 年 6 月美国联邦最高法院限制美国环保局的碳排放监管权力，政策的反复变化大大削弱了美国在国际气候治理进程中的有效性与延续性，美国是否能贯彻气候治理行动引发外界的担忧。即使拜登自上任以来提出了比以往任何时候都更有力的气候举措，但美国通货膨胀、供应链中断、高能源价格、经济衰退以及政党政治可能进一步削弱其气候雄心。美国的气候战略以及全球气候前景仍挑战重重。特别是，2022 年《通胀削减法案》提出了产业链本地化比例的门槛要求，使得全球产业链链长缩短，价值链环节回流美国国内，被认为具有浓厚的保护主义色彩，会导致新能源产业的不公平竞争、市场封闭，加剧国际市场碎片化。

（一）美国发布首份《交通部门脱碳蓝图》

2023 年 1 月 10 日，美国政府发布了首份《交通部门脱碳蓝图》。该蓝图由美国交通部、能源部、住房和城市发展部以及美国环保局共同制定。根据蓝图，交通运输部门的温室气体排放占美国所有温室气体排放的 1/3，其中 49% 的排放来自乘用车和轻型商用车，21% 的排放源于重型商用车，10% 的排放来自以拖拉机为代表的工程机械。为在 2050 年之前实现全美的净零排放，该蓝图确定了一整套涵盖客运与货运、多种车辆类型和技术路线的解决方案。具体分为 3 个阶段：① 2030 年前，通过部署研究和投资以扭转交通运输相关部门温室气体排放的趋势；② 2030—2040 年，加速变革期，扩大清洁解决方案的部署；③ 2040—2050 年完成转型，实现一个可持续和公平的未来。该蓝图涵盖所有客运和货运出行方式与燃料，强调了多种清洁技术在各种应用中的作用，并提出了实现脱碳的 3 项关键战略：①支持地方和区域层面的社区设计和土地使用规划来增加便利性，以减少通勤负担；②扩大公共交通和铁路建设并提高运输效率；③部署零排放车辆和燃料，向清洁运输过渡。此外，交通运输部门的成功转型须考虑整个生命周期的排放。

（二）美国发布电动汽车充电网络建设新规

2023 年 2 月 15 日，拜登政府发布美国电动汽车（EV）充电网络建设规则，计划由两党基础设施建设法案拨出 75 亿美元，力争到 2030 年，在高速公路和社区建造 50 万个充电桩（站），创建一个方便、可靠和美国制造的 EV 充电网络，电动汽车销量至少占新车销量的 50%。同时特斯拉、通用汽车、赫兹和英国石油公司等公司承诺建立和开放自己的充电网络。具体措施包括：①交通部与能源部合作确定最新规则标准以实现 EV 充电不受地区和车辆型号限制；②联邦公路管理局要求联邦政府资助的充电桩（站）必须是美国制造的；③能源和交通联合办公室（Joint Office of Energy and Transportation）发布为电动驾驶研发项目提供融资机会的意向通知；④能源部宣布为 7 个项目提供 740 万美元资助，加速建立零排放车辆走廊，扩大国家电动汽车和燃料电池汽车基础设施，推进中型和重型货运汽车电气化；⑤联邦公路管理局公布了即将推出的充电和加油基础设施（CFI）补助计划的细节。

（三）美国能源部发布海上风能相关战略

2023 年 3 月 29 日，美国能源部（DOE）发布《推进美国海上风能：实现并超越 30 GW 目标的战略》，旨在实现美国到 2030 年海上风电部署达到 30 GW、到

2050 年超过 110 GW 的目标。该战略分为 4 个部分。①近期发展固定式海上风电：到 2030 年将其发电成本从 73 美元 /（MW · h）降至 51 美元 /（MW · h），发展其国内供应链以支持 30 GW 的部署规模。②中期发展漂浮式海上风电：到 2035 年将深海漂浮式海上风电发电成本降低 70% 以上，至 45 美元 /（MW · h），建立在漂浮式海上风电设计和制造方面的领导地位，以促进到 2035 年部署 15 GW 的漂浮式海上风电。③输电系统：协调规划将海上风电与电网集成，通过技术创新提高海上电网的可靠性、弹性和互操作性，支持扩展可靠且弹性的电网基础设施。④转型发展：推进储能和海上风电联产（风电制燃料）技术，支持部署海上风能中心。

（四）USEPA 公布史上最严厉汽车排放提案

2023 年 4 月 12 日，USEPA 宣布了新的联邦汽车排放标准提案，希望能加速向清洁交通的过渡，有效应对气候危机。该项提案是在 USEPA 现有的“2023—2026 年乘用车和轻型卡车排放标准（MY2026）”基础上进行修订的，是一项针对 2027—2032 年的规划，被称为 MY2032。根据 MY2032，到 2032 年全面削减新销售的乘用车和轻型卡车的碳排放，将平均温室气体排放目标水平降低 56%，美国新销售的汽车和卡车中电动汽车覆盖率将达到 67%，并在 2032 年之前对中型和重型卡车实施更严格的排放检测标准。据估算，到 2055 年，提议的标准将减少 90 多亿 t CO_2 排放，这相当于 2022 年美国二氧化碳总排放量的 2 倍多。

（五）USEPA 发布温室气体减排基金实施框架

2023 年 4 月 20 日，USEPA 发布了依据《通胀削减法案》设立的温室气体减排基金的实施框架。USEPA 将举办三场补充赠款竞赛，将公共资本和私人资本投入应对气候变化的社区中。2 月，USEPA 宣布温室气体减排基金指南，并发布了两份联邦援助清单，投资金额为 270 亿美元，以利用私人资本在美国范围内进行清洁能源和清洁空气投资；USEPA 将设立两个竞争性基金来分配相关经费，即一项价值 200 亿美元的普通和低收入人群援助基金和一项价值 70 亿美元的零排放技术基金。

（六）美国发布化石燃料发电厂碳排放标准提案

2023 年 5 月 11 日，USEPA 提出了关于燃煤、燃气和燃油发电厂的温室气体排放限值要求。本次 USEPA 新规是在“公用事业公司用可再生能源取代化石燃料发电机”的策略被否决后提出的，仍需等待美国联邦最高法院的审核。该新规对燃煤发电机、燃气机组的限排规定分别从 2030 年、2032 年开始实施，要求到 2040 年，美国绝大部分燃煤和燃气发电厂必须减少或捕获 90% 的二氧化碳排放量，否则将被迫关停。根据该提案，美国的高排放工厂可以通过高效运营，碳捕获、利用与封存（CCUS），燃煤机组共燃天然气以及天然气发电机的“绿”氢等手段来满足政策规定。

三、其他主要经济体应对气候变化和绿色低碳领域的政策和进展

（一）英国设立能源安全和净零排放部并发布报告《为英国提供动力》

2023 年 2 月 7 日，英国政府成立了能源安全和净零排放部（DESNZ），由以前的商业、能源和工业战略部（BEIS）拆分重组而来，其使命是“专注于保障能源供应安全，确保市场正常运行，提高能源效率，抓住零排放的机会，引领世界新型绿色产业”。该部门近期目标侧重于降低能源账单以降低生活成本，还负责审批与推进《能源法》中的工业碳捕获、利用与封存、氢气生产以及海上风电项目等提案。

2023 年 3 月 30 日，英国能源安全和净零排放部发布报告《为英国提供动力》，整合了能源安全计划和净零增长计划。其作为国家未来能源发展蓝图，提出如下措施：①发展清洁能源，将在产业集群推出第一批碳捕集集群，推动新建核电项目交付并开发先进小型模块化反应堆，投入 2.4 亿英镑资助 20 个氢能项目，通过差价合同计划进行 2.05 亿英镑的第五轮可再生能源项目招标，并投入 1.6 亿英镑启动漂浮式海上风电港口基础设施项目。②提高能效以减少能源需求，将推出“英国隔热工程”以改善家庭能效，投入 3 000 万英镑促进热泵制造和供应。③加快规划进程、发展绿色经济、吸引资金，将加快能源基础设施规划审批，投入近 4 亿英镑支持电动汽车充电基础设施建设，1.65 亿英镑支持可持续航空燃料，发布新版绿色金融战略，调动数十亿英镑私人投资，提供 100 亿英镑促进绿色技术出口等。

此外，英国环境署于 2023 年 2 月发布了关于从甲烷中利用碳捕获生产氢（称为“蓝氢”）的生产指南。该指南将帮助企业设计和开发生产蓝氢的工业设施。英国政府正围绕“是否重新赋予核电绿色投资标签”进行磋商，以便将核项目重新定义为可持续投资，吸引更多投资，推进核电产业发展，提高其国内能源弹性。

（二）法国政府发布“绿色产业法案”

2023 年 5 月 16 日，法国政府发布“绿色产业法案”草案，致力于通过补贴打造法国的新能源产业。“绿色产业法案”是在 2022 年 8 月美国《通胀削减法案》正式生效背景下发布的，是对美国清洁技术补贴的回击，正式生效还需通过议会审议。与《通胀削减法案》不同，“绿色产业法案”除致力于打造法国本地新能源产业外，

还关注新能源产业的碳足迹，补贴金额将受到新能源产品制造过程碳排放的影响。该法案共提出 15 项措施，包括提供专项工业用地、简化审批程序、培养产业工人等，其中在外界最关注的补贴事项上，法国政府将给予可再生能源设备、热泵、电池制造商投资额 20%～45% 的税收抵免政策。

（三）日本通过“以实现绿色转型为目标的基本方针”，发布《汽车和重型卡车用燃料电池路线图》《固定式燃料电池路线图》《碳足迹报告》《碳足迹实用指南》

2023 年 2 月 10 日，日本内阁批准“以实现绿色转型为目标的基本方针”，未来 10 年日本政府和私营部门投资将超过 150 万亿日元（约 1.1 万亿美元）以实现绿色转型并同步脱碳、稳定能源供应和促进经济增长。主要方针包括确保能源稳定供应、发行债券投资企业绿色转型、碳定价和碳税、新金融手段等。此外，该文件还详细阐述了未来 10 年重点行业发展方向。

2023 年 2 月 9 日，日本新能源产业技术综合开发机构（NEDO）发布《汽车和重型卡车用燃料电池路线图》和《固定式燃料电池路线图》，提出到 2040 年的阶段性发展目标及重点技术。

2023 年 3 月 31 日，日本经济产业省（METI）发布《碳足迹报告》，指出各行业的碳足迹差异明显，需按行业划分近期碳足迹实施计划。报告分别针对供应链上游企业（如钢铁企业和化工企业等）、拥有 B2B 和 B2C 业务的终端产品制造商（如汽车和电子产品）以及终端产品制造商（如服装、食品等）提出了碳足迹计算规则和使用方法，并提出未来政策建议。

（四）韩国发布《工业部门碳中和技术研究与创新推进战略》和《实现 2050 年碳中和绿色增长蓝图》

2023 年 2 月 22 日，韩国产业通商资源部发布《工业部门碳中和技术研究与创新推进战略》，聚焦钢铁、水泥、化工、半导体四大高碳行业，通过加快技术研发、加大投资力度、完善制度等举措，推动产业结构绿色转型。

2023 年 3 月 21 日，韩国政府发布了碳中和绿色发展基本计划纲要和具体实施方案。为实现 2030 年温室气体减排目标和 2050 年碳中和，韩国制定了十大中长期温室气体减排政策，针对六大领域提出了 45 项政策建议：应对极端气候，支持低碳新产业成长，支援劳动者转行培训，扩大碳中和支援中心，打造碳中和城市，培养新技术人才和扩大实践，扩大韩国国际绿色开发援助等，以推动各方协调一致地迈向碳中和社会。具体设定了 4 项国家战略：高效碳中和、民间主导创新型碳中和绿色增长、共同合作的碳中和、适应气候和引领国际社会的主动碳中和。

（五）印度政府批准《国家绿色氢能计划》

2023 年 1 月，印度政府批准《国家绿色氢能计划》（*National Green Hydrogen Mission*），旨在把印度打造为可再生氢气及其衍生物的全球生产、使用和出口中心。按照印度政府的规划，印度将在 5 年内将绿色氢在电力结构中的份额提高到 25%，到 2030 年绿色氢能项目将吸引 8 万亿卢比（约 966 亿美元）的总投资，主要是私人部门的资金。印度《国家绿色氢能计划》提供 1 974 亿卢比（约 24 亿美元）资金，政府提供的绝大多数资金将用于支持包括其国内电解槽和绿氢生产的财政激励措施。预计到 2030 年，将部署约 125 GW 可再生能源发电装机，为生产 500 万 t 绿色氢提供动力。绿氢将使印度的碳排放量减少约 5 000 万 t，并节省 1 万亿卢比（约 121 亿美元）的化石燃料进口费用。

四、有关建议

（1）国际气候博弈日益加剧，绿色低碳转型技术及其产业链和供应链已成为大国博弈的“新赛道”。中国应持续跟踪欧美“双碳”政策动向，及时构建预警机制，大力推进能源绿色低碳转型，扎实推进“一带一路”能源资源合作。

国际气候博弈日益加剧，绿色低碳转型技术及其产业链和供应链已成为大国博弈的“新赛道”。发达经济体一方面酝酿成立各种内部气候合作关系，进一步牢牢控制气候政策、标准、科技等方面的话语权。另一方面，以促进减排为由，主导国际气候政策的制定，通过设置各种类似碳关税（欧盟的 CBAM、美国的 CCA）的贸易机制，制造绿色壁垒。

面对世界经济的严峻复杂形势，中国发展需要应对的风险和挑战、需要解决的矛盾和问题比以往更加错综复杂。首先，中国应强化对国际地缘政治和全球经贸关系的关注，持续开展国外主要经济体“双碳”政策动向的跟踪分析，科学研判欧美绿色技术和贸易壁垒形势，系统评估对全球气候治理以及对中国产业绿色低碳转型升级的潜在影响，及时构筑相关预警机制以应对来自欧美的严峻挑战。其次，中国应继续大力推进能源绿色低碳转型，加快能源结构调整步伐，积极布局最有效益和最具有安全性的清洁能源投资，不断加大绿色低碳产业的支持力度，持续打造中国产业的全球竞争比较优势，以应对未来国际能源科技领域的竞争与博弈。最后，中国应扎实推进“一带一路”能源资源合作，为国内强链、补链提供有力战略支撑；

同时，联合发展中国家与欧美开展谈判，商讨兼顾共同但有区别的原则，推动制定更加合理的机制体制。

（2）欧美等主要经济体持续加大资金投入以激发工业绿色低碳发展，绿色低碳项目深度植入经济法案已成为欧美主要特征。中国应加大对绿色低碳发展的资金支持力度，不断完善中国低碳经济法律法规体系。

欧美均明确提出，加强财政投入以促进低碳产业发展，推动工业绿色转型。美国《通胀削减法案》与欧盟《净零工业法案》均属经济法案。其中，《通胀削减法案》是美国有史以来针对气候变化和新能源项目的最大投资计划，强化了绿色金融的激励作用。欧盟“绿色协议产业计划”聚焦更简单的规则、更好的融资渠道、提升工人的技能和加强供应链 4 个方面。《净零工业法案》是欧盟“绿色协议产业计划”的一部分，有应对美国《通胀削减法案》的综合考虑。欧盟《关键原材料法案》则是确保在欧洲建立可持续的和有竞争力的关键原材料价值链。短期内，欧盟将通过成员国资金、欧盟资金和私人资金等方式支持欧盟战略性净零生产项目；中期，欧盟委员会将设立欧洲主权基金，旨在保持欧洲在绿色和数字化转型等新兴关键领域的优势，并维护欧盟成员国的凝聚力及欧盟单一市场的公平机制。

中国应加大应对气候变化和绿色低碳发展资金投入，不断完善中国绿色低碳经济法律法规体系，充分发挥政府投资的关键引导作用，优化政府资金投入和使用规划，加强低碳投资政策与经济、金融、产业等领域政策的协同。鼓励市场创新，探索多样化的低碳投资模式。加快完善绿色金融顶层设计，及早完善碳定价机制，建立和完善绿色金融、转型金融标准，强化企业、金融机构碳核算和气候环境信息披露，大力发展绿色金融产品和服务，引导金融资源向绿色低碳发展领域倾斜，助力绿色低碳发展。

（3）欧美合力围堵中国优势产业已成为战略同盟的最大共识，中国应正视与欧美竞合博弈局面，善用双边机制构筑相关产业链供应链的“防火墙”，推动构建公平合理、合作共赢的全球气候治理体系。

美国近期出台的《通胀削减法案》和欧盟近期出台的《净零工业法案》《关键原材料法案》等政策，都是打着重振实体经济、坚定战略自主的旗号，但本质是贸易保护主义，强化了对本地新能源产品的支持力度，对进口同类产品构成了歧视，逆经济全球化的意图明显，将对中国光伏、风电、锂电池、新能源汽车等优势产业出口欧美造成一定冲击。

中国和美国作为全球温室气体排放前两名的经济体，在清洁技术、行业标准方面均处于领先地位，可以互补支持。中美气候合作符合双方利益，更是推动全球气候治理、促进全球绿色低碳转型的重要举措。虽然拜登多次表示希望与中国在气候变化领域展开合作，但美国遏制和打压中国的战略基调不会发生根本性变化，中美气候外交中竞争与合作之势共存。中国应充分利用中美高层对话等双边机制，寻求双方在环境与气候治理方面合作的最大公约数。在妥善管控中美气候竞争风险、避免冲突的基础上，寻求中美气候合作的主动权，同美国加强对话、拓展合作方向。同时，一如既往与包括美方在内的各方一道，积极推动应对气候变化全球治理，推动构建公平合理、合作共赢的全球气候治理体系。

对于中欧而言，一方面，要看到俄乌冲突引发的能源危机在欧洲内部形成了具有广大民意基础的共识，创造了一个绿色拐点和提高能效的机会，正在为全球能源转型创造全新动力。另一方面，要紧抓美国和欧盟之间因《通胀削减法案》产生的罅隙，加强与德国、法国等欧盟主要国家的双边沟通与交流，巧用中欧经贸高层对话、中欧高级别战略对话、中欧环境与发展高层对话等双边机制，消弭意见分歧，加强与欧洲的技术交流与合作，加紧建立保障中国战略优势产业链供应链的“防火墙”。

（4）欧美通过简化许可程序、引入监管沙盒等政策工具，激发净零技术创新潜能。中国应借鉴欧美绿色金融和监管沙盒等机制设计经验，优化中国绿色低碳转型的政策工具箱。

在政策工具方面，美国法案强调税收减免、贷款优惠、补贴等政策，欧盟法案更强调简化程序、制定标准、技能培训、加强监管等工具。特别是欧盟《净零工业法案》明确提出，将通过减轻立项行政负担和简化许可发放流程来改善净零技术投资条件。同时，为提高审批效率和透明度，该法案规定欧盟成员国要设立一站式机构，一站式机构作为项目发起人的单一联络点，以便促进和协调整个许可证发放过程，并在预先设定的时限内做出全面决定。为促进欧洲工业领域的创新，《净零工业法案》提出成员国可在灵活的监管条件下建立净零技术监管沙盒，以保障在有限的时间内和在受控环境中测试创新的净零技术。欧盟委员会在 2023 年发布的“新欧洲创新议程”（已于 2023 年 7 月 5 日发布）中提供监管沙盒指南，以支持成员国准备净零技术监管沙盒。

中国应汲取欧美货币政策、财政政策、绿色金融、程序简化和监管沙盒等机制的设计经验，不断优化中国绿色低碳转型的政策工具箱。在政策推进实施过程中，要充分借鉴欧美激励创新和推进净零技术制造项目的监管沙盒做法，建立能源转型和绿色低碳重点建设项目优先支持清单，妥善处理好绿色能源发展战略规划等专项规划与现有条件的冲突与衔接，在满足生态环境保护刚性需求的前提下积极推进战略项目落地实施。

应对气候变化与绿色低碳发展国际形势分析（2023 年前三季度）

郑　静

近年来，随着全球气候变化风险持续增加，世界各国对推动经济绿色低碳转型的意愿进一步加强，全球绿色经济发展迎来了更强的动力。欧盟和美国两大主要经济体围绕能源低碳转型和产业绿色发展动作频频，对国际气候治理格局和全球产业链供应链产生了重大的影响，也对中国推动绿色低碳转型和对外国际合作带来新的挑战和机遇。

一、欧盟及其主要成员国应对气候变化和绿色低碳领域的政策和进展

绿色转型是当前欧盟重点关注的政策方向，也将是未来几十年关系欧盟前途与命运的关键进程之一。欧盟一系列政策的出台，彰显了其实现净零目标的决心，提升欧盟零碳产业竞争力，同时也体现出明显的地区保护倾向。欧盟参与气候治理的路径是“由内而外”，欧盟在内部实施的气候法规和相关标准将极大提升欧盟在全球气候治理领域的话语权。

（一）欧盟委员会宣布投资 36.5 亿欧元支持创新清洁技术项目

2023 年 7 月 13 日，欧盟委员会宣布通过创新基金向 41 个大型清洁技术项目投资 36.5 亿欧元，这些项目以“为欧盟重新供能”（REPowerEU）计划和逐步停止欧洲从俄罗斯进口化石燃料为重点，涵盖水泥、钢铁、先进生物燃料、可持续航空燃料、风能和太阳能、可再生氢及其衍生物等行业。资助主题如下。①一般脱碳（8 个项目，14 亿欧元）：包括来自炼油厂的 3 个项目和水泥及石灰行业的 5 个项目，涉及可持续航空燃料技术商业示范、水泥及石灰石行业碳捕集、低碳氢气和甲醇生产的碳捕集、可再生液氢海上运输等。②工业电气化和氢能（13 个项目，12 亿欧元）：包括 6 个可再生制氢项目以及 7 个不同行业氢使用项目，涉及氢冶金、新型可

扩展的 96 MW 绿氢生产系统、氢气和二氧化碳转化制合成甲烷与甲醇、可再生能源制氢、绿氨生产等。③清洁技术制造（11 个项目，8 亿欧元）：包括 4 个电解槽制造项目、4 个电池（含回收）项目和 3 个光伏板及组件项目，涉及创新型固体氧化物电解槽（SOEC）堆栈模块、电池用生物基阳极材料、n 型单晶硅片、基于热解和湿法冶金精炼创新工艺的电池回收等。④中型试点（2.5 亿欧元）：包括 2 个风能项目、2 个海洋能源项目、2 个化学品项目和玻璃部门的碳捕获项目及电子燃料项目，涉及漂浮式海上风电系统、将不可回收的塑料废物转化为可再生的石脑油、使用碳酸盐燃料电池来捕获二氧化碳、电子燃料等。

（二）欧盟委员会宣布 28.5 亿欧元国家援助支持钢铁脱碳

2023 年 7 月 20 日，欧盟委员会宣布将以直接拨款的形式向法国的安赛乐米塔尔钢铁企业提供 8.5 亿欧元的国家援助，用于支持建设一个直接还原厂（DRP）和两个电弧炉（EAF）。最终，新装置将完全使用可再生或低碳氢气、沼气和电力作为能源输入。DRP/EAF 联合装置将于 2026 年开始运行，预计每年可生产 400 万 t 低碳钢水。该项目将在 15 年的生命周期内减少约 7 000 万 t CO_2 排放。

同日，欧盟委员会宣布将向德国的蒂森克虏伯钢铁提供 5.5 亿欧元的直接拨款和 14.5 亿欧元的有条件支付机制的国家援助。其中 5.5 亿欧元的直接拨款将用于支持在杜伊斯堡建设一个直接还原厂和安装两个熔炼装置，以取代现有的高炉。最初用于新的直接还原厂运营的天然气将被逐步淘汰，到 2037 年，该工厂将仅使用可再生氢气运行。在新的直接还原装置运行的前十年，有条件付款机制的援助将支付采购和使用可再生氢气而不是低碳氢气的额外费用。每年将由独立专家对消耗的可再生氢气的实际数量和价格进行核查。新装置将于 2026 年开始运营，预计每年生产 230 万 t 铁水，该项目在生命周期内将避免超过 5 800 万 t CO_2 排放。

（三）欧盟委员会通过并公布欧盟碳边境调节机制过渡期实施细则

2023 年 5 月 16 日，欧盟公布了《建立碳边境调节机制》（Regulation [EU] 2023/956）的正式法令，对碳边境调节机制的征收范围、排放量计算、申报要求、各方权责、履约规则和程序等进行了最终明确。为规范 CBAM 过渡期内的操作运行，6 月 13 日，欧盟发布了碳边境调节机制过渡阶段实施细则征求意见稿，对纳管产品温室气体核算范围、边界、要求、方法，以及相关参考值进行了定义和说明。欧盟委员会在 7 月 11 日前共收到来自世界各地不同组织机构的 187 条意见。8 月 17 日，CBAM 过渡期实施细则正式文本发布，同时官方发布了相应的指南文件。细则包含五大章节、40 条正文及 9 个附件，对过渡期内报告声明人的报告义务、CBAM 报告的监管及排放量核算等具体操作细节都作了规定。这意味着欧盟即将开启征收碳关税过渡期。过渡期（2023 年 10 月 1 日—2025 年 12 月 31 日）内只需提交 CBAM 报告，无须缴纳费用。

（四）《欧盟电池和废电池法规》正式生效

2023 年 8 月 17 日，《欧盟电池和废电池法规》（以下称《新电池法规》）正式生效，并将于 2024 年 2 月 18 日起实施。《新电池法规》首次将电池管控要求由先前的指令上升为法规，旨在确保投放到欧盟市场的电池在整个生命周期内均具有可持续性和安全性，为欧盟开展电池管控提供了更为全面和强有力的法律依据。《新电池法规》主要内容包括生产者责任延伸、引入数字电池护照、强化电池回收管理、设定再生材料使用比例、强制要求经营者进行尽职调查、明确实施目标和时间表等方面。

（五）法国发布《CCUS 战略》意见征集草案

2023 年 6 月 23 日，法国发布《CCUS 战略》意见征集草案，指出碳捕获、利用与封存（CCUS）是法国在十年内实现工业碳排放量减半目标的一项必不可少的技术，预计到 2030 年，工业部门的二氧化碳捕集量为每年 400 万～850 万 t。草案提出 5 个方面的目标。① CCUS 的部署轨迹：基于重点工业区的优先顺序分 3 个阶段进行 CCUS 快速部署。②政府将通过招标授予碳差价合同（CCfD）以支持 CCUS 发展，该机制将于 2023 年秋季预先通知欧盟委员会，并将于 2024 年上半年启动首次招标。③二氧化碳运输基础设施监管框架：在法国能源监管委员会（CRE）的监管框架下，国家、二氧化碳运输设施的经营主体及其工业用户实行风险共担机制。④多样化的二氧化碳封存方案：封存地点包括海底和陆地，将在 2023 年年底前发起招标，初步试验将于 2024 年或 2025 年进行。此外政府将继续与欧洲邻国建立伙伴关系，进行二氧化碳跨境封存。⑤二氧化碳利用：推进二氧化碳转化制电子燃料、塑料以及二氧化碳矿化养护混凝土等的发展。

（六）法国启动工业脱碳研究计划

2023 年 6 月 30 日，由“法国 2030”创新投资计划资助的“支持创新以开发新的大幅脱碳工业流程”研究计划（SPLEEN）宣布启动。该计划是“法国 2030”工业脱碳量化目标的一部分，预算为 7 000 万欧元，旨在加速颠覆性技术和解决方案的开发，以帮助法国实现工业脱碳。“法国 2030”工业脱碳量化目标为通过开发一系列创新和具有竞争力的技术，实现到 2030 年将工业温室气体排放量减少 35%，到 2050 年减少 81%（与 2015 年相比）。SPLEEN 将在能源结构、流程转型和工业系统组织方面提供技术和解决方案，支持法国的工业向碳中和转型。

SPLEEN 于 2023 年 11 月底向整个科学界开放项目征集。研究内容将围绕以下 4 个方向展开：①零碳能源在工业过程中的应用，特别是用于热量的生产；②化学反应、催化转化、二氧化碳的捕获和分离等工业过程的强化；③工业过程中剩余二氧化碳的利用，包括燃料转化、化学合成和地质封存；④基于实时数据采集和处理（特别是基于生命周期分析的标准），优化从工艺流程到工业现场（工业生态）的脱碳过程。

（七）德国启动 500 亿欧元的工业脱碳补贴计划

2023 年 6 月 5 日，德国联邦经济事务和气候行动部（BMWK）计划拨款约 500 亿欧元，支持资本密集型和能源密集型的重污染企业投资研发新型脱碳技术，缓解欧洲工业正面临的原材料短缺、能源短缺和劳动力成本高的压力。

碳差价合同（CCfD）将成为工业脱碳补贴计划的关键，将补偿企业因气候友好型生产而产生的额外成本，提高清洁技术的市场竞争力。该计划将面向中小企业开放，主要涵盖钢铁冶炼、水泥、石灰、化工、造纸、玻璃等行业。根据 CCfD 最新提案，企业基于所采用的新技术带来的碳减排量和节约的燃料成本，获得政府资金支持。资助金额与实际碳减排量成正比，并转化为企业可获得的“执行价格”，从而反映低碳方案决策所带来的成本优势。随着清洁能源技术进步以及欧盟排放交易系统下的碳价格上升，低碳方案和高碳方案的成本差距将逐渐缩小。CCfD 的本质是使低碳决策与高碳决策对终端用户的价格保持一致。其实施不仅有助于保护气候，而且是提升德国工业竞争力的有效途径，同时也回应了美国绿色产业补贴政策。据估计，到 2045 年，CCfD 可减少 3.5 亿 t CO_2 排放，相当于实现德国气候目标所需工业减排总量的 1/3。

这是德国首次开展 CCfD 筹备工作，预期将在年度内进行公开招标。根据欧盟的国家援助规定，任何国家级补贴必须得到欧盟委员会的审查和批准，目前德国政府正在等待欧盟委员会竞争监管机构的批准。若欧盟委员会对此持反对态度，这一补贴或将减少。

（八）德国更新《国家氢能战略》

2023 年 7 月 26 日，德国内阁发布新版《国家氢能战略》，更新了到 2030 年的氢能发展目标，并提出了 3 个阶段的重点举措。德国于 2020 年 6 月发布第一版《国家氢能战略》，提出 2020—2023 年、2024—2030 年的两阶段氢能发展计划。德国政府认为，该战略第一阶段措施已经成功实施，考虑到德国气候目标升级和能源市场形势及挑战的变化，以及俄乌冲突凸显氢能在确保国家能源安全方面的重要地位，对该战略进行更新，将 2030 年电解槽产能目标调整为翻一番至 10 GW。相较于首版《国家氢能战略》，2023 年更新版《国家氢能战略》的措施更加具体，且覆盖整个氢能价值链，许多措施在编制新战略的同时就已经开始实施。此次更新版战略对 2023 年的短期措施、2024—2025 年的中期措施以及 2030 年前的部分长期措施确定了具体的工作计划。主要目标及举措如下。

（1）加快氢能市场推广。氢能及其衍生物和氢能应用技术的市场发展将显著加快，整个价值链的目标也将大幅提高。

（2）确保氢及其衍生物的充足供应。2030 年德国国内电解槽产能目标从 5 GW 增加到至少 10 GW，剩余的需求由进口满足。德国政府正制定一项氢能及其衍生物进口战略，目的是建立全球伙伴关系，为德国提供可靠的供应链，建立可持续标准并发展技术合作伙伴。

（3）发展高效的氢能基础设施。德国内阁于 2023 年 5 月底通过了建立氢能核心网络的法律和监管框架，作为氢能基础设施的第一个扩展阶段，并修订了《能源工业法》。到 2027—2028 年，通过欧洲共同利益重要项目（IPCEI）资助，德国将建立具有超过 1 800 km 氢气管道（包括改造和新建）的氢能启动网络，欧洲将增加约 4 500 km 管道（欧洲氢骨干网）。到 2030 年，所有主要的制氢、进口和储氢中心都将与相关客户连接。

（4）推进氢能在各行业的应用。到 2030 年，氢能及其衍生物将主要用于工业、重型商用车，并越来越多地用于航空和航运。在电力部门，通过基于绿氢的燃气发电厂以及接入电解槽，可为电力系统提供灵活性和稳定性，为能源安全作出贡献。对于将氢能用于集中式和分布式供热，目前正在进一步制定《建筑能源法》、供热规划和欧洲天然气市场一揽子计划中的框架条件。

（5）到 2030 年，德国将成为领先的氢能技术供应商。德国将进一步扩大其技术的领先地位，并提供从制氢（如电解槽）到各种应用（如燃料电池技术）的氢能整体价值链关键技术。

（6）建立合适的框架条件。国家、欧洲以及国际层面（如果可能的话）协调一致的法律要求将支持市场的发展，尤其是高效的规划和审批程序、统一的标准和认证体系，以及各级行政部门的充分配备和协调。

德国《国家氢能战略》的升级，彰显了德国发展氢能的决心和雄心，目的是到

2030 年使德国成为氢技术的全球领导者。

（九）德国批准“气候与转型基金”支出计划

2023 年 8 月 9 日，德国批准“气候与转型基金”（KTF）的 2024 年支出计划和至 2027 年预算规划草案。预计 2024 年 KTF 的支出将达 576 亿欧元，其中 474 亿欧元来自德国联邦经济事务和气候行动部（BMWK）。2024—2027 年，德国联邦政府计划通过 KTF 进行总计 2 118 亿欧元的投资，为实现德国能源和气候政策目标、开发未来技术以及向可持续的气候中和经济转型作出关键贡献。2024 年计划支出主要包括：①投入约 188 亿欧元支持发展高效建筑；②约 126 亿欧元用于《可再生能源法》（EEG）相关支出；③投入 41 亿欧元用于微电子领域转型计划，开发相关转型技术并建立原材料生产能力；④投入约 37 亿欧元发展氢经济，包括氢能出口和工业脱碳；⑤投入约 26 亿欧元用作电价补贴，以减轻企业在欧盟碳排放交易中的成本；⑥投入约 16 亿欧元促进电动汽车发展，包括电池生产；⑦投入 8.5 亿欧元用于提升工业和商业能效；⑧投入约 8 亿欧元用于供热网络改造。

（十）德国出台太阳能扩张一揽子计划

2023 年 8 月 16 日，德国批准联邦经济事务和气候行动部（BMWK）提出的太阳能扩张一揽子计划，将光伏部署速度提高 2 倍，到 2026 年实现年度新增 22 GW 光伏装机容量的目标。主要举措如下。

（1）加快光伏部署。为了实现到 2030 年光伏发电装机容量 215 GW 目标，到 2026 年将光伏年度新增装机容量从 2022 年的 7.5 GW 提升至 22 GW。其中，约一半将是屋顶光伏装机。将适度开放更多类型的光伏用地，加大对农业光伏、生物多样性光伏、停车场光伏等创新型太阳能系统的资助力度。简化屋顶光伏系统装机流程，包括租户用电和阳台光伏等，并加快并网速度。

（2）确保光伏发展与自然保护和农业相协调。在部署光伏时要保护农业和自然环境。明确了在用于农业生产的贫困地区土地推广太阳能系统的部署上限和用途，针对具有双重功能的特殊光伏系统，如农业光伏、停车场光伏、水面光伏和沼泽光伏等将进行单独招标。加强自然保护，将推出“生物多样性光伏”这一新的类型，并对农业光伏系统的自然保护措施给予特别支持。

（3）加速屋顶光伏扩张。为了实现每年新增 11 GW 屋顶光伏的目标，需解决和消除其中的监管障碍。重点发展商业屋顶光伏，系统额定功率上限从之前的 135 kW 提高到 270 kW，系统组合仅限于电网连接。加快小型光伏系统并网速度，并在现有但尚未使用的室外建筑推广光伏系统。

（4）简化租户用电和阳台光伏流程。推进民众参与光伏发电扩张。简化公寓楼光伏系统使用规定和阳台太阳能安装规定。

（十一）芬兰发布《氢经济战略》报告

2023 年 6 月 27 日，芬兰发布《氢经济战略》报告，宣布未来 10 年芬兰最重要的工业和气候行动是基于氢经济使芬兰成为清洁能源强国。该报告指出芬兰目前具备发展氢经济的有利条件，包括社会稳定、基础设施完善、清洁电力电网发达、具有在欧洲有价格竞争力的风能和太阳能。预计到 2030 年，欧盟 14% 以上的零排放氢气将由芬兰生产。该报告详述了未来芬兰关注的 3 个领域：①扩大其国内清洁氢气生产。到 2035 年，芬兰可以生产 12～98 TW · h/a 的氢气；到 2045 年，芬兰的氢气产量将达到 80～212 TW · h/a，这相当于 2045 年本地清洁能源生产和氢气生产将产生 20 亿～60 亿欧元的收入。②加快其国内清洁工业的发展。③增加氢相关技术和服务的出口。与氢能相关的技术服务在 2035 年的潜在年收入为 10 亿～50 亿欧元，到 2045 年为 40 亿～120 亿欧元。

二、美国应对气候变化和绿色低碳领域的政策和进展

（一）美国能源部发布《国家清洁氢能战略和路线图》

2023 年 6 月 5 日，美国能源部（DOE）发布《国家清洁氢能战略和路线图》，提出了加速清洁氢能生产、加工、交付、存储和使用的综合发展框架。该路线图指出，到 2030 年美国清洁氢产量将从当前几乎为零增至 1 000 万 t/a，到 2040 年、2050 年分别增至 2 000 万 t/a 和 5 000 万 t/a。部署清洁氢能将使美国在 2050 年的碳排放量比 2005 年减少约 10%。路线图提出了 3 个关键优先战略以确保清洁氢能的开发和利用，从而为美国带来最大利益。战略如下。

（1）明确清洁氢能的战略性地位及高影响力用途。确保清洁氢能被用于价值最高的应用场景。在这些应用场景中，通常深度脱碳替代方案有限，具体包括工业部门（如化工、钢铁和炼油）、重型卡车和清洁电网的长期储能。长期机遇包括出口清洁氢或氢载体的潜力，以及为美国的盟友实现能源安全。

（2）降低清洁氢能成本。美国能源部 2021 年推出的“氢能攻关计划”（Hydrogen Shot）将促进氢能技术创新和规模化发展，刺激私营部门投资，促进整个氢能供应链发展，并大幅降低清洁氢能成本。同时，还将努力解决关键材料和供应链的脆弱

性，并针对效率、耐用性和可回收性进行研究。再加上对中游基础设施（存储、分配）的投资，不仅可以降低清洁氢的生产成本，还可以降低交付成本。

（3）专注于区域氢能网络。投资和扩大区域清洁氢中心，将确保在重点氢能用户附近进行大规模清洁氢生产，从而共享基础设施。此外，这些投资将推动实现大规模的氢能生产、分配和存储，以促进市场发展。

该路线图明确了 2022—2036 年的分阶段关键性能指标，涵盖制氢、基础设施及供应链、终端应用和支撑技术等领域，并提出了 8 个指导原则：①通过战略性、高影响力的用途实现深度脱碳；②促进创新和投资；③促进清洁氢使用的多样性、公平性、包容性和无障碍性；④推进能源与环境正义；⑤增加优质工作机会；⑥刺激其国内制造业和供应链发展；⑦实现清洁氢的经济性和多功能性；⑧从整体层面规划氢能开发和部署。同时，该路线图还提出了近期（2022—2025 年）、中期（2026—2029 年）、长期（2030—2035 年）行动时间表以及相应的支持行动。

（二）美国能源部发布《2023 年关键材料评估》报告

2023 年 7 月 31 日，DOE 先进材料与制造技术办公室发布《2023 年关键材料评估》（*Critical Materials Assessment*）报告，基于国家和全球优先事项、技术进步和技术趋势，对能源部门 8 项主要技术所使用的 38 种材料的重要性和供应风险进行评估。与之前 DOE《关键材料战略》（*Critical Materials Strategy*，CMS）评估不同，该报告将材料的定义从原始矿产扩展到一些工程材料（如电工钢和碳化硅），从全球视角、材料对高成长潜力清洁能源技术的重要性、2035 年情景展望三方面，从 38 种材料中遴选 23 种进行关键性评估，最终确定短期内（2020—2025 年）镝、钕、镓、石墨、钴、铽和铱 7 种关键材料，以及中期内（2025—2035 年）锂、镍、钴、石墨、镓、铂、碳化硅、镝、铱、镁、钕、镨、铽 13 种关键材料，这与 2019 年 CMS 确定的钕、镝、铑、镓、锂、钴和镁 7 种关键材料大有不同。

该评估目的是厘清短期（2020—2025 年）和中期（2025—2035 年）能源技术部署的潜在障碍，为制定研究、开发与示范政策提供参考。DOE 可通过研发投资降低中长期材料关键性，从而减少能源技术对关键材料的依赖，促进材料供应的多样化。未来，DOE 将针对报告中的每一种关键材料制定专门的综合战略，以解决当前材料的关键问题和风险，确保未来清洁能源发展步入正轨。

（三）美国能源部投入大量资金支持清洁低碳技术和项目

（1）投入 1.92 亿美元支持电池回收技术。2023 年 6 月 12 日，DOE 宣布多个招标计划，投入超过 1.92 亿美元支持先进电池及电池回收技术。具体包括：投入 1.25 亿美元支持电子产品电池回收、再加工和电池收集，通过国家先进电池研究联盟投入 6 000 万美元支持新型电池研发，通过“锂离子电池回收奖”投入 740 万美元支持企业开发和示范锂离子电池回收技术。

（2）拨款 1.35 亿美元用于减少工业部门的碳排放。2023 年 6 月 15 日，DOE 宣布拨款 1.35 亿美元资助 40 个项目，用于减少美国工业部门的碳排放。选定的项目是 DOE 工业减排技术发展计划（TIEReD）的一部分，侧重于工业脱碳的各种跨部门方法。项目重点关注能源密集型行业，主要包括化工、钢铁、食品和饮料、水泥、造纸和林产品行业等。这些行业的二氧化碳排放量占工业部门、造纸和林产品能源相关二氧化碳排放量的 50% 以上。

（3）投资 3 500 万美元支持钢铁生产脱碳。2023 年 6 月 22 日，DOE 宣布提供 3 500 万美元的资金支持 DOE 先进能源研究计划署（ARPA-E）的“从矿石到钢铁全过程中影响排放的革命计划”，以实现炼铁过程零排放和炼钢生命周期超低排放，支持美国政府提出的减少钢铁碳排放和产品进口的目标。该计划旨在资助新技术的开发和示范。若项目成功，全球二氧化碳排放量每年减少 29 亿 t 以上（占全球排放量的 5.5%）。

（4）投入 4 500 万美元推动太阳能制造业发展。2023 年 7 月 6 日，DOE 宣布投入 4 500 万美元资助太阳能晶硅制造和两用光伏孵化器示范项目，用于持续降低太阳能成本，同时开发下一代太阳能技术和促进美国太阳能制造业发展，推动太阳能发电安全、稳健和可靠地并入国家能源网络。资助主题包括：①晶硅供应链组件试点示范，共 3～4 个项目，每个项目 100 万～1 000 万美元。②两用光伏孵化基地建设，共 2～8 个项目，每个项目 100 万～160 万美元。

作为建立美国国内太阳能制造业的一部分，DOE 近期还宣布，投入 3 600 万美元资金推进钙钛矿和碲化镉（CdTe）光伏等薄膜太阳能技术；投入 5 200 万美元强化美国国内太阳能供应链，投入 3 000 万美元资助太阳能并网技术；启动 400 万美元“美国制造太阳能奖”（“American-Made Solar Prize”）第七轮项目，激励太阳能硬件和软件技术创新。

（5）拨款 7 200 万美元支持小型企业清洁能源技术研发。2023 年 7 月 10 日，DOE 宣布拨款 7 200 万美元支持 296 个清洁能源和气候相关项目，旨在推进适合小型企业的创新气候解决方案。这些项目涉及可再生能源、核能、网络安全、先进材料和制造、微电子和人工智能等领域。

（6）投入 3 000 万美元支持关键能源基础设施制造。2023 年 7 月 20 日，DOE

清洁能源技术示范办公室、技术转型办公室以及能效和可再生能源办公室宣布，将联合投入 3 000 万美元启动“先进关键能源基础设施制造技术（MAKE IT）奖”［“Manufacture of Advanced Key Energy Infrastructure Technologies（MAKE IT）Prize”］，旨在促进关键清洁能源技术组件的国内制造，将制造设施从规划阶段推进到准备就绪阶段。制造设施方面关注特定清洁能源技术组件的制造设施，包括：①制造和（或）回收清洁氢生产、加工、输运、存储相关组件和（或）氢燃料电池组件；②电网升级和长期储能相关零部件的制造；③碳捕集和封存相关组件制造，如碳捕集溶剂、吸附剂和膜回收设施。在战略研究方面，资助项目将制定在地区建立清洁能源制造的路线图，以促进对清洁能源制造技术的社会参与，扩大相关就业机会并增强经济潜力。

（7）加强太阳能光伏系统循环经济研究。2023 年 7 月 21 日，DOE 发布“光伏材料、运营和回收（MORE PV）”资助公告，未来 3 年将投入 2 000 万美元支持开发创新方法以增强太阳能技术的回收和再利用性能。资助主题包括：①光伏系统全生命周期优化；②推进回收和循环利用的太阳能合作伙伴关系（Solar PARC）。

（8）启动 18 个变革性能源转型关键技术开发项目。2023 年 8 月 3 日，DOE 先进能源研究计划署（ARPA-E）宣布资助 900 万美元以支持具有较大影响潜力的能源转型变革性技术开发，以实现净零排放目标。包括立方氮化硼（c-BN）超宽带隙半导体开发，二氧化碳电催化的高通量自动化微动力学、多尺度和技术经济建模，用于核废料固化的高熵微晶玻璃开发等 18 个项目。

（9）投资 12 亿美元开展直接空气碳捕集设施示范。2023 年 8 月 11 日，DOE 发布公告，用于推进得克萨斯州和路易斯安那州两个商业规模的直接空气碳捕集（DAC）设施的开发，旨在启动全国性的大型碳去除场址网络，减少碳排放。目前启动的两个 DAC 项目将有助于进一步证明大规模 DAC 和二氧化碳封存的能力，后期 DOE 拟计划发布一系列项目资助计划，重点支持二氧化碳去除技术的开发和商业化。

（10）投入 3 400 万美元支持清洁氢能前沿技术研发。2023 年 8 月 17 日，DOE 宣布投入 3 400 万美元，支持 19 个清洁氢能前沿技术研发项目，助力实现脱碳目标。具体包括：用于模块化气化制氢的先进空气分离技术，该领域投入 875 万美元支持 7 个项目；甲烷热解 / 裂解、原位转化或循环的化学链重整制氢技术，该领域投入 596 万美元支持 4 个项目；利用采出水制氢，该领域投入 1 000 万美元支持 2 个项目；利用天然气管道安全高效运氢，该领域投入 300 万美元支持 2 个项目；大容量、长周期地质储氢基础研究，该领域投入 300 万美元支持 4 个项目。

（四）美国农业部投资3亿美元支持气候智能型农业实践

2023年7月12日，美国农业部宣布拨款3亿美元，改进对农林业温室气体排放和碳封存的测量、监测、报告和核查，以评估气候智能型缓解措施的减排有效性。主要资助数据收集与管理、提高模型和工具的准确性两个领域。此外，美国农业部通过气候智能型商品伙伴关系计划向141个项目投入超过31亿美元，支持温室气体的测量、监测、报告和核查。

三、其他主要经济体应对气候变化和绿色低碳领域的政策和进展

（一）英国投入1.57亿英镑推进先进核能发展

2023年7月18日，英国能源安全和净零排放部（DESNZ）发布公告，将投入1.57亿英镑用于推进英国先进核能发展，促进能源安全，减少对不稳定化石燃料进口的依赖。为了推动新核能项目的交付，英国政府对原设立的英国核燃料有限公司（BNFL）进行了重组，设置了名为“大不列颠核能”（GBN）的机构，依据英国到2050年的核能长期发展计划，负责小型模块化反应堆的竞优工作，为政府核能项目的最终投资决策提供支持。其中，7 710万英镑资助企业研发，5 800万英镑支持先进模块化反应堆及下一代燃料开发和设计，2 230万英镑支持发展新的核燃料生产和制造能力。

（二）英国发布《2023年生物质战略》

2023年8月10日，英国能源安全和净零排放部（DESNZ）发布《2023年生物质战略》，系统阐述了可持续生物质在实现净零排放方面可以发挥的作用及未来政策措施。该战略基于《生物质政策声明》和《英国电力战略》，提出要加强生物质可持续性，指出其在多个经济部门的可能应用。要点如下。

（1）生物质应用的优先事项。短期（21世纪20年代）：政府将通过一系列激励措施和要求，继续促进可持续生物质在电力、供热和交通运输等部门的部署。中期（到2035年）：政府将进一步扩大生物质在电力、供热和交通运输部门的应用，以支持第六次碳预算（CB6）的实施，以期在可能的情况下将生物质应用过渡到生物质能碳捕集和封存（BECCS）等实现净零排放的关键用途，以平衡难脱碳行业的残余排放。由于广泛的不确定性和证据差距，很难预测长期（到2050年）的生物质应用情况。

（2）生物质在整个经济部门的应用。①生物质发电在电力行业脱碳方面发挥重要作用，可提供可调度或基本负荷电力，并提供灵活性以应对其他可再生能源波动性。英国政府正通过电力市场安排审查（Review of Electricity Market Arrangement，REMA）探讨生物质发电的作用。②生物甲烷将继续在实现净零排放和提高能源安全方面发挥重要作用，可以支持供热、交通运输和电力等多个行业脱碳，厌氧消化过程建立了更循环的经济。③生物质供暖可能会在某些不适合热泵的非天然气管网住宅中发挥作用，并可通过适当的缓解措施将对空气质量的影响降至最低。④低碳生物质燃料包括由生物质生产的液体燃料和气体燃料，其在交通运输部门脱碳中发挥着重要作用。英国交通部将出台《低碳燃料战略》，明确到 2050 年包括生物燃料在内的低碳燃料的部署。⑤生物质用于工业脱碳，将结合碳捕集、利用与封存（CCUS）技术优先考虑其在工业中的应用。⑥生物质制氢，将通过重整、气化或热解技术直接将生物质用作低碳氢原料，配备碳捕集和封存设施可以实现负排放。⑦生物质的其他用途。生物经济包括生物质的能源应用和非能源应用，后者包括木质产品（如木材、木板等）、生物炭以及生物化学品和生物材料（生物塑料）等。

（三）澳大利亚投入 3 000 万澳元支持可持续航空燃料开发

2023 年 7 月 3 日，澳大利亚可再生能源署（ARENA）宣布投入 3 000 万澳元启动“可持续航空燃料资助计划”（Sustainable Aviation Fuel Funding Initiative），支持使用可再生原料生产航空燃料相关技术的开发。该计划的目的是：①提高可持续航空燃料技术大规模部署的技术成熟度等级（TRL）和商业准备指数（CRI）；②提升在澳大利亚利用可再生原料生产可持续航空燃料的技术和商业可行性；③在澳大利亚建立用可再生原料生产可持续航空燃料的工业能力。

（四）澳大利亚发布《超低成本太阳能白皮书》

2023 年 7 月 19 日，澳大利亚可再生能源署（ARENA）发布《超低成本太阳能白皮书》，总结了实现超低成本太阳能的主要障碍，并提出了创新优先事项建议。关键要点如下：①超低成本太阳能为澳大利亚成为全球领先的低排放生产国提供了重要机会。②超低成本太阳能是澳大利亚实现 2030 年光伏目标的关键。ARENA 设定了 2030 年光伏技术的“30-30-30”目标，即到 2030 年光伏组件效率达到 30%、安装成本达到 30 澳分 /W，意味着光伏平准化度电成本（LCOE）需要从当前水平降低 2/3，达到 20 澳元 /（MW·h）。③实现超低成本太阳能需要通过创新以实现成本的显著降低。④对非技术因素也应加以考虑。包括扩大当地供应链，改善太阳能电池板的报废管理，与社区和土地所有者密切联系等。

（五）澳大利亚投入 2 090 万澳元示范下一代制氢电解槽

2023 年 8 月 14 日，澳大利亚可再生能源署（ARENA）宣布向初创公司 Hysata 提供 2 090 万澳元，用于下一代商业规模电解槽技术示范项目。Hysata 公司开发的毛细管诱导供水电解槽可解决现有电解槽电阻过高以及电极表面气泡造成的能量损失问题，制氢效率可达到 95%（41.5 kW · h/kg），远高于现有技术水平（75%，52.5 kW · h/kg）。如果大规模交付，将有助于降低可再生能源制氢成本。Hysata 公司目前正在开发 200 kW 电解制氢系统，该系统将示范 5 MW 商业规模装置的关键部件。

（六）日本内阁发布《能源白皮书 2023》

2023 年 6 月 6 日，日本内阁发布《能源白皮书 2023》。该白皮书是 2022 年日本能源相关情况的年度报告，围绕日本及世界的能源动向、能源供需进行了总结。主要内容如下。

（1）能源安全方面，欧洲在推进节能和核能燃料等应用的同时，迅速扩大了液化天然气（LNG）进口。受欧洲 LNG 进口增加的影响，LNG 供需紧张且价格暴涨。随着对俄罗斯经济制裁的长期化，LNG 的生产力无法迅速跟上增长的需求，供需预计到 2025 年将更加紧张，世界范围内的“LNG 争夺战”短期内不会结束。

（2）实现绿色转型（GX）方面，基于“以实现绿色转型为目标的基本方针”，努力实现以化石能源为中心向以绿色能源为中心的转型，强化产业竞争力、提高能源的自给率，实现能源的稳定供应，迈向碳中和社会。具体包括：①实现全面节能，建立能应对多年投资计划的节能补贴，强化住宅节能改造。②将可再生能源“主力化”，推进下一代太阳能电池和海上漂浮式风力发电的社会应用。③在确保安全性的前提下充分利用核能，在废反应堆的核电站用地内重建下一代反应堆。④对氢气、氨与现有燃料的价格差进行补贴。⑤在碳回收燃料、蓄电池等领域，推进面向 GX 的研究开发、设备投资及需求创造。⑥利用 GX 过渡债，在未来 10 年内支持 20 万亿日元规模的先期投资；鼓励基于增长导向型碳定价的 GX 投资；灵活运用金融政策，通过官民合作在未来 10 年实现超过 150 万亿日元的 GX 投资。⑦国际发展战略方面，日本将主导清洁市场的形成和创新合作、实现亚洲零排放共同体（AZEC）的构想。⑧推进全社会实现 GX，实现地区和生活中的碳中和，助力中坚企业和中小企业供应链整体的 GX。

（七）日本修订《氢能基本战略》

2023 年 6 月 6 日，日本经济产业省（METI）发布修订版《氢能基本战略》。该战略指出，日本构建氢能社会正从技术发展阶段步入商业化阶段，考虑到全球氢能市场正在迅速扩张，有必要修订 2017 年发布的《氢能基本战略》，在确保实现碳中和目标的同时，将加强全球竞争力、发展海外市场纳入氢能战略。该战略包括了氢能产业战略和氢能安全战略，前者旨在加强氢能产业竞争力，后者目的是确保氢能的安全利用。根据修改后的战略，日本计划在未来 15 年内投资 15 万亿日元（1 075 亿美元）发展氢气产业，推进完善氢供应链，以加快向低碳经济转型。

2023 年 7 月 11 日，为促进交通工具领域实现碳中和，日本经济产业省在氢能战略修订基础上公布交通工具领域氢能政策发展新方向。主要内容包括：有望实现电动化的汽车类型，车辆供给前景，对可按计划导入电车的 6 家运输企业进行需求预测，氢供给成本预估，完善应对地区变化的加氢站，导入燃料电池商用车产生费用负担解决方案，规范一体化的投资扶持政策，放宽车辆和加氢站的限制，加氢站的技术开发，对加氢站的扶持，发挥公共团体的作用等。

（八）日本批准“促进向低碳化增长型经济结构转型的战略”

2023 年 7 月 28 日，日本内阁批准了“促进向低碳化增长型经济结构转型的战略”（以下简称 GX 推进战略）。GX 推进战略将采取以下两项主要举措，确保构成人民生活和经济活动基础的能源供应稳定，同时实现经济增长。

（1）在确保能源供应稳定的前提下，努力实现去碳化。①促进全面节能。包括：增加对中小企业提高能效和节能的支持；相关部门和机构已联手加强对节能住房的支持；根据修订后的《节约能源法》，政府对主要的 5 个行业（钢铁业、化学工业、水泥制造业、造纸业、汽车制造业）制定了非化石能源转换的指南，进一步推进节约能源。②让可再生能源成为主要电力来源，可再生能源比例在 2030 财年达到 36%～38%。③核能利用。包括：在确保安全的前提下，在决定退役的核电站原址上重建下一代创新反应堆；在严格安全审查的基础上，设定 40 年加 20 年的运行周期限制，只允许在一定的关停期内额外延长；其他措施包括促进核燃料循环，建立意见交流机制，为稳步、高效地实现退役提供资金保障，促进公众理解并积极鼓励地方当局和其他方面在实现最终处置方面发挥国家主导作用。④其他重要事项。包括：为构建氢气、氨生产和供应网，引入支持系统；为确保电力市场的供应安全，将稳定运行容量市场，同时引入储备电力系统和长期非碳化电力供应拍卖，鼓励有计划的非碳化电力供应投资；仍保留萨哈林 1 号、2 号等国际项目的特许权；构建战略性确保剩余 LNG 的机制，并支持甲烷水合物等的技术开发；在碳循环燃料（燃料、可持续航空燃料、合成燃料等）、蓄电池、资源循环、新一代汽车、新一代飞机等领域促进 GX 的研发、资本投资和需求创造。

（2）实现和实施“以增长为导向的碳定价概念”。包括：通过使用 GX 经济转型债券和其他工具，提供大胆的前期投资支持；通过以增长为导向的碳定价激励 GX 投资，以及使用新的金融工具实现 GX。

（九）韩国发布《蓝碳推进战略》

2023 年 5 月 31 日，韩国海洋水产部发布《蓝碳推进战略》，旨在利用海洋生态系统实现韩国 2030 年国家自主贡献目标（NDC）及 2050 年碳中和目标。《蓝碳推进战略》的主要目标是推动蓝碳的碳汇储量在 2030 年达到 106.6 万 t，在 2050 年达到 136.2 万 t。

（十）韩国启动新型融合研究项目以推进碳中和

2023 年 7 月 3 日，韩国国家科学技术研究会（NST）宣布，将启动 4 个新型融合研究项目，旨在推动碳中和等目标的实现，保障韩国尖端移动设备、人工智能（AI）、尖端机器人等国家战略的稳步推进。研究项目将包括 3 个未来先导型课题和 1 个实用型课题，分别由 30～40 名研究人员展开研究。

四、政策影响分析及有关建议

（一）美国、日本、德国相继发布或更新国家氢能战略，释放氢能产业化加速信号，全球氢能竞赛将日趋激烈。中国应统筹谋划、整体布局氢能全产业链发展，围绕产业链“卡脖子”技术进行科技攻关，推动绿氢替代灰氢，建立多层次的金融支持体系，确保未来全球绿色竞争中，中国在氢能领域的竞争优势。

基于氢能广泛的应用场景以及庞大的产业链价值，预计在未来 10 年内，绿氢产业将成为推动全球能源革命的新能源产业标杆，成长为下一个万亿级的新能源市场。其开发与利用不仅成为推动全球能源绿色低碳转型和应对气候变化的新动能，助力全球碳中和愿景的实现，而且上升为国际竞争和优势技术与产业博弈的重要领域。因此，全球围绕氢能开发与利用的脚步不断提速。据统计，截至 2023 年 7 月 21 日，全球已有 44 个国家发布氢能战略，有 34 个国家正在准备战略；44 个已发布战略的国家中有 21 个确定了电解槽目标，到 2030 年的总装机容量将达到 115 GW。2023 年以来，欧盟、美国、日本、德国等主要经济体先后发布或更新各自的氢能战略政策，以期在全球氢能竞逐中占得先机。随着资金投入、技术突破与绿氢商业场景的规模化发展，未来全球氢能竞赛将日趋激烈。

2023 年 8 月 8 日，国家标准委等六部门联合印发《氢能产业标准体系建设指南（2023 版）》，这意味着整个氢能产业链进入产业化阶段。首先，我国应以《氢能产业发展中长期规划（2021—2035 年）》为指导，统筹谋划、整体布局氢能全产业链发展，针对氢能价值链各环节出台具体的支持政策和鼓励办法，加速氢能产业的发展和市场培育；借鉴发达国家先行经验，建立完善国内法律政策框架体系，支持和引导市场发展；结合国际市场需求，逐步构建协调互认的标准和认证体系。其次，围绕产业链"卡脖子"技术进行科技攻关，通过国家级创新平台、产业发展联盟等机制，依托产业链龙头企业打造攻关联合体，聚焦核心技术，加快突破薄弱环节，加快国产化进程。再次，推动制氢结构调整，绿氢替代灰氢。在氢能产业区开辟绿氢研发与制造基地，政策上对绿氢进行倾斜，逐步打破产业链绿色升级壁垒，提升中国氢能产品的国际竞争力。最后，建立多层次的金融支持体系，大力助推氢能发展。除政策性金融领域设立重大专项、产业基金等外，应在商业性金融方面加大力度，鼓励行业协会、龙头企业带头设立氢能发展专项投资基金，鼓励私募股权基金投资氢能绿色环保产业等，同时创新绿色金融产品，搭建氢能产业板块交易机制等。

（二）欧盟即将开启 CBAM 过渡期，在倒逼相关企业减少碳排放的同时，加剧全球经济失衡，影响各国经贸产业政策和国际标准与规则。中国应积极启动与欧盟的磋商，推动中欧在方法学、标准、数据等方面的互认，尽快构建碳排放数据信息系统，推动中国出口贸易低碳化转型，主动参与国际气候变化治理。

CBAM 将于 2023 年 10 月开始试运行，过渡期至 2025 年年底，2026 年正式起征，并在 2034 年之前全面实施。至此，欧盟将成为世界上第一个征收碳关税的经济体。CBAM 在应对气候变化方面，倒逼出口欧盟市场的企业在生产环节减少温室气体排放；在国际贸易方面，增加了外国企业的合规成本，造成绿色贸易壁垒，必将加剧发达国家和发展中国家在经贸领域的利益失衡。最后，通过对各国碳排放数据的掌握，欧盟可以站在气候保护的道义制高点，影响各国经贸产业政策和国际标准与规则。长期来看，欧盟可能通过要求其贸易伙伴执行其规则，使 CBAM 逐步和世界贸易组织的多边规则兼容。未来，碳关税或将成为世界贸易新规则。

中国应积极采取措施，应对 CBAM 引发的相关挑战。一是以应对气候变化为出发点，坚持"共同但有区别的责任原则"，积极启动与欧盟的磋商，在综合考虑各国的经济发展状况以及各国在绿色转型上的努力和进程的情况下，建议 CBAM 设置多样化的减免机制。二是推动中欧在碳核算、碳市场、绿证、CCER 等领域的方法学、标准、数据、结果以及其他方面的互认，以减少出口企业在应对 CBAM 和碳足迹要求方面的负担，同时也能促进中欧未来在应对气候变化领域的合作。三是借鉴 CBAM 的填报、监管和审查要求，以及对信息化系统的建设思路，尽快构建中国产品的碳排放数据信息系统以及必要的监测报告和核证系统，提高自身碳排放管理能力，推动相关产品出口，提升相关产业国际市场竞争力。四是推动中国出口贸易低碳化转型，推动相关产品节能减排，使技术密集型、资本密集型产品占出口产品的主导地位。五是主动参与国际气候变化治理，对碳关税政策的制定与实施积极探讨，提升中国在国际碳减排规则制定上的话语权和影响力。

（三）全球绿色产业竞争加剧，气候利益的分化正在加剧全球绿色经济局势中的国际矛盾。中国应继续加大投入应对气候变化和加快绿色低碳发展。同时，以 COP28 为契机，在气候问题上集中发声，推动逐渐建立代表广大发展中国家利益的“气候联盟”，寻求技术、标准、规则、框架层面的开放与合作。

欧美等主要经济体鼓励绿色低碳产业力度空前，投入大量资金竞相支持太阳能、氢能、储能、新能源汽车、智能电网等领域的技术研发、基础设施建设和产业化，意图抢占绿色低碳领域竞争的先机和战略制高点。欧盟碳关税的实施将对全球供应链产生深远影响，刺激钢铁等高碳产业实现跨越式转型或制造转移。美国则采用政策补贴方式，加大对绿色产业的支持力度。国际能源署于 2023 年 6 月发布 2023 年中期石油市场相关报告，称全球能源危机令高油价和供应安全问题凸显，全球向清洁能源技术的转型步伐正在加快。各国对碳关税话语权的争夺日益激烈，气候利益的分化正在加剧全球绿色经济局势中的国际矛盾。发展中国家越来越重视气候问题下的国家利益和国际合作。2022 年召开的《联合国气候变化框架公约》第二十七次缔约方大会（COP27）在落实发达国家对发展中国家的气候损失补偿与气候行动支援上达成了重要成果，发展中国家在气候问题上的集中发声是绿色经济实现全球化的突出转折。COP28 即将于 2023 年 11 月在阿联酋迪拜举行，会议相比 2022 年，除对限制温室气体排放方面的进展进行首次“全球盘点”外，还会围绕“加速能源转型、修复气候融资、关注人民的生命和生计、以全面包容为基础”4 个支柱点展开讨论和思考。

基于此，一方面，中国应继续加大资金投入应对气候变化和加快绿色低碳发展，在巩固绿色低碳领域优势产业领先地位的同时，继续挖掘增长的新优势新动能。把握机遇，培育绿色低碳产业集群，吸引集聚全球资源要素，重塑新的产业竞争优势。

另一方面，随着气候合作在国际合作中的比重不断加大，中国应重视广大发展中国家共同的、有针对性的气候利益，以 COP28 为契机，积极参与应对气候变化全球治理，在气候问题上集中发声，推动逐渐建立能够代表广大国家利益的“气候联盟”，提升“绿色”影响力与话语权。同时，在全球绿色经济中较为核心的气候经济、清洁能源等绿色产业的国际合作中，寻求技术、标准、规则、框架层面的开放与合作。

欧盟碳边境调节机制（CBAM）过渡期实施细则介绍及建议

张奕妍　刘　侃

2023 年 10 月 1 日，欧盟碳边境调节机制（CBAM）进入过渡期。过渡期实施的细则（以下简称细则）对进口报告信息、报告方式和形式、处罚、应付碳价转换细则、排放计算方法、间接排放报告方式和形式等作出详细规定。欧盟力求通过 CBAM“以外促内”，削减免费配额，助力绿色新政；同时倒逼各国重回谈判桌，建立新的气候治理规则，赢得话语权和领导力。能否成功取决于各国是否“就范”。建议我国坚持公约主渠道，联合其他发展中国家反对“小圈子”；做好全国“一盘棋”，加强政策协调，有序推进国内碳市场扩容和配额拍卖试点；重视气候信息披露，加快核算方法制修订和排放因子库等基础设施建设，做好第三方机构培育。

一、主要内容

（一）CBAM 简介

欧盟碳边境调节机制（CBAM）作为“减排 55”（Fit for 55）气候政策提案的一部分，通过购买 CBAM 证书（CBAM Certification）的方式，拉平进口商品和欧盟商品的碳价，“应对欧盟不断提高气候雄心导致的碳泄漏风险，推动欧盟实现与《巴黎协定》一致的目标，即到 2050 年成为首个气候中和大陆。CBAM 还将有助于推动第三国脱碳”①。

CBAM 法规于 2023 年 5 月 16 日在欧盟官方公报上公布，并于第二天（5 月 17 日）正式生效。CBAM 适用于从第三国进口到欧盟的商品，综合考虑排放占比、碳泄漏风险、复杂性和行政负担，现阶段适用的商品包括水泥、电力、化肥、钢铁、铝和化学品（氢气），涉及欧盟碳排放交易体系（EU ETS）覆盖的三类温室气体（二氧化碳、氧化亚氮、全氟化碳）。其中，钢铁、铝、化学品（氢气）只考虑直接

① CBAM 法规第 10 条。

排放，不考虑间接排放（生产所消耗电力的排放）。CBAM 证书的价格反映 EU ETS 配额拍卖周平均价格。

CBAM 法规第 47 条指出，申报的隐含碳排放应由按照欧盟条例指定的国家认证机构认证的核查员进行核查。目前，欧盟网站上能查询到的满足 CBAM 法规中国家认证机构要求的机构没有中国的机构，除了欧盟国家和挪威认证的 29 个机构外，只有土耳其、瑞士和加拿大有满足要求的认证机构。

（二）CBAM 过渡期细则的主要内容

2023 年 8 月 17 日，欧盟发布了 CBAM 过渡期（2023 年 10 月 1 日—2025 年 12 月 31 日）实施细则，对 CBAM 法规［（EU）2023/956］第 35 条第 7 款所列信息（包括报告信息、报告方式和形式、处罚、应付碳价转换细则、排放计算方法、间接排放报告方式和形式等）作出详细规定（见文末附件 1）。2023 年 10 月 1 日，已经启动了 CBAM 过渡期，过渡期期间无须进行证书购买清缴，也无须开展信息核查[①]。

该细则分为主体部分的 5 个章节和 6 个附件。第一章是目的和定义；第二章明确了授权申报商的权利和义务，规定了需要申报的信息、隐含排放的计算、碳价信息、CBAM 报告要求及更正程序；第三章是申报管理，包括注册系统、报告的核查及信息使用、保密等；第四章是执法，主要对处罚进行规定；第五章为过渡期注册系统的技术要素。6 个附件分别为：① CBAM 报告信息；②定义及产品生产工艺，明确规定了所涉商品直接排放核算方法及前体信息（详见文末附件 2）；③设施排放数据选择、归因排放和隐含排放计算；④建议申报商与生产运营商的沟通事项；⑤可以与经济运营商注册和识别系统（EORI）共享的数据；⑥进口加工商品的补充信息要求。

细则出台后，欧盟于 2023 年 8—9 月对 CBAM 首批适用的行业分别进行了线上培训。虽然细则设计非常繁复，本意是采集数据以确定间接排放计算方法学[②]、对扩大覆盖范围提出建议[③]［从前体拓展至价值链（运输和物流、下游产品）、其他商品，尤其是有机化学品和聚合物］，然而从培训内容来看，欧盟对过渡期的期待是让参与者熟悉规则和程序，因而尽量降低技术门槛，边界界定比较明确，同时推荐优先选用基于 IEA 数据的缺省值（在过渡期注册系统中直接提供）。

---

① 来源：CBAM 线上培训资料，https://taxation-customs.ec.europa.eu/carbon-border-adjustment-mechanism_en。

② CBAM 法规第 19 条：“在过渡阶段，应采集数据以进一步规定间接排放的计算方法学。该方法学应考虑生产本条例附件 1 所列商品的用电量，以及该电力的原产国、来源和排放系数。同时应进一步明确具体方法，以便通过最适当的方式防范碳泄漏和确保 CBAM 的环境完整性。”

③ CBAM 法规第 30 条第 2 款。

二、国际舆情分析

CBAM自启动立法进程以来一直受到国际社会广泛关注，随着欧盟单方面的强力推动，CBAM已完成立法并出台细则、进入过渡期。然而，从国际社会的反应来看，欧盟能否顺利借助CBAM将其他国家拉入局中，组建“气候俱乐部”[①]仍未可知。一方面，美国和欧盟就绿色贸易的具体政策选择尚未达成一致，各国态度有所分化；另一方面，欧盟内部也有反对、担忧声音。

（一）美欧同盟能否达成存疑，各国态度有分化

美国和欧盟对“气候俱乐部”的设计尚未达成一致，欧盟能否顺利以CBAM为抓手拉人入局存疑。被视作美国和欧盟重塑跨大西洋气候与贸易合作核心机制（Ferrer，2021；Saha et al.，2023；Meyer et al.，2023）的“可持续钢铝协议”（GASSA）谈判陷入僵局。美国希望采用类似钢铝232关税的措施［但此类措施已被裁决违反世界贸易组织（WTO）规则］，欧盟则想与CBAM实现链接（Krukowska et al.，2023）。复杂的国际地缘政治和两方都将面临的“选举年”，或许会给美欧谈判带来更多的不确定性。有媒体（Unger，2023）预测，GASSA谈判很有可能推迟到美国选举和新一届欧盟委员会就位之后（2025年年中）。

中国、巴西、南非等国家一直批评CBAM带有保护主义倾向，要求欧盟必须遵守WTO规则，降低对贸易的影响，确保欧盟产品与第三国产品之间的公平、公正和非歧视性待遇（Mishra，2021）。在2023年9月中旬举行的WTO公共论坛中，南非代表表示，欧盟的CBAM是一项单边措施，对南非的可持续发展和减缓气候变化行动构成威胁，也影响非洲和其他发展中国家解决不平等、失业和消除贫困等当务之急。CBAM将气候行动的负担转移到发展中经济体，给其他国家带来不公正和不必要的负担。拉丁美洲钢铁协会（Alacero）与来自巴西、墨西哥、阿根廷、哥伦比亚和厄瓜多尔的国家钢铁协会代表在2023年9月9日签署了一份联合公开声明，坚持申请延长加入CBAM的期限（Kinch，2023）。

为了应对CBAM，印度开始探索碳关税。2023年9月21日《印度时报》的一则报道称，印度全球贸易研究倡议组织（GTRI）建议印度应积极考虑对某些欧盟商品征收报复性关税以应对CBAM（PTI，2023）。澳大利亚、英国等国家也表达了对开设本国碳关税的兴趣（Yermolenko，2023；ICAEW，2023）。英国碳价格暴跌至不到欧盟的一半，英国出口商担心可能不得不向欧盟支付高额费用（Sario et al.，

---

① CBAM法规第72条。

2023）；英国商会的调查发现，84% 的英国制造商不知道新的 CBAM 报告要求，该结果“令人担忧”（Keating，2023a）。

日本行业团体因报告义务的歧视性差别反对 CBAM，但经济产业省谨慎表态。总部位于布鲁塞尔的日本欧洲商业理事会（JBCE）表示“CBAM 必须符合 WTO 的规则”，并指出欧盟产品和外国产品在报告程序和频率方面存在差异。韩国商会在过渡期征求意见时同样对此提出意见，与 EU ETS 要求年度报告不同，CBAM 要求申报人按季度提交报告，极大增加了行政负担。然而，日本经济产业省代表指出，现在作出具体判断还为时过早，该部门的评估将取决于欧盟如何执行该机制（Maekawa，2023）。

（二）欧盟内部对 CBAM 的实施仍有担忧

欧盟内部对 CBAM 带来的成本和烦琐程序表示担忧。欧盟生产商和贸易协会深感 CBAM 的成本高昂和运行混乱。一方面，CBAM 导致购买进口原材料的成本上升，损害自身竞争力。免费配额正在逐步取消而 CBAM 尚未完全实施（截止到 2032 年），企业担心 2026—2032 年易受全球竞争的影响。另一方面，CBAM 仓促启动，相关企业尚未作好准备。德勤会计师事务所（Deloitte）对 700 家受 CBAM 影响的进口公司进行调查，发现其中 60% 的公司不熟悉 CBAM 的要求。

欧盟内部对 CBAM 能否继续推行表示担忧。虽然“屡败屡战”，但波兰一直在挑战欧盟气候政策。2023 年 8 月初，波兰再次向欧洲法院提起诉讼，以国家安全和立法程序有误为由，要求取消 EU ETS 的修订和 CBAM（Keating，2023b）。此外，欧盟的公司仍然在担心 CBAM 可能会在中国和美国的压力下被终止或在 WTO 被挑战（Keating，2023a）。

三、下一步工作建议

从 CBAM 的名称到具体设计，欧盟旨在打造一项符合 WTO 规则的政策，“以外促内”，削减免费配额，助力绿色新政，增加财政收入；同时，以产品碳排放为切入点，组建“气候俱乐部”，建立新的气候治理规则，赢得话语权和领导力。因此，其他国家能否“就范”是欧盟能否实现“火中取栗”的关键点。

（一）建议坚持公约主渠道，联合其他发展中国家反对“小圈子”，做好在 WTO 下的贸易争端处理准备

加强中美间的对话交流，共同推动气候变化多边进程。通过多边合作机制和二

轨对话，与其他发展中国家言明 CBAM 的单边性和背后另起炉灶的意图，CBAM 罔顾共同但有区别责任原则，抹杀发展中国家非市场政策的努力；阐明 CBAM 对全球贸易机制和南北差距的影响，其将公约语境下的技术、资金差距转换为碳强度差距，不仅规避发达国家义务，甚至借助新的碳排放优势赢得竞争优势、谋取利益。联合巴西、南非、日本、韩国等国，以申报技术规定的歧视性差别为由，按照 WTO 下的贸易争端处理程序，为磋商、专家组、上诉、执行等工作做好准备。

（二）建议做好全国“一盘棋”，加强政策协调，有序推进国内碳市场扩容和配额拍卖试点

CBAM 过渡期仓促开启，以熟悉规则为首要任务。CBAM 证书购买清缴设计的隐含排放计算和应付碳价究竟如何实操仍未可知。例如，根据 CBAM 法规和细则，采用绿电的企业可以以购电合同为依据，采用更低的排放因子计算实际隐含排放量，降低自己的应付碳价，但这部分绿色权益的占用是否会影响其他企业电力排放因子的计算尚不明确。建议抓住过渡期窗口期，加强国内应对气候变化不同政策的协调，做好政策协同研究。

此外，把握好“双碳”目标实现的路径和方式、节奏和力度，从排放占比、数据基础和行政成本等角度，逐步将八大行业纳入碳市场；结合 2030 年前碳达峰目标落实工作节奏，在碳排放双控制度基础上，做好碳市场配额总量确定，探索配额拍卖和收储等安排，为企业应对国际市场碳定价机制做好准备。

（三）建议重视气候信息披露，加快核算方法制修订和排放因子库等基础设施建设，做好第三方机构培育

无论是 CBAM 还是 GASSA，都将碳排放纳入国际贸易机制设计，其基础是气候相关信息，尤其是温室气体排放量的信息。近年来，以气候信息为首要目标的可持续信息披露逐渐形成态势。2023 年 6 月，国际可持续准则理事会（ISSB）发布两项可持续披露准则，S1 为一般要求，S2 基于气候相关财务信息披露工作组（TCFD）制定的气候相关披露准则，得到诸多国际组织和国家的支持。建议重视气候信息披露工作，一方面，落实国家发展改革委、国家统计局、生态环境部联合发布的《关于加快建立统一规范的碳排放统计核算体系实施方案》，参考国际规则，做好国内核算方法学的制修订，加快温室气体排放因子数据库等基础设施的建设；另一方面，通过国际交流与合作，做好第三方机构的培育和能力建设，促进认证认可机制的国际互认，为产业应对不同国家信息披露要求做好支撑。

附件 1

CBAM 实施细则简述

对于报告信息、方式和形式：授权申报商按季度进行申报，需要报告的信息主要包括进口商品的信息（数量、CN 编码、原产国）、生产信息（生产设备地理坐标，企业名称、地址、生产工艺）和特定隐含碳排放信息（specific embedded emission，即单位商品隐含排放）。对于进口商品生产工艺相关信息（包括技术、特征参数等）的申报要求，在前期细则征求意见时，曾引发商业信息泄密的担忧（PTI，2023）。例如，钢铁产品需要报告合金元素的比例（如 Mn、Cr 和 Ni 的百分比）。

对于处罚：对拒不申报、错误或不完整申报且拒不改正的情况，欧盟成员国可以进行处罚，标准为 10～50 欧元 / 单位未申报排放量。对多次提交错误或不完整申报，或申报逾期超过 6 个月的，可加重处罚。

对于应付碳价转换细则：进口商品隐含碳排放支付的碳价（其中要扣减任何退税或其他形式得到的补偿，包括免费配额），将根据提交报告前一年欧洲央行发布的年平均汇率（将由欧洲委员会在 CBAM 过渡期注册系统中提供）折算成欧元。

对于排放计算方法：最根本的要求是使用最佳可及数据。细则附件 3 详细列出了基本原则、设施直接排放的确定、供热排放、电力排放、前体排放确定、归因排放的确定和特定隐含碳排放计算。

申报者有两种方法确定直接排放量：一是基于计算的方法，通过活动水平数据与实验室分析所得参数或采用标准值进行计算，可以细分为标准方法（相当于排放因子法）和质量平衡法。二是基于测量的方法，即通过连续测量气流中相关温室气体的浓度来确定排放量。对于化肥生产过程中排放的氧化亚氮，必须使用基于测量的方法；而对其他的温室气体，除非有证据表明基于测量的方法比基于计算的方法更准确，否则应使用基于计算的方法。

对于间接排放的报告方式和形式：需报告每吨进口商品的电力消耗（兆瓦时），明确报告是实际排放量还是采用过渡期缺省值所计算的数据、所用的电力排放因子以及特定隐含碳排放。申报商可以要求运营商采用细则附件 4 的电子模板和沟通信息项提供相关信息。

（1）对于进口电力的排放因子[①]，可以依次选用 4 种数据来源：①第三国特定缺

① 当电力作为进口商品时，其排放属于直接排放。为了完整呈现电力相关排放，将这部分内容也放在本部分进行介绍。

省值（基于 IEA 给出的数据）；②欧盟排放因子（基于 IEA 给出的数据）；③申报商提供的基于可信数据计算得到的排放因子[①]；④申报商提供的实际隐含排放量，须满足 CBAM 附件 4 第 5 条所列条件[②]。

（2）对于进口非电力商品的电力排放因子，可选用：①缺省值，基于 IEA 数据的原产国电网平均排放因子，或基于公开数据得到的原产国平均排放因子或者按照 CBAM 附件 4 第 4.3 条计算的缺省值[③]；②实际排放因子，考虑具体发电类型（是否热电联产，以及外部电力输入的情况）。

---

① 申报商根据可信公开数据计算排放因子的方法：选用申报期前六年（t-6）至申报期前两年（t-2）的五年期滑动平均值，每年的数据采用不同燃料类型排放因子和相应发电量进行加权计算。

② 采用实际隐含排放量时须满足的条件：购电协议涵盖拟采用实际值进行申报的那部分电量；发电设施直接与欧盟输电系统相连，或在电力出口时能证明发电设施与欧盟输电系统之间没有物理堵塞；发电设施的碳强度不超过 550 g CO_2/（kW · h）；对应电量有输电系统对应的互联容量；上述条件的满足得到核查员的认证，核查员至少每月收到相应报告。

③ 细则未给出具体计算方法，对法规提及的平均值计算方法也无进一步解释说明。

附件 2

CBAM 适用商品的直接排放计算和前体物（节选自 CBAM 细则附件 2）

商品类别	CN 编码	产品类别	温室气体	直接排放的监测范围	前体物
水泥	2507 00 80- 其他高岭土	煅烧黏土	CO_2	• 与生产直接或间接相关的过程，如原料制备、混合、干燥和煅烧以及烟气净化。 • 燃料燃烧和原材料（如相关）产生的 CO_2 排放	无
	25 23 21 00- 水泥熟料	水泥熟料	CO_2	• 原料中的石灰石和其他碳酸盐，传统的化石窑燃料，替代的化石窑燃料和原料，生物质窑燃料（如废物衍生燃料），非窑燃料，石灰石和页岩的非碳酸盐碳含量，或替代原料，如窑中生料中使用的粉煤灰和用于烟气洗涤的原料。 • 附件 3 B9.2 节的额外条款	无
	2523 21 00- 白水泥； 2523 29 00- 其他硅酸盐水泥； 2523 90 00- 其他水凝水泥	水泥	CO_2	所有燃料燃烧，用于干燥材料所产生的 CO_2	水泥熟料； 煅烧黏土（如使用）
	2523 30 00- 高铝水泥	高铝水泥	CO_2	• 燃料燃烧产生的所有 CO_2。 • 原材料中碳酸盐的工艺排放（如适用）和烟气净化的排放	无
电	2516 00 00- 电能	电	CO_2	任何燃烧排放和烟气处理过程排放	无
肥料	2808 00 00- 硝酸；磺硝酸	硝酸	CO_2 和 N_2O	• 与硝酸生产直接或间接相关的所有燃料以及用于烟气净化的材料产生的 CO_2。 • 生产过程中排放的 N_2O，包括产生量和排放量。不考虑燃料燃烧产生的 N_2O 排放	氨（折纯量）

续表

商品类别	CN 编码	产品类别	温室气体	直接排放的监测范围	前体物
肥料	3102 10- 尿素，不论是否在水溶液中	尿素	CO_2	• 来自与尿素生产直接或间接相关的所有燃料以及用于烟气净化的材料的 CO_2 排放。 • 当从另一个装置接收 CO_2 作为原料时，在合格的监测、报告和核查（MRV）体系下，输入的且未结合在尿素中的 CO_2；如果未计入产生 CO_2 装置的排放，则应列为本生产工艺的排放	氨
	2814- 氨，无水氨或氨水	氨	CO_2	• 使用天然气或生物气进行蒸汽重整的 Haber-Bosch 工艺：与氨生产直接或间接相关的所有燃料以及用于烟气净化的材料；所有燃料均应监测，无论是否作为能源输入；使用生物气时，适用附件 3 B.3.3 节的规定。 • 使用煤或其他燃料气化的 Haber-Bosch 工艺：与氨生产直接或间接相关的所有燃料以及用于烟气净化的材料；每种燃料输入均应作为一种燃料流进行监测，无论其是否作为能源输入；如果将来自其他生产路线的氢加入工艺中，则应将其作为具有自身嵌入排放物的前体处理	如工艺中使用来自其他生产路线的氢，应视作前体
	2834 21 00- 硝酸钾； 3102- 矿物氮肥或化学氮肥，310210 除外（尿素） 3105- 含有氮、磷和钾两种或三种肥料的矿物或化学肥料；其他肥料 除外：3105 60 00- 含有两种肥料元素磷和钾的矿物或化学肥料	混合肥料	CO_2 和 N_2O	与肥料生产直接或间接相关的所有燃料的 CO_2，例如用于干燥和供热的燃料，以及用于烟气净化的材料	氨（折纯，如使用）； 硝酸（折纯，如使用）； 尿素（如使用）； 混合肥料（如使用）
钢铁	2601 12 00- 烧结铁矿石和精矿，焙烧黄铁矿除外	烧结矿	CO_2	• 来自工艺材料（如石灰石和其他碳酸盐或碳酸盐矿石）的 CO_2。 • 来自所有燃料的 CO_2，包括焦炭、废气（如焦炉气、高炉气或转炉煤气）；直接或间接与生产过程相关的材料，以及用于烟气净化的材料	无

续表

商品类别	CN 编码	产品类别	温室气体	直接排放的监测范围	前体物
钢铁	7201- 生铁、块铁或其他初级形态的生铁和镜铁 7205- 生铁颗粒和粉末的镜铁、铁或钢下的某些产品可能包括在此处	生铁	CO_2	高炉工艺 / 熔融还原工艺：来自燃料、还原剂和废气（如焦炉气、高炉气或转炉气）的 CO_2 排放；使用生物质时，应考虑附件 3 B.3.3 节的规定；碳酸盐类工艺材料的 CO_2 排放；根据附件 3 B.3.2 节，使用质量平衡法考虑产品或炉渣或废物中剩余的碳	烧结矿；来自其他装置或生产工艺的生铁或直接还原铁（DRI）（如使用）；FeMn、FeCr、FeNi（如使用）；氢（如使用）
	7202 1- 锰铁	FeMn	CO_2	燃料投入造成的 CO_2 排放量，不论其是否用作能源输入；石灰石等工艺投入和烟气净化产生的 CO_2 排放；来自电极或电极糊消耗的 CO_2 排放；根据附件 3 B.3.2 节，使用质量平衡法考虑产品或炉渣或废物中剩余的碳	烧结矿（如使用）
	7202 4- 铬铁	FeCr	CO_2		
	7202 6- 镍铁合金	FeNi	CO_2		
	7203- 通过铁矿石直接还原获得的铁产品及其他海绵状铁制品	DRI	CO_2	来自燃料和还原剂的 CO_2，例如天然气、燃料油、来自工艺或转炉气的废气等；在使用生物气或其他形式的生物质时，应考虑附件 3 B.3.3 节的规定；来自工艺材料（如石灰石、菱镁矿和其他碳酸盐、碳酸盐矿石）的 CO_2；烟气净化材料；根据附件 3 B.3.2 节，使用质量平衡法考虑产品或炉渣或废物中剩余的碳	烧结矿（如使用）；来自其他装置或生产工艺的生铁或直接还原铁（如使用）；FeMn、FeCr、FeNi（如使用）；氢（如使用）
	7206- 钢锭或其他初级形式的铁和非合金钢（不包括品目 7203 的铁） 7207- 铁或非合金钢的半成品 7218- 铸锭或其他初级形式的不锈钢；不锈钢半成品 7224- 其他铸锭或其他初级形式的合金钢；其他合金钢半成品	粗钢	CO_2	• 碱性氧气炼钢：来自燃料（如煤、天然气、燃料油）、废气（如高炉煤气、焦炉煤气或转炉煤气）等的 CO_2；来自石灰石、菱镁矿和其他碳酸盐、碳酸盐矿石等工艺材料的 CO_2；烟道易清洁材料。根据附件 3 B.3.2 节，使用质量平衡方法考虑进入工艺的废料、合金、石墨等形式存在的碳以及产品或炉渣或废物中残留的碳。 • 电弧炉：来自燃料（如煤、天然气、燃料油）以及来自废气（如高炉煤气、焦炉煤气或转炉煤气）的 CO_2；来自电极和电极糊消耗的 CO_2；来自工艺材料（如石灰石、菱镁矿和其他碳酸盐、碳酸盐矿石）的 CO_2；烟气净化材料；进入工艺流程的碳，例如以废料、合金和石墨的形式存在的碳，以及产品中或炉渣或废物中残留的碳，根据附件 3 B.3.2 节，使用质量平衡方法进行考虑	碱性氧气炼钢：FeMn、FeCr、FeNi（如使用）；来自其他装置或生产过程的粗钢（如使用）。 电弧炉：生铁，DRI（如使用）。 FeMn、FeCr、FeNi（如使用）；来自其他装置或生产过程的粗钢（如使用）

续表

商品类别	CN 编码	产品类别	温室气体	直接排放的监测范围	前体物
钢铁	7205、7208 7210、7211、7212、7213、7214、7215、7216、7217 7219、7220、7221、7222、7223 7225、7226、7227、7228、7229、7301、7302、7303、7304、7305、7306、7307、7308、7309、7310、7311 7318、7326	铁或钢制品	CO_2	燃料燃烧产生的所有 CO_2 排放量以及烟气处理产生的排放量，与装置中应用的生产步骤相关，包括但不限于再加热、再熔炼、铸造、热轧、冷轧、锻造、酸洗、钢铁产品的退火、电镀、涂装、镀锌、拉丝、切割、焊接和精加工	粗钢（如使用），生铁、DRI（如使用）； FeMn、FeCr、FeNi（如使用）；铁或钢产品（如使用）
铝	7601- 未锻造铝	未锻造铝	CO_2 和 CF_4	• 初级（电解）熔炼：电极或电极糊消耗产生的 CO_2 排放；任何使用的燃料（例如用于原材料的干燥和预热、电解槽的加热、铸造的加热）的 CO_2 排放；来自烟气净化的 CO_2 排放，来自苏打粉或石灰石（如相关）；根据附件 3 B.7 节监测阳极效应引起的全氟化碳排放。 • 二次熔炼（再循环）：任何用于原材料干燥和预热、熔炼炉、废料预处理（例如脱涂层和脱油）以及相关残渣燃烧和锭、钢坯或板坯所用燃料的 CO_2 排放	初级（电解）熔炼：无。 二次熔炼（再循环）：来自其他来源的未锻造铝（如使用）
	7603、7604、7605、7606、7607、7608、7609 00 00、7610、7611 00 00、7612、7613 00 00 7614、7616	铝产品	CO_2 和 CF_4	铝产品成型过程中的燃料消耗和烟气净化产生的所有 CO_2 排放	未锻造的铝，如果在生产过程中使用的话（如果数据已知，则分别处理原铝和再生铝）； 铝产品（如使用）
化学品	2804 10 000- 氢	氢	CO_2	• 只考虑纯氢制备或可用于氨生产的氢气氮气混合物制备。 • 蒸汽重整生产工艺：与制氢直接或间接相关的过程的排放，以及烟气净化相关排放；氢气生产过程中使用的所有燃料的排放。 • 电解水生产工艺：与制氢直接或间接相关的燃料使用排放和烟气净化的排放。 • 氯碱电解和氯酸盐生产工艺：与制氢直接或间接相关的燃料使用和烟气净化的排放	无

参考文献

郝倩，2023. 南非：欧盟碳税可能对南非钢企带来极大影响 [EB/OL]. https://finance.sina.com.cn/stock/usstock/c/2023-09-15/doc-imzmvfyw5158895.shtml.

Ferrer M G, 2021. Joint EU-US statement on a global arrangement on sustainable steel and aluminium[EB/OL]. https://ec.europa.eu/commission/presscorner/detail/en/IP_21_5724.

ICAEW, 2023. How will the EU carbon border adjustment mechanism affect UK businesses?[Z]. 2023.

Keating D, 2023a. As EU carbon border levy looms, businesses scramble to get ready[EB/OL]. https://www.energymonitor.ai/carbon-markets/as-eu-carbon-border-levy-looms-businesses-scramble-to-get-ready/?cf-view&cf-closed.

Keating D, 2023b. Can Poland dismantle the EU green deal with legal challenges?[EB/OL]. https://www.energymonitor.ai/policy/green-deals/can-poland-dismantle-the-eu-green-deal-with-legal-challenges/.

Kinch D, 2023. Latin American steelmakers press for CBAM deadlines to be extended[EB/OL]. https://www.spglobal.com/commodityinsights/en/market-insights/latest-news/metals/091923-latin-American-steel.

Krukowska E, Ainger J, 2023. How Europe will tax CO_2 emissions beyond its borders[EB/OL]. https://www.washingtonpost.com/business/energy/2023/10/02/how-eu-s-carbon-border-adjustment-mechanism-works-and-what-the-critics-say/2c0db842-6102-11ee-b406-3ea724995806_story.html.

Maekawa Y, 2023. Japanese industry groups resist EU carbon border rules[EB/OL]. https://www.argusmedia.com/en//news/2474953-japanese-industry-groups-resist-eu-carbon-border-rules.

Meyer T, Tucker T N, 2023. How the US and EU can rewrite trade rules to fight the climate crisis[EB/OL]. https://rooseveltinstitute.org/2023/03/15/how-the-us-and-eu-can-rewrite-trade-rules-to-fight-the-climate-crisis/.

Mishra A R, 2021. BRICS summit is likely to strongly oppose carbon tax proposed by EU[EB/OL]. https://greenfiscalpolicy.org/brics-summit-is-likely-to-strongly-oppose-carbon-tax-proposed-by-eu/.

PTI, 2023. India should use calibrated retaliation mechanism to deal with EU's carbon tax: GTRI[EB/OL]. https://energy.economictimes.indiatimes.com/news/renewable/india-should-use-calibrated-retaliation-mechanism-to-deal-with-eus-carbon-tax-gtri/103823910.

PTI, 2023. Industry concerned over data reporting requirements under EU's carbon tax[EB/OL]. https://economictimes.indiatimes.com/news/company/corporate-trends/industry-concerned-over-data-reporting-requirements-under-eus-carbon-tax-urges-govt-intervention/articleshow/103472712.cms.

Saha S, Jain N K G, 2023. How to fix the U.S.-EU disconnect on climate[EB/OL]. https://www.foreignaffairs.com/united-states/green-gridlock.

Sario F D, Leali G, 2023.Europe takes climate fight global as carbon border tax goes live[EB/OL]. https://www.politico.eu/article/Europe-climate-fight-global-carbon-border-adjustment-mechanism-CBAM-tax/.

Unger C, 2023. A limping coalition of the willing: why is transatlantic cooperation on clean steel lagging behind?[EB/OL]. https://www.rifs-potsdam.de/en/blog/2023/09/limping-coalition-willing-why-transatlantic-cooperation-clean-steel-lagging-behind.

Yermolenko H, 2023. Australia will consider implementing its own CBAM[EB/OL]. https://gmk.center/en/news/australia-will-consider-implementing-its-own-CBAM/.

美国《通胀削减法案》对全球能源转型的影响分析

张剑智　郑　静

美国总统拜登签署的《通胀削减法案》（*The Inflation Reduction Act*，IRA）①已于2023年1月1日正式生效。该法案旨在削减赤字、增加财政收入、缓解通胀压力，并修订了财政委员会，农业、营养和林业委员会，银行、住房和城市事务委员会，商业、科学和交通委员会，能源和自然资源委员会，环境和公共工程委员会，国土安全和政府事务委员会，印第安人事务委员会8个委员会的职责。

该法案的主要内容涵盖税制改革、处方药定价改革和气候变化等领域。该法案中大量条款与气候变化相关，将在未来10年投入3 690亿美元用于能源安全和气候变化项目，降低清洁能源生产和消费成本，扩大清洁能源生产及应用，使美国温室气体排放量到2030年减少约40%。因此，该法案又被称为“气候法案”或“气候投资法案”。

该法案的部分条款明确对在美国的企业提供高额补贴及税收抵免，鼓励本国及海外能源生产和制造企业将生产基地转移到美国，带有强烈的单边主义与保护主义色彩。欧盟多名政要对此表示强烈不满，指责该法案破坏了欧美之间的公平竞争环境，损害欧洲经济绿色复苏及能源转型。近期，美欧多次磋商该法案中的部分条款，但尚未达成实质性成果。从长远角度看，该法案对中国清洁能源发展也将产生一定影响，值得有关方面高度重视。

一、美国《通胀削减法案》关于能源安全和清洁能源发展的主要内容

（一）通过税制改革，增加财政收入，削减财政赤字

2022年2月以来，全球新冠疫情起伏蔓延及俄乌地缘政治冲突导致全球能源价格飙升，也增大了美国经济的通胀压力。该法案预计未来10年将增加7 390亿美元的财政收入。其中，将提高大型企业和高收入群体的征税标准，最低税率不低于

① The Inflation Reduction Act of 2022，https：//www.congress.gov/bill/117th-congress/house-bill/5376/text。

15%，预计收益 3 130 亿美元；处方药定价改革预计收益 2 880 亿美元；美国国税局税收执法收益 1 240 亿美元，附带权益漏洞收益 140 亿美元。该法案将不会对年收入在 40 万美元或以下的家庭征收新税，也不会对小型企业征收新税，将努力强化税法，堵住税收漏洞。将在未来 10 年投资 3 000 多亿美元用于削减财政赤字，缓解通胀的不利影响。

（二）重视能源安全，提供优惠信贷条件，提高信贷额度，降低清洁能源成本

该法案要求财政委员会延长和修改可再生能源发电的信贷条件，增加低收入社区使用太阳能和风能设施的信贷额度，修改二氧化碳碳捕获设施信贷额度，对零排放的核电信贷提供税收减免优惠，延长生物柴油、可再生柴油和替代燃料的优惠贷款期限，制氢生产抵免一定的纳税额度，对个人使用清洁能源设施（电动或天然气热泵，中央空调，天然气、丙烷或油热水器，生物质炉或锅炉）并提高能源使用效率给予一定的抵免纳税额度，对节能家用及商业建筑都抵免一定的纳税额度，扩大、增加和修改新型节能住房信贷条件。

该法案对在北美洲（美国和墨西哥）内生产和组装的新型清洁车辆（新型燃料电池机动车）给予一定的税收抵免。电动汽车的动力电池关键矿物材料需满足一定比例产自美国或与美国签订了自由贸易协定的北美洲国家的要求，或是在北美洲内回收的材料，方可享受 3 750 美元的税收减免。关键材料比例要求将逐年提高，2024 年 1 月 1 日前投入使用的车辆为 40%，2024 年为 50%，2025 年为 60%，2026 年为 70%，2026 年 12 月 31 日之后投入使用的车辆需达到 80%。另外，动力电池组件在北美洲生产或组装比例符合规定的，还可以享受 3 750 美元的税收减免，2024 年 1 月 1 日前为 50%，2024 年和 2025 年为 60%，2026 年为 70%，2027 年为 80%，2028 年为 90%，2028 年 12 月 31 日后投入使用的车辆为 100%。符合上述两项要求的电动汽车，可享受 7 500 美元的税收减免，优惠力度较大。二手新能源汽车可以获得 4 000 美元的消费税优惠，或获得二手车销售价格的 30% 的税收抵免。

该法案将向清洁能源生产和能源安全计划分配 100 亿美元的信贷额度，提供优惠信贷条件，鼓励太阳能、风能及其组件（多晶硅、薄膜光伏电池、晶体光伏电池、多晶硅、太阳能模块及逆变器等）在美国生产和组装，也对关键矿物（铝、锑、重晶石、铈、铯、铬、钴、镝、铕、铟、锂、锰、镍等）在美国冶炼生产的项目给予税收抵免。美国太阳能电池板、风力涡轮机、电池和关键矿物加工制造的生产可获得 300 亿美元的税收抵免。

该法案鼓励清洁电力和清洁交通发展，对任何纳税年度的清洁电力生产给予一

定的纳税抵免，但要求其生产设施及产品主要是在美国制造和生产的，如海上风力发电设施、钢铁等。

（三）制定并修订多项政策法规，促进建筑节能、清洁能源、环境、交通、农业等领域发展，减少温室气体排放

该法案要求从2022财年起向各州能源办公室提供43亿美元财政资金，制订建筑节能退税计划（HOMES），向于2031年9月30日前完成住房节能改造的房主和供应商提供一定的税收抵免。如建筑节能抵免比例为20%～35%，每户可获得2 000美元的税收抵免，多户建筑最高可获得20万美元的税收抵免；如建筑节能抵免比例是35%以上，每户可获得4 000美元的税收抵免，多户建筑最高可获得40万美元的税收抵免。

该法案要求美国能源和自然资源委员会修订《2005年能源政策法》（*The Energy Policy Act of 2005*）、《2007年能源独立与安全法》（*The Energy Independence and Security Act of 2007*）、《清洁空气法》（*The Clean Air Act*）、《2019年美国创新和制造业法》（*The American Innovation and Manufacturing Act of 2019*）等多项法规，安排600多亿美元用于支持本地太阳能电池板、风力涡轮机、电池和关键矿物生产，清洁能源技术制造基础设施建设等，这些激励措施将有助于降低清洁能源生产成本，缓解通胀压力。同时，大幅降低电力生产、交通、制造、建筑和农业等领域的温室气体排放。

该法案要求于2024年9月30日前，在竞争的基础上，通过温室气体减排基金（Greenhouse Gas Reduction Fund）提供约270亿美元，支持净零排放技术研发及推广应用，重点向各州、市、县政府内符合条件的受助人提供赠款、贷款或其他形式的财政援助以及技术援助，使低收入和弱势群体从净零排放中获益，如安装屋顶的太阳能光伏发电设施。

二、美国《通胀削减法案》的影响分析

（一）降低清洁能源生产和消费成本，促进清洁能源快速发展，有助于实现美国温室气体减排目标

2021年，美国总统拜登上任后，积极推动美国重返《巴黎协定》，承诺于2050年前实现温室气体净零排放。该法案从清洁能源生产、制造、运输、消费的全产业链给予优惠贷款、抵免一定的纳税额度，刺激清洁能源的生产和消费，促进太阳能光伏、陆上和海上风力发电、氢能、储能、建筑节能、新能源汽车等产业的快

速发展，引导制造业回流美国，重振美国本地的制造业。

美国页岩气革命后，美国成为全球最大的天然气生产国，俄乌冲突对美国能源价格影响不太大。综合考虑该法案的税收抵免政策和美国的能源价格，将会吸引欧洲、日本、韩国等新能源企业到美国投资办厂，形成以美国为中心的全球新能源产业链，提升美国多层面的竞争力和博弈地位，这将有助于实现美国温室气体的减排目标。

（二）打乱国际贸易秩序，迫使全球能源产业重新布局，各主要经济体被迫应对

该法案的税收抵免政策设置了一些限制条件：①新能源汽车必须在北美洲组装；②汽车电池中至少有 40% 的关键矿物（如锂和钴等）在美国或者与美国签署自由贸易协定的国家开采及冶炼；③取消了高档新能源汽车的税收减免等。非北美洲国家组装的新能源汽车进入美国市场将面临激烈的价格竞争，不利于全球贸易发展，涉嫌违反世界贸易组织（WTO）的最惠国待遇、国民待遇等原则。为了保持市场份额，欧洲、日本和韩国的一些动力电池及新能源汽车企业已计划到美国或北美洲建厂，这将迫使全球清洁能源产业重新布局。

近年来，全球地缘政治环境不确定性上升，能源自主性和安全性越发重要。俄乌地缘政治冲突导致欧洲很多国家深陷能源危机及通胀压力，加大了清洁能源领域的投资和能源转型的速度。但是由于欧洲很多国家长期依赖俄罗斯能源，能源自主性严重不足，仓促之间有效应对措施不足，被迫转向依赖美国能源，并在全球寻找替代能源。

该法案将对欧洲能源转型产生严重影响，引起欧洲很多国家的强烈不满，这些国家担心欧洲一些企业可能将生产基地转移到美国或北美洲，形成清洁能源产业“空心化”，将对欧洲风能、太阳能、能量存储、低碳能源技术等构成全方位、不公平竞争，进一步影响全球能源产业布局。

2023 年 1 月，欧盟委员会主席乌尔苏拉·冯德莱恩在瑞士达沃斯世界经济论坛上发表讲话，表示将引入“绿色协议产业计划”以应对美国《通胀削减法案》的不利影响，消除安装光伏系统、风力发电设施、热泵、储能系统和电解槽等清洁能源项目的审批障碍，使欧洲成为全球清洁技术市场的领导者。

（三）短期内中国清洁能源产业发展将受到打击，但在全球的地位难以撼动，长期看将面临被围堵的风险

当前，中国可再生能源总装机规模超过 12 亿 kW，水电、风电、太阳能发电、

生物质发电装机均居世界首位。中国在新能源领域产业链有较强的先发优势，能源供应链成熟，成本优势突出。目前，美国、欧洲汽车制造商的绝大多数关键矿物、组件和电池来自中国，预计中国在新能源供应链的市场份额短期内难以被替代，仍保持全球领先地位。但从长远角度看，随着美国《通胀削减法案》推进，中国可能难以获得足够的生产电池的关键矿物（镍、钴、锂），中国的新能源汽车、光伏发电和风力发电的产品也将难以出口到美国或北美洲，影响清洁能源产业的发展，就需要综合考虑全球能源布局和长远发展。

三、中国针对《通胀削减法案》的对策建议

为保障中国能源安全，促进能源转型，实现“双碳”目标，中国有关部门应密切关注该法案的实施及可能产生的负面影响，从政府、产业和企业三方面，通过国际交流合作、出台激励清洁能源发展的优惠政策、加大绿色投融资力度，共同推进清洁能源发展和全球布局。

一是加强国际交流与合作，维护全球能源产业链安全和稳定。中国可结合国内清洁能源发展情况及能源转型需求，与《联合国气候变化框架公约》秘书处、国际能源署、国际可再生能源署、全球环境基金（GEF）、绿色气候基金（GCF）、二十国集团（G20）、经济合作与发展组织（OECD）等国际组织和欧盟、美国、俄罗斯、澳大利亚、日本、韩国等开展广泛的国际交流与合作，跟踪清洁能源各领域的主要进展，评估该法案的长期影响，制定应对措施，共同推进能源转型。特别是抓住欧盟、日本、韩国对该法案不满的关键窗口期，加强与欧盟、日本、韩国等的交流与合作，共同应对该法案实施带来的负面冲击，维护全球能源产业链的安全和稳定。同时，建立多元化的合作机制，深挖合作领域和合作潜力，维护全球能源产业链安全和稳定。

二是积极评估该法案对中国相关产业和企业的影响，通盘谋划应对，适时开展对美谈判。该法案的部分条款对新能源车辆税收抵免提出需在美国或北美洲生产及组装的不合理要求，涉嫌违反世界贸易组织的规则。中国应充分评估该法案对相关产业和企业的影响，助力企业维护自身合法权益和正当利益。同时，敦促美国严格遵守世界贸易组织规则，切实维护多边贸易体制的权威和有效性。

三是完善清洁能源发展的政策法规，加大绿色投融资力度，推动清洁能源发展，增加能源产业链韧性。加快“双碳”法规体系建构，为推动能源转型提供法律保障；完善外商投资及“放管服”的相关法规，吸引国际上能源领域高新技术企业来中国投资建厂；持续推进电力市场改革，提高风力及光伏发电的消纳能力；优化税收政

策、绿色采购、绿色债券等绿色投融资激励机制，加大清洁能源领域的投资及研发力度，提升清洁能源产业的技术实力，增强能源产业链的韧性。

参考文献

财经网，2022. 美国《2022 年通货膨胀削减法案》会阻止中国电池企业吗？[N/OL]. 2022-10-10. https://www.sohu.com/a/591344130_134123.

光明网，2023. 我国可再生能源总装机规模超 12 亿千瓦 [N/OL]. 2023-02-14. https://www.sohu.com/a/632780364_777961.

新京报，2022. 应对美国《通胀削减法案》，欧盟政要祭出“统一战线”[N/OL]. 2022-12-07. https://www.360kuai.com/pc/9741fc345d6352df5?cota=3&kuai_so=1&sign=360_57c3bbd1&refer_scene=so_1.

中央财经大学绿色金融国际研究院，胡雅琳，等，2022. 浅析美国《通胀削减法案》及对气候投融资的影响 [N/OL]. 2022-12-28. https://iigf.cufe.edu.cn/info/1012/6184.htm.

德国联邦政府发布“中国战略”对中德环境与气候合作影响分析

葛天祺　张　楠　杨玉川

一、“中国战略”发布背景及内容概述

2021 年年底，德国社民党、绿党和自民党达成联合组阁协议，联合政府上台执政，德国联邦政府内部在对华政策上一直存在分歧。德国总理朔尔茨希望采取更务实的态度开展与中国的合作，给企业更多的自主权。绿党籍外长贝尔伯克和经济部长哈贝克主张对中国采取更强硬的方针，同时希望给德国企业在中国投资时制定更多规则，利用新规则鼓励企业更多地分散风险。

德国联邦政府为统一对华立场和行动，于 2023 年 7 月 13 日，发布了首个“中国战略”。文件主要阐述了德国联邦政府对中德关系现状和前景的看法以及如何在复杂关系中更有效地维护德国的价值观和利益，指导德国在不危及德国自由民主生活方式、主权、繁荣、与其他国家的伙伴关系或安全的前提下，与中国的竞争和系统性对抗，同时继续与中国合作。该战略为德国各部门的对华政策具有连贯性提供了框架，还将为德国、欧洲其他地区加强对华协调奠定基础。

二、各方立场及表态

（一）德国各方对战略的评价

德国总理朔尔茨推文表示：新战略是“对一个已经改变并且变得更加自信的中国作出的反应”“我们的目标不是（同北京）‘脱钩’，但我们希望在未来减少在关键领域的依赖”。

德国外长贝尔伯克表示，新发布“中国战略”的目的是让德国在对华关系上更“现实”，而不是“天真”。

德国联邦外交部表示，中国的经济政策旨在减少对其他国家的依赖，同时使其他国家更加依赖中国。在外交政策方面，中国的行动更加自信，并试图重塑现有的

以规则为基础的国际秩序。中国正在对欧洲和全球安全产生影响。在此背景下，德国发布该战略以应对中国带来的挑战，同时继续寻求并加强在减缓气候变化、解决国家债务危机、促进粮食安全以及确保全球稳定方面与中国的交流与合作。

德国联邦经济发展和对外贸易协会（BWA）主席米夏埃尔·舒曼评价该战略时表示："我们明确不欢迎德国政府的这种所谓'战略'，因为其在一个困难时期对德国最重要的贸易伙伴关系增加了压力。这份文件中的优先级、措辞和行动建议并不符合我们的企业利益，这些企业在中国运营成功，并打算继续在未来保持这种成功。该战略不必要地毒化了德中关系，并不必要地使在中国开展企业活动的框架条件复杂化。"

德国工业联合会指出，该战略中部分措施的具体内容还有待进一步讨论，比如德国在海外投资的部分。该联合会认为，相关措施可能会过度限制企业活力。

大众汽车中国区首席执行官布兰德斯塔特在该战略发布后于社交媒体发文欢迎德国政府的新文件，同时明确大众集团将继续在中国投资。

德国《明镜》周刊表示，该战略的核心概念是"去风险"和"减少依赖"。该战略中还采用了欧盟委员会描述中国的"三合一"词汇，称中国"同时是合作伙伴、竞争者和制度性对手"。

德国《商报》介绍该战略出台的背景时表示，德国联邦各部门及一些下级单位都同中国保持着某种关系，各州、市县的做法也不尽相同。这一现象导致的后果是：德国各领域、不同层面在与中国打交道时表现不一致，而中国对外表现出更为统一的行动。

（二）主流媒体报道内容

美国政治新闻网称，欧洲及其他地区的政商界人士期待看到欧盟最大经济体如何在经济上日益自信的中国面前重新定位自己。

美国《华尔街日报》表示，德国政府公布的"中国战略"最终版比此前传闻的版本更为温和，这也是执政联盟三党博弈的结果。德国曾是欧洲大国中对中国最友好的国家，这份新文件虽然表明了德国对华态度的转变，但并没有出现 180 度大转弯。与美国限制对华半导体出口的做法不同，德国还寻求继续与中国保持良好的经济关系。

美国联合通讯社表示，德国对华策略是在寻求平衡，一方面与中国保持良好关系，另一方面则寻求摆脱对中国经济的过度依赖。

香港中国通讯社报道，该战略是德国历史上第一份作为文件出台的中国战略。该战略提及德国无意阻碍中国经济进步和发展，与此同时，迫切需要"去风险化"，但不追求经济脱钩。

三、“中国战略”环境与气候相关内容概述

（一）气候变化领域

该战略表示全球升温必须限制在 1.5℃以下，以避免气候危机的最坏影响。中国是全球最大二氧化碳排放国，并在继续扩大燃煤发电装机容量。与此同时，中国在可再生能源领域的投资超过其他任何国家，在技术上也遥遥领先。因此，气候行动将是中德双边合作的重点。中德共同目标是使工业更加环保，加快能源转型，促进交通环保转型，并实现循环经济。

中国仍在继续发放大量新建燃煤电厂的许可证，尽管已经宣布停止资助新的海外燃煤发电厂，但中国仍然是世界上最大的海外煤炭资助国。因此，德国政府计划与中国就逐步淘汰煤炭进行深入对话。此外，德国还寻求与中国就如何以社会公正的方式设计气候保护措施进行交流。

中国在《联合国气候变化框架公约》中被视为发展中国家，德国期待中国作为世界第二大经济体按照《巴黎协定》和其他文件中的约定，根据自己的能力和责任为气候行动作出贡献。德国呼吁中国做出可信的多边承诺，并愿意与中国在多边进程中开展合作。

德国的优先目标是说服中国在减少温室气体排放方面立下更远大的目标。中国已承诺其二氧化碳排放力争于 2030 年前达到峰值，努力争取 2060 年前实现碳中和。德国正与中国一道，努力在《联合国气候变化框架公约》框架内进行关于 2025 年后新的气候融资目标的谈判。此外，德国致力于推动中国为全球损失和损害融资作出贡献，发展中国家也期待看到中国在这方面的更多参与。德国正在游说中国使其资金流动符合《巴黎协定》。

（二）生物多样性保护领域

中国是全球 17 个生物多样性大国之一，也是全球经济联系的纽带，在全球生物多样性保护方面发挥着重要作用。2022 年，由中国担任主席国的联合国《生物多样性公约》第十五次缔约方大会通过了新的全球生物多样性框架。德国呼吁中国在国家层面采取具体措施，进一步跟进，促使该框架成功实现。德国致力于确保中国根据其全球责任，为履行《生物多样性公约》框架内的承诺作出适当的财政贡献，并将其资金流更多地向全球生物多样性目标倾斜。

德国致力于确保中国在支持多边基金方面发挥更大的作用，以应对未来的全球性挑战。德国呼吁中国以债权人的身份提供“债务换气候”和“债务换自然”服务。

在德国的倡议下，欧盟于2016年向南极海洋生物资源保护委员会提出了在威德尔海建立海洋保护区的动议，德国正在积极游说中国支持这一动议。《粮食和农业植物遗传资源国际条约》已于2004年生效，该条约是实施《生物多样性公约》的第一个具有法律约束力的协议，德国呼吁中国尽快加入该条约。

（三）绿色技术领域

气候和环境保护需要科研合作，并在全球范围内应用绿色技术。根据国际可再生能源机构（IRENA）的数据，截至2022年，中国可再生能源装机总量将近世界总量的一半，中国在许多绿色技术领域都处于领先地位。同时，中国也需要绿色技术，包括德国企业的绿色技术，以实现其自身的气候目标。德国致力于促进中国进一步开放市场，创造公平的竞争环境，同时改善德国企业向中国提供先进气候技术的条件。

目前，绿色技术（包括产品、工艺和服务）已经带来了可观的经济效益。在绿色技术领域取得领先地位不仅从经济角度来看十分重要，而且对德国政治决策也有影响。在绿色技术领域，中国是欧洲强有力的竞争者，并正在寻求市场和技术主导地位。中国已在光伏等关键领域造成了单边依赖，德国正在加强欧洲在环保技术方面的创新能力和生产能力。

（四）中德环境与气候合作机制

德国政府希望利用中德气候变化和绿色转型对话合作机制，以切实和注重成果的方式开展合作，加快绿色转型。德国认为，气候行动方面的重要国际合作不应被用作在其他领域谋取利益的筹码。只有当双方利益相关者（包括商业界、研究界和民间组织）都密切参与时，气候和环境保护才是可持续的，并能获得更多的认可，德国希望利益相关方参与中德气候变化和绿色转型对话合作机制及其他双边合作形式。德国将继续支持中德气候变化与可持续发展“二轨”对话，并继续举办中德环境论坛。

中德对话是中欧气候行动合作的重要组成部分。德国呼吁加强中欧环境与气候高层对话机制，并促使其产生更务实和雄心勃勃的成果。

（五）国际多边环境议程

中国是世界上最大的塑料生产国。德国正寻求与中国就不可持续地使用塑料的负面影响及其对全球垃圾污染的影响进行对话。德国与中国的合作和深入交流对制定一项雄心勃勃的、具有法律约束力的国际塑料污染防治文书也至关重要，德国正在努力将其付诸实施。

成功的气候和生物多样性战略还需要实施自然气候行动，并将基于自然的解决方案纳入国家战略。德国与中国的密切合作可以继续推动建立具有严格社会和环境标准的基于自然的解决方案战略。联合国环境大会关于基于自然的解决方案的第 5.2 号决议是实现这一目标的基础，也得到了中国的支持。德国愿意将此作为与中国开展双边交流的重要内容。德国声称，如果中国在气候政策方面表现出必要的雄心，并且希望加入“气候俱乐部”，中国未来可以成为“气候俱乐部”的成员。

四、“中国战略”对中德环境与气候合作的影响

（一）“中国战略”对两国外交层面影响总体分析

“中国战略”释放的重要信号是在近年来国际大环境急剧变化、中国影响力日益增长的大背景下，德国政府对华政策上的明显调整。德国通过该战略强调本国优先，在各方面加大了对中国的防备，意图加强在原材料供应、创新技术等关键领域的安全，以更好维护本国利益和地位。这是德国作为传统强国对中国实力稳步上升、在国际舞台话语权逐渐增加作出的反应。

鉴于德国对华政策上流露的观念转向，此前较少提及的所谓“价值观”话题或将在中德关系中频繁出现，或对未来中德关系造成一定冲击。但同时，中德没有根本利害冲突，合作基础扎实，发展动力强劲。该文件也强调与中国在气候变化和环保、文化、教育等领域开展合作的重要性和积极影响。

（二）德国明确表示应对全球气候变化离不开中国

德国的“中国战略”强调，“在应对气候变化、流行病等全球性挑战方面，中国是不可或缺的伙伴”。中德两国在推进应对气候变化的务实合作方面具有强烈意愿，双方在气候变化领域有共识的议题下积极加强合作，共同推动《联合国气候变化框架公约》及其《巴黎协定》全面有效落实。

另外，中德在气候变化领域也存在分歧。该战略中明确表示德国将向中国施压以提升气候目标，中国需向德国明确“二氧化碳排放力争于 2030 年前达到峰值，努力争取 2060 年前实现碳中和”的“双碳”目标是中国基于自身发展阶段和国情能力，为应对全球气候变化作出的最大努力。同时敦促包括德国在内的发达国家落实

向发展中国家每年提供 1 000 亿美元气候资金支持的承诺，回应发展中国家核心关切，加大对发展中国家的资金、技术和能力建设支持，形成携手共进的积极氛围。

该战略中所提及的由德国在内的七国组建的“气候俱乐部”与公约及多边主义规则相背离，实质上是实施单边惩罚措施，破坏全球应对气候变化国际政治互信，对全球气候进程有阻碍作用。该战略表示德国将支持欧盟碳边境调节机制，可能成为欧盟推行贸易保护主义的重要抓手，对中国与欧盟开展贸易合作产生负面影响。

（三）“中国战略”将绿色生态环保领域定位不脱钩并要继续深化合作

中德气候与环境合作历史悠久、成果丰富、前景广阔，得到两国领导人的高度肯定，为两国关系健康发展作出了积极贡献。2023 年 6 月，在陪同国务院总理李强访德并出席第七轮中德政府磋商期间，生态环境部部长黄润秋在柏林与德国联邦环境、自然保护、核安全和消费者保护部部长莱姆克进行双边会谈，并签署了部门间《关于环境、气候变化和可持续发展领域合作的联合意向声明》。根据声明，双方重申全面落实《联合国气候变化框架公约》及其《巴黎协定》的目标承诺，表示将共同推进落实“昆明—蒙特利尔全球生物多样性框架”和应对海洋垃圾污染。双方还一致同意在环境保护、绿色金融、生物多样性保护和生态修复、塑料污染治理、化学品及固体废物管理等领域加强合作。“中国战略”维持了这一立场，强调在绿色技术领域中德各有优势，中德双方应加强合作，互相学习和借鉴先进经验，携手推动双方绿色技术共同发展，为全球环境与气候治理贡献中德力量。德国有意与中国继续推动现有合作机制走深走实，谋求务实成果，并继续在中欧环境与气候高层对话机制下加强双边合作，落实双方领导人共识。

（四）打造中德“绿色同行”伙伴关系

李强总理在第七轮中德政府磋商提出，双方要抓住绿色转型机遇，推动合作提质升级，倡议中德成为“绿色同行”伙伴，就绿色、环保等议题加强沟通协调，推动绿色能源科技研发、产业技术升级，深化新能源汽车、绿色金融、第三方市场等领域合作。德国总理舒尔茨表示愿进一步加强双方交往，深化互利合作，在应对气候变化、绿色发展等领域达成更多合作共识。绿色低碳合作是双方没有争议并具有共同合作意愿的领域，应积极扩大和深挖合作潜力，推动务实合作落地见效，不断夯实“绿色同行”伙伴关系。

东盟碳排放与应对气候变化现状及启示

蔡晓薇　闫　枫　奚　旺　孙　雯

东盟国家在推动“一带一路”倡议中处于重要地位。由于特殊的地理环境以及相对落后的经济发展水平，东盟在面对气候变化不利影响时，表现出较大的脆弱性，而新能源技术、能源效率提升技术、能耗降低技术等技术水平的限制，使东盟减排工作的推进相对困难。在应对气候变化整体能力方面，东盟国家较弱。当前，无论是能源还是气候变化，东盟都面临着较为严峻的挑战。随着台风和暴雨等极端天气变得越来越频发，东盟能源需求的重要性日益凸显。自 2021 年年中以来，全球大宗商品价格飙升更是对东盟国家经济社会产生了重大影响，由于价格上涨，一些应对气候变化的政策执行被推迟或取消。

在此背景下，研究东盟国家气候变化应对减排情况及挑战，分析东盟国家经济增长、能源消耗与二氧化碳排放关系，可增进中国对东盟国家气候治理现状的了解，对推进“一带一路”倡议和加强中国与东盟应对气候变化的交流与合作都具有重要意义。

一、东盟能源消费及碳排放情况

东盟国家在过去 20 年经济发展迅速、能源使用规模不断扩大，但各国之间存在较大差异。东盟各国在发展阶段、产业产出、政治、历史、地理等方面各有特色。例如，缅甸或柬埔寨的人均能源需求约为世界平均水平的 1/4，而新加坡的人均能源需求约为世界平均水平的 3 倍。制造业的增长一直是泰国和马来西亚经济发展的推动力，而菲律宾的服务业增长更快。化石燃料的份额和对煤炭的依赖在整个地区范围广泛；在泰国和马来西亚等制造型国家中，化石燃料的份额更高，而在缅甸和老挝等更加依赖农业的国家中，化石燃料的份额较低。

（一）能源消费

1. 能源消费结构

根据国际能源署统计数据，2000—2020 年，东盟地区化石燃料占能源需求增长的 90% 以上，煤炭需求增长了 6 倍，其在能源供应总量中的份额从 8% 增加到 26%。石油需求增长了 40% 以上，但其在能源供应总量中的份额从 40% 下降到 32%。东盟石油使用量的增加主要来自乘用车保有量的增加（从 2000 年的每千名居民 27 辆汽车增加到 2020 年的每千人 59 辆）和卡车货运活动。目前，石油在东盟提供的总发电量中占比不到 2%，低于 2000 年的近 20%。同时，天然气消费量增长了 80% 以上，并一直保持在能源结构总量中的约 20%。目前，电力和工业部门天然气使用量合计占天然气使用总量的 70%。

近 20 年，东盟以可再生能源形式提供的能源发展迅猛，可再生能源增长了一倍多，东盟未来在可再生能源方面也具有较大潜力。自 2000 年以来，东盟水力发电量翻了两番；在供暖和运输方面，现代生物能源的使用也迅速增加。太阳能光伏（PV）和风能近年来迎来较快增长，虽然成本下降，但是太阳能光伏和风能的贡献仍然很小，生物能源、地热能和水电仍占东盟可再生能源总量的 98% 以上。目前，地热资源主要分布在印度尼西亚和菲律宾；柬埔寨、老挝和缅甸利用其丘陵地形和高降水量的优势，继续开发其国内水电资源。截至 2020 年，东盟可再生能源占比为 33.5%，化石能源仍占主导地位，其中高效清洁的煤电装机仅占总体煤电装机的 6%。

从东盟国家各自的能源与经济发展态势来看，各国的需求不尽相同。例如，印度尼西亚、越南等煤炭依赖型国家需要加快煤电退出与可再生能源转型的步伐。缅甸、柬埔寨等能源短缺国家则需要摆脱依赖化石能源的传统路径，实现绿色能源跨越式发展，以增加能源的可及性，同时减少转型成本。

2. 能源消费总量

东盟近年来经济发展迅猛，能源使用量迅速扩大，东盟成为全球经济增长和能源需求的主要引擎。2010—2019 年，东盟人口增长约 10%；截至 2019 年年底，该地区约有 6.6 亿人口。受人口增长和经济发展的需求影响，如图 1 所示，东盟的一次能源总需求整体迅速增长，煤炭、石油和天然气以及可再生能源的使用量均大幅增加。

2010—2019 年，东盟经济平均每年增长约 4.2%，工业是所有行业中增长幅度最大的行业，主要由水泥和钢铁行业推动。自 2000 年以来，东盟发电量增长了近两倍，其中燃煤电厂的增幅较大，东盟能源供应总量增长了约 80%（2020 年受新冠疫情影响暂时下降）。化石燃料的使用量翻番，煤炭在能源供应总量中增长最多，这支撑了该地区的社会发展和工业增长，但也使空气污染成为公共健康的主要风险，并推高了与能源相关的二氧化碳排放。受俄乌冲突影响，石油和天然气价格的大幅上涨，加剧了该地区对进口石油的依赖程度，紧张的国际局势使东盟能源安全成为格外重要的议题。

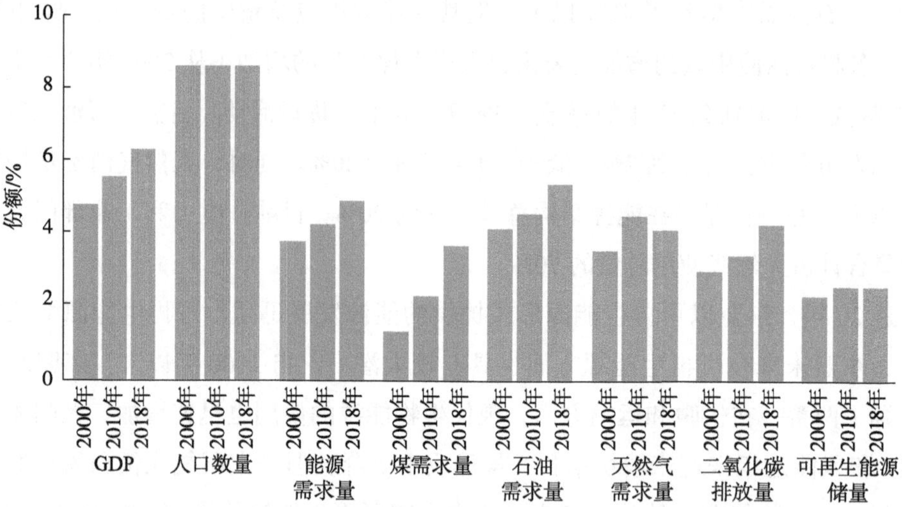

图 1　东盟在全球经济和能源指标中所占份额（2000 年、2010 年、2018 年）

数据来源：国际能源署。

（二）碳排放情况

东盟是高质量共建“一带一路”的重点地区，也是全球经济增长最活跃的地区之一。东盟各国处于经济发展与转型升级的关键期，经济社会的快速发展与人口增长带来能源需求快速增长的同时，也使东盟温室气体排放整体呈现增长趋势。

1. 二氧化碳排放量

从总量来看，东盟各国的二氧化碳排放量总体呈上升趋势，尤其近 10 年内增长明显。印度尼西亚是东盟二氧化碳排放量最多的国家，2019 年的排放量占东盟排放总量的 35.4%，排放总量和人均排放量在全球范围内排名均靠前。越南、泰国、马来西亚次之，文莱的排放量低于其他国家（如图 2 所示）。

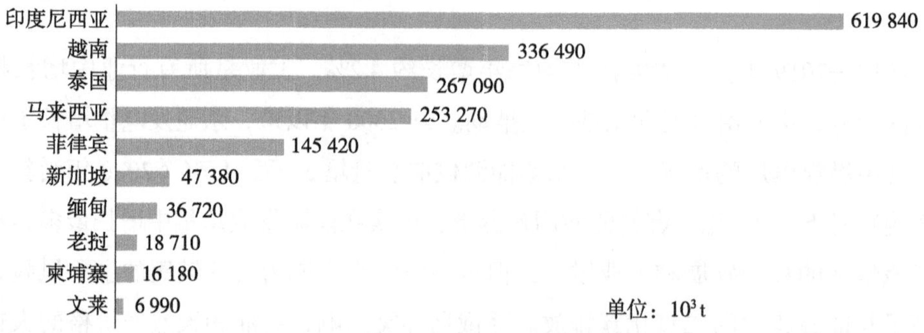

图 2　东盟 2019 年二氧化碳排放量

数据来源：世界银行。

2. 人均二氧化碳排放量

东盟各国的人均二氧化碳排放量差异较大（如表 1 所示）。就人均二氧化碳排放量而言，二氧化碳排放量较低的文莱的人均排放量却最高，约为新加坡的 2 倍，自 1990—2019 年长期居于高位；新加坡和马来西亚人均排放量分别位居第二、第三，与泰国、越南差距较大；老挝、印度尼西亚、菲律宾、柬埔寨、缅甸人均排放量较小，为每人 0～3 t 不等。

表 1　东盟人均二氧化碳排放量　　单位：t

国家	1990 年	2000 年	2012 年	2013 年	2014 年	2015 年	2016 年	2017 年	2018 年	2019 年
文莱	12.6	14.2	18.3	17.8	17.3	15.4	16.6	17.2	17.6	16.1
新加坡	9.5	10.5	8.2	8.1	8.1	8.2	8.2	8.8	8.4	8.3
马来西亚	3.0	5.4	7.1	7.6	7.9	7.8	7.7	7.3	7.8	7.9
泰国	1.6	2.6	3.7	3.8	3.8	3.8	3.8	3.7	3.7	3.8
越南	0.3	0.6	1.7	1.8	2.0	2.4	2.4	2.4	3.0	3.5
老挝	0.1	0.2	0.5	0.6	0.7	1.3	2.3	2.7	2.7	2.6
印度尼西亚	0.8	1.3	1.9	1.8	1.9	1.9	1.8	2.0	2.2	2.3
菲律宾	0.7	0.9	0.9	1.0	1.0	1.1	1.2	1.3	1.3	1.3
柬埔寨	0.1	0.2	0.4	0.4	0.5	0.5	0.7	0.8	0.9	1.0
缅甸	0.1	0.2	0.2	0.3	0.3	0.4	0.4	0.6	0.6	0.7

数据来源：世界银行。

根据挪威船级社（DNV）对东盟碳排放轨迹的预测，东盟与能源相关的碳排放将增加到 2030 年，但仍低于东盟国家确定的自主国家贡献（NDC）承诺，这表明该区域 NDC 承诺将可能实现。到 2050 年，东盟的能源相关碳排放预计将在 2019 年的水平上减少 25% 以上，这是随着天然气和可再生能源的日益使用，煤炭被逐步取代、石油也在不断减少的结果。到 2050 年，该地区的人均碳排放量预计为 1.74 t CO_2/ 人，低于全球平均水平。

来自农业和土地利用、能源、交通、制造业、建筑业和废物处理行业等 6 个行业的碳排放占东盟总排放量的 85% 以上。其中由于东盟拥有较大面积的热带雨林，长期以来，农业和土地利用部门的二氧化碳排放量占比最高，约 45.3%，电力、煤气、蒸汽和空调供应等能源供应部门占 20.7%，制造业占 14.6%，交通占 11.3%。

二、东盟应对气候变化政策及合作机制

东盟各国政府正在加紧制定各项政策，以建立更加安全和可持续的气候变化应

对机制。例如，东盟中的 6 个国家已经宣布净零排放与碳中和目标。柬埔寨已公布计划 2050 年实现碳中和的长期战略，成为设定 2050 年实现碳中和具体目标的第三个最不发达国家和第一个东盟国家。格拉斯哥联合国气候变化大会（COP26）召开前一个月，马来西亚新任总理宣布马来西亚“最早在 2050 年”实现碳中和的目标，同时承诺停止建造新的燃煤发电厂。2021 年 11 月 1 日，泰国总理巴育在 COP26 上宣布了泰国到 2050 年实现碳中和以及到 2065 年实现温室气体净零排放的目标。2021 年，同样在 COP26 中，越南总理表示，越南将在 2050 年前实现净零碳排放目标。老挝自然资源与环境部公布了应对气候变化的新措施，目标是到 2050 年实现温室气体净零排放。印度尼西亚能源部部长在 COP26 上表示，印度尼西亚已制定到 2060 年或更早的减排目标和净零排放目标。

东盟各国为达成其能源转型及减排目标，在可再生能源方面推出了支持政策。例如 2020 年年底，印度尼西亚政府颁布了简化电价、对特定电厂的电价补贴政策（feed-in tariff system）等政策以刺激太阳能和水力发电；菲律宾政府计划开放 100% 外资所有权的新能源发电政策以吸引对新能源基建的外国投资。

东盟十国在气候变化及能源方面的政策支持与决心也在不断加强。近年来，东盟国家都已公布了本国应对气候变化的国家计划，向 UNFCCC 提交了其国家自主贡献（NDC）。虽然各国 NDC 设定的基准和目标表述不一，较难横向比较，但整体而言有较为明确且具雄心的减排目标和路径。其中，马来西亚将无条件减排目标由 35% 调整 45%；老挝将目前无条件减排承诺设定为 60%。除了 NDC 目标的调整，东盟各国在退煤计划、碳交易及定价、碳税、净零排放目标上都作出了一定的承诺。其中，5 个东盟国家在 COP26 期间签署了“全球煤炭向清洁能源转型声明”（虽然印度尼西亚和菲律宾未签署第三条，以保留其继续新建煤电厂的可能性），成为该区域在能源转型上的重要里程碑。同时，作为其对公约承诺的一部分，每个国家都成立或指定了相应部门或机构实施气候变化具体政策，并确立了 UNFCCC 的国家联络点。尽管各地区面临的挑战各异，但共同点是致力于区域合作，以确保未来的繁荣和安全。表 2 为东盟十国的减排和能源转型承诺。

表 2　东盟十国的减排和能源转型承诺

国家	清洁能源目标	NDC（无条件）减排承诺	NDC（有条件）减排承诺	甲烷承诺	净零目标	是否退煤
文莱	2035 年清洁能源装机占电力总装机的 10%	20%	—	×	2050 年	√

续表

国家	清洁能源目标	NDC（无条件）减排承诺	NDC（有条件）减排承诺	甲烷承诺	净零目标	是否退煤
柬埔寨	2020 年大型水电装机占总装机容量的 80%	—	42%	×	未设定	×
印度尼西亚	2025 年清洁能源占一次能源供应的 23%，2050 年达到 31%	26%	41%	√	2060 年	√（部分）
老挝	2025 年非水清洁能源占终端能源消费的 30%	60%	—	×	2050 年	×
马来西亚	2025 年清洁能源装机达到 18.3 GW，占电力总装机的 20%	45%	—	×	2050 年	×
缅甸	2030 年清洁能源占一次能源供应的 27%	244.52 Mt	414.75 Mt	×	2050 年	×
菲律宾	2030 年清洁能源占一次能源供应的 28.2%	2.71%	75%	√	未设定	√（部分）
新加坡	2030 年太阳能装机达 2 GW	36%	—	√	21 世纪中期	√
泰国	2036 年清洁能源占终端能源消费的 30%	20%	25%	×	2065 年	×
越南	2030 年清洁能源占一次能源供应的 25%～30%	9%	27%	√	2050 年	√

来源：东盟能源中心数据（截至 2021 年 11 月 17 日）。

此外，东盟为应对气候变化开展了如下合作机制。

（一）东盟气候变化工作组

东盟气候变化工作组（AWGCC）成立于 2009 年，旨在成为一个磋商和协作平台，以加强区域合作和行动，应对气候变化对东盟成员国社会经济发展的不利影响，包括通过与私营部门、当地社区、区域和国际合作伙伴等其他利益相关者的合作和信息共享；同时，在《东盟气候变化联合声明》中明确地区利益关切和优先事项，并在《联合国气候变化框架公约》缔约方年度会议上阐明；同时，AWGCC 作为一个协商论坛，也致力于促进东盟各部门、机构在能源、林业、农业、交通、科技、灾害管理等受气候变化影响领域的协调与合作，以加强应对气候变化工作的一致性和整体性。

东盟各国共同应对气候变化，重点落实《东盟社会文化共同体蓝图 2025》（以下简称《ASCC 蓝图 2025》）中的相关安排。为实现《ASCC 蓝图 2025》中的相关战略措施，东盟气候变化工作组（AWGCC）行动计划将指导 AWGCC 开展一系列活动，包括到 2025 年的优先行动事项。该行动计划将进一步纳入后续的《东盟 2025 年后环境战略计划》（ASPEN）。由于气候变化问题的跨部门性质，气候变化事务不仅由 AWGCC 负责，还由环境主管部门及其他相关工作组（如农业和林业、能源和交通、科学和技术）共同参与。

（二）《东盟气候变化联合声明》

东盟在国际社会应对气候变化方面发挥了积极领导作用。东盟国家领导人在其以往多届峰会上发表了与气候变化有关的宣言或声明。通过声明，东盟国家领导人表达了东盟对全球解决气候变化挑战的共同担忧和愿望，以及他们通过国家和区域行动实现东盟应对气候变化的决心。

除《东盟气候变化联合声明》外，东盟与对话伙伴还通过联合声明阐明共同应对气候变化问题的承诺。例如，《东盟—美国气候变化联合声明》于 2014 年 11 月在缅甸内比都举行的第二届东盟—美国峰会上通过；《东盟—欧盟关于〈巴黎协定〉的声明，重申合作应对气候变化共同挑战的承诺》于 2017 年 8 月在菲律宾马尼拉与欧盟举行的纪念东盟—欧盟对话关系建立 40 周年的部长级后会议上通过；《关于加强中国—东盟绿色和可持续发展合作的联合声明》于 2021 年 10 月在中国北京举办的 24 次中国—东盟领导人会议上通过。

（三）东盟能源合作行动计划

第 38 届东盟能源部长会议（AMEM）于 2020 年 11 月由越南主办，通过线上举行，会议批准了《2016—2025 年东盟能源合作行动计划（APAEC）第二阶段：2021—2025 年》，保留主题为“加强东盟能源互联互通和市场一体化，实现人人享有能源安全、可及性、可负担性和可持续性”。会议还增加了一个子主题——“通过更大的创新与合作，加速能源转型，增强能源韧性”。《2016—2025 年 APAEC 第二阶段：2021—2025 年》建立在《2016—2025 年 APAEC 第一阶段：2016—2020 年》的成功基础上，制定了更有雄心的目标和举措，以提高能源安全和可持续性，会议还表达对支持联合国可持续发展目标 7（UN SDG7）的意见，相关目标的达成需要大量外来技术和资金的投入，也意味着东盟将开展更多的能源国际合作。

三、国际组织及发达国家对东盟气候援助情况

（一）多边机构气候援助

区域金融倡议在气候变化政策中发挥着非常重要的作用，多边机构和联合国机构积极支持东盟的气候变化倡议，给予了大量的资金帮助和技术支持（如图 3 所

示）。下文将详细说明部分多边机构提供的资金来源和技术援助。

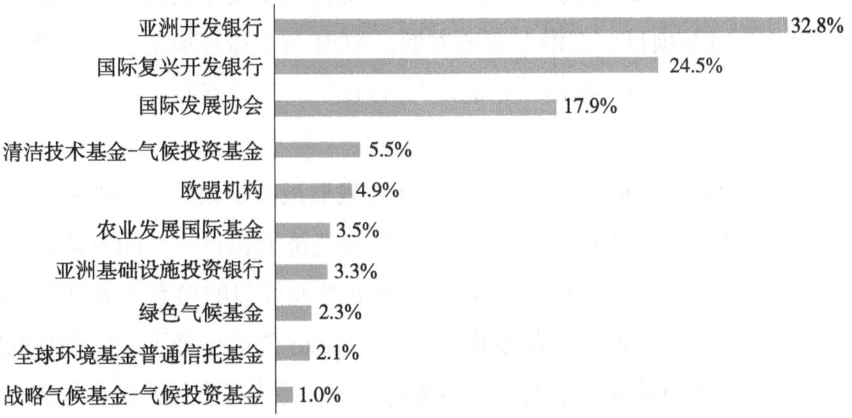

图 3 向东盟国家提供多边气候发展资金统计图（2000—2019 年）
（占向东盟国家提供多边气候资金总额的比例）

数据来源：OECD。

1. 亚洲开发银行

2000—2019 年，亚洲开发银行（ADB）向东盟国家提供了最多的多边气候资金。作为一家区域开发银行，ADB 有若干专项基金，用于资助亚太地区减缓和适应气候变化。例如，ADB 于 2008 年 5 月成立气候变化基金（CCF），旨在为亚太地区的气候变化应对项目、技术援助、研究和其他活动提供赠款融资，以解决气候变化给包括东盟在内的 ADB 发展中成员国带来的挑战。ADB 向 CCF 提供了 4 000 万美元的初始资金，其中 2 500 万美元用于清洁能源开发，500 万美元用于可持续林业和其他土地利用，1 000 万美元用于气候变化适应项目。该基金已获得总计 9 800 万美元的 ADB 融资。截至 2021 年 3 月底，9 800 万美元的总资金资源（扣除节余）中的 7 540 万美元已分配给包括东盟国家在内的 ADB 发展中成员国的 130 个项目，包括 46 个清洁能源开发项目、73 个气候变化适应项目、11 个减少发展中国家毁林和森林退化所致排放量计划（REDD+）及土地利用项目。此外，ADB 还成立了清洁能源融资伙伴关系基金（CEFPF）、亚太碳基金、未来碳基金、水融资伙伴关系基金和贫困与环境基金等专门基金，为包括东盟国家在内的 ADB 发展中国家提供融资，以改善东盟能源安全和向低碳经济转型，促进东盟将环境和气候变化问题纳入发展计划的主流。

ADB 还开展了一系列项目，支持与特定部门相关的气候变化举措。ADB 设立了一个耗资 2.5 亿美元的能源效率倡议基金，为能源效率项目提供资金。在交通领域，ADB 发起了可持续交通倡议，以确保将气候影响纳入未来交通项目的设计中；为支持这一目标，ADB 资助了曼谷、胡志明市和马尼拉的节能公共交通系统建设。作为全球环境基金（GEF）的执行机构，ADB 通过大湄公河次区域协助了多项以林业为基础的举措。同时，ADB 还向印度尼西亚环境部提供了技术援助，以实施以林业为基础的清洁生产机制项目。在沿海资源方面，ADB 与全球环境基金合作开展关于珊瑚礁、渔业和粮食安全的“珊瑚三角倡议”，以保护珊瑚礁资源。

2. 世界银行

世界银行于 2008 年通过了一个气候变化与发展战略框架，该框架将更好地支持包括东盟国家在内的发展中国家实现人口减贫和经济增长目标，同时认识到气候变化的不利影响，以减少东盟能源、城市、交通和林业部门的温室气体排放。2008 年 3 月，世界银行与印度尼西亚垃圾发电行业的 Gikoko 公司签署了一项创新的减排购买协议，以减少温室气体排放、改善固体废物管理，并为印度尼西亚勿加泗市的当地社区提供资金。根据该协议，世界银行作为荷兰清洁发展机制基金的受托人购买核证减排量。这种公私部门的伙伴关系消除了限制私营部门参与固体废物管理的障碍。

同时，世界银行制订了一项名为气候基金辅助计划（CF Assist）的技术援助计划，旨在提高发展中国家应对气候变化和碳融资的能力，使他们能够有效参与碳市场。该计划支持社会机构、金融和新工业部门的参与、项目组合发展和知识共享。最早的 CF Assist 在柬埔寨、中国、印度尼西亚和菲律宾推出。

此外，世界银行在东盟开展了一些碳抵消项目，包括菲律宾乙醇厂废水沼气项目，印度尼西亚望加锡市的塔曼加帕垃圾填埋场甲烷收集和燃烧项目，泰国的牲畜废物管理项目，马来西亚的哥打基纳巴卢堆肥项目等。

3. 联合国环境规划署

为促进东盟向低碳社会过渡，联合国环境规划署（UNEP）参与支持了以下项目：①将气候变化适应措施纳入红树林未来倡议中；②将减少灾害风险纳入沿海地区管理的能力建设；③在千年发展目标基金下提高菲律宾适应气候变化的能力；④为越南和泰国的国家和城市适应气候变化的能力评估开发工具和方法；⑤在柬埔寨、老挝、缅甸和越南举办一系列国家研讨会，旨在推动政策制定者通过制定和实施国家适应气候变化法律和政策，以应对气候变化挑战。

4. 联合国亚洲及太平洋经济社会委员会

联合国亚洲及太平洋经济社会委员会（UNESCAP）一直致力于与东盟气候变化相关的 4 个领域：倡导“绿色增长”的概念；促进实现气候友好型和气候变化适应型社会的区域方法；通过编写促进单边清洁发展机制的指南，推动亚洲及太平洋发展中国家自愿参与全球温室气体减排；促进 2012 年后气候变化框架的区域视角。通过这 4 项活动的结合，UNESCAP 促进东盟国家将气候变化政策纳入国家发展规划，并强调环境和社会经济的共同利益。反映东盟在内的成员国的要求，为成员国提供各种形式的支持，例如区域（次区域）政策对话、领导力培训和量身定制的国家能力建设活动，重点是通过绿色增长方式应对气候变化问题。

（二）发达国家气候援助

除多边组织外，发达国家的气候融资也是东盟国家适应与减缓能力建设的重要支持部分。在许多气候峰会和国际会议中，东盟国家领导人经常寻求援助，以提高其财政能力，为其长期气候目标（即绿色基础设施发展、制度建设以及向贫困和弱势群体提供气候援助）提供资金。

2000—2019 年，东盟国家（文莱和新加坡除外）共接受援助 560 亿美元，占援助总额的 10.56%。平均而言，发达国家在 20 年间向 8 个东盟国家提供的援助为每人 86 美元。2000—2019 年东盟人均气候融资和受援国气候融资总额分别如图 4 和图 5 所示。

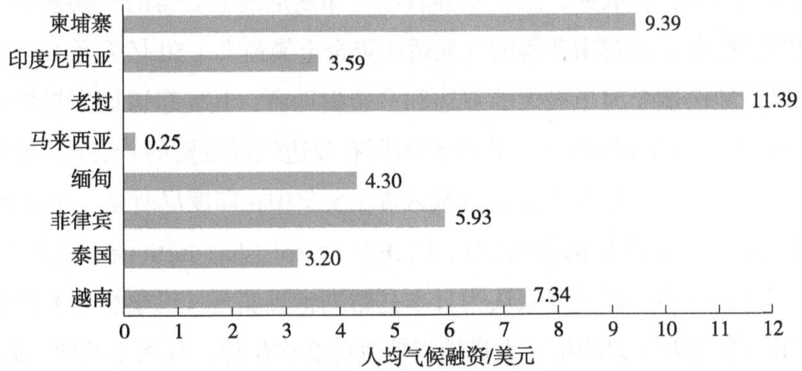

图 4　东盟人均气候融资（2000—2019 年）

来源：OECD。

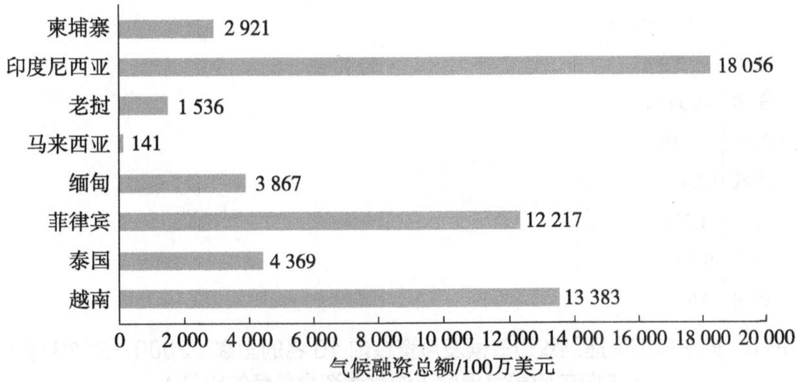

图 5　东盟受援国气候融资总额（2000—2019 年）

来源：OECD。

2000—2019 年，接受发达国家援助的 8 个东盟国家中，印度尼西亚获得的气候融资总额最多，而从人均来看，老挝人均气候融资居首位。越南和菲律宾获得的气候融资总额和人均气候融资较为一致，处于居中地位。马来西亚、缅甸和泰国的气候融资无论是总额还是人均都较少。

整体来看，东盟国家中人口较多的 3 个国家（即印度尼西亚、菲律宾和越南）是较大的受援国。老挝、柬埔寨和越南是人均气候融资的前 3 个受援国，而柬埔寨和老挝在该地区的人均 GDP 都不高。与此同时，人均 GDP 为 1 250 美元的缅甸在这 20 年中获得的人均气候融资相对较少，平均为 4.30 美元，而柬埔寨和老挝分别为 9.39 美元和 11.39 美元。

2000—2019 年，该地区共获得 283.7 亿美元用于资助气候减缓项目。相比之下，仅获得 104.2 亿美元用于气候适应融资。气候减缓项目吸引的资金是气候适应项目的约 3 倍。除柬埔寨外，用于减缓的资金普遍高于用于适应的资金。在印度尼西亚，这一对比尤为突出；在缅甸，二者差异较小。印度尼西亚获得的气候减缓资金金额最高（137 亿美元），而越南获得的气候适应资金金额最大（50 亿美元）。

日本是该地区迄今为止最大的双边和多边捐助者，其向东盟国家提供的资金高于其他发达国家（如图 6 所示），占收到的所有双边气候融资的 65.1%，超过了德国（11.8%）和法国（8.4%）。然而，该气候融资主要集中在印度尼西亚、菲律宾和越南。在新加坡尤索夫·伊萨东南亚研究所（ISEAS-Yusof Ishak Institute）进行的 2021 年东盟气候展望调查中，东盟国家认为日本是帮助世界实现《巴黎协定》目标和向该地区分享其气候专业知识的第二大最值得信赖的合作伙伴，仅次于欧盟。除此之外，

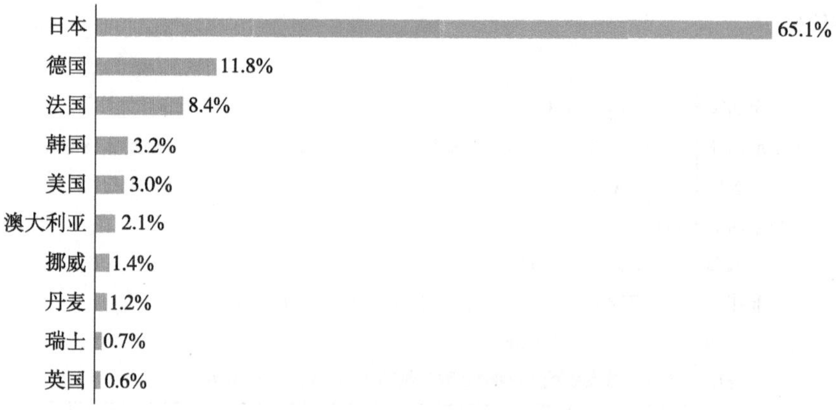

图 6 向东盟国家提供双边气候发展资金前 10 名的国家（2000—2019 年）
（占向东盟国家提供双边气候资金总额的比例）

来源：OECD。

日本的气候领导力在柬埔寨、老挝和缅甸等湄公河国家以及菲律宾的民意调查中，被列为首位。与其他主要提供者相比，日本和法国的几乎所有贡献都以优惠和发展债务的形式（分别为 95.0% 和 97.3%）。

2019 年后，发达国家向东盟开展气候援助的意愿仍然可观。美国总统拜登在 2021 年 4 月举行的气候峰会上宣布，他将启动一项国际气候融资计划，以支持向全球经济转型，减少对碳的依赖。拜登呼吁其他国家、国际资助机构和私营公司帮助东盟国家减少排放，逐步淘汰燃煤电厂，重新种植沿海森林和红树林，并安装风力涡轮机和太阳能面板以提供动力。在澳大利亚，也有进一步推进澳大利亚与东盟气候合作的强烈呼声，例如通过新兴市场影响投资基金（EMIIF）或通过澳大利亚太平洋基础设施融资基金（AIFFP）深入气候融资进程。除此以外，澳大利亚也有呼声继续推进与东盟的可再生能源合作，以及在可持续景观管理、限制对野生动物栖息地的侵占和人畜共患病、海洋保护创新等方面深入合作。

四、东盟气候变化问题和挑战

能源和气候变化息息相关。当前，从整体上看，无论是能源还是气候变化，东盟都面临较为严峻的挑战。

从能源角度，随着台风和暴雨等极端天气变得越来越频发，东盟能源需求的重要性日益凸显。能源需求持续增长，仅煤炭就占该地区能源需求增长的近 40%。与石油、天然气和可再生能源相比，因煤炭相对丰富且成本低廉，其使用量正在大量增加。此外，严重的森林砍伐使各国难以捕获温室气体，使全球变暖更加不可控。例如，在印度尼西亚，近一半的碳排放增加量由森林砍伐造成。不仅如此，不断增长的燃料需求，尤其是对石油的需求，已经远超该地区的产量。除了石油，根据目前的政策，该地区到 2025 年将成为天然气净进口国。2022 年初俄乌冲突进一步刺激了石油和天然气价格的大幅上涨，使能源安全和可负担性成为重要议题，也凸显了日渐依赖进口石油的能源风险。

自 2021 年年中以来，全球大宗商品价格飙升对东盟国家社会稳定产生了重大影响。基准原油价格在 2022 年 3 月超过每桶 100 美元，是十多年来的最高价格水平。这些压力随后因俄乌冲突而进一步加剧。在菲律宾，柴油零售价格在 2020 年 1—5 月下降了近 40%，但是此后稳步上涨，2022 年 2 月的柴油价格几乎是 2020 年 5 月水平的两倍。日渐高昂的能源价格对东盟国家的能源负担形成了挑战，对政策实施和社会政治稳定具有重要影响。例如，在泰国，卡车司机抗议高柴油价格，并于 2022 年 2 月封锁了曼谷的一条主干道。高昂的化石燃料价格也可能意味着更高的补贴和财政负担。东盟的大多数国家都是石油进口国并补贴燃料使用，由于化石燃料价格大幅上涨，补贴水平将上升，这可能会降低政府推动清洁能源政策的能力。由于大宗商品价格上涨，一些应对气候变化计划中的政策执行被推迟或取消。例如，印度尼西亚政府取消了停止销售低等级（而且排放更密集）的汽油产品的计划。在泰国，面对原油和棕榈油价格飙升，政府暂停了推广生物柴油混合含量高的产品（B7、B10、B20）的政策，并暂时推出了较低的 B5 等级以控制零售价格。

面对上述情况，东盟在能源投资方面面临双重挑战，一方面要增加对能源部门的总投资，另一方面要增加对清洁能源技术的投资份额。2016—2020 年，东盟年均能源投资约为 700 亿美元，其中约 40% 用于清洁能源技术——主要是太阳能光伏、风能和电网。同时，清理能源投资中的监管障碍、把控市场风险也是东盟必须完成的一项任务。

在气候变化方面，东盟国家在全球气候变化面前显得格外脆弱。联合国政府间气候变化专门委员会（IPCC）强调，东盟是地球上最容易受到气候变化影响的地区之一。东盟的大量沿海人口正在面临海平面上升和极端天气事件袭击的巨大风险，尤其是从事农业和渔业的人口。海平面上升有可能淹没该地区大片海岸，预计将有数百万人流离失所。即使世界设法将全球平均气温上升保持在 1.5℃，海平面上升仍将淹没大片农田和人口稠密的城市，迫使数百万人逃离家园。

东盟各国面对的挑战既具有共性，也因其经济发展状况和地理位置的不同极具差异性。例如，菲律宾位于地球上最容易发生气旋的地区，每年登陆的致命风暴越来越多。由于气温升高和海洋酸化，菲律宾群岛周围的大部分珊瑚将死亡，有可能在未来几十年内鱼类资源将减少一半。雨季的缩短预计将对印度尼西亚的农业产生不利影响。雅加达约一半的面积已经低于海平面，一些地区正在迅速下沉。未来几十年，越来越多的城市将被淹没。泰国是世界上最大的稻米出口国之一，泰国的农作物和近一半人口的生计也将受到极大威胁。如果没有科技突破，预计到 2100 年，东盟经济体的稻米产量可能会下降 50%。

五、相关启示与建议

基于东盟应对气候变化的现状与挑战，面向中国与东盟未来在应对气候变化领域的合作，提出如下启示与建议。

（一）加强与东盟国家的清洁能源合作

在清洁能源方面，中国与东盟有很大的合作空间。中国专注于光伏发电、核电、水电、风电等清洁能源发电技术的研究，在清洁能源发电方面具有先进的技术和丰富的实践经验。在“一带一路”倡议下，中国与东盟的绿色能源合作不断深化，产业链、供应链结合日益紧密，东盟已成为中国对外开展绿色能源合作规模最大的区域。在此基础上，中国可继续支持《2016—2025 年东盟能源合作行动计划（APAEC）第二阶段：2021—2025 年》，加快实施中国—东盟新能源和可再生能源行动计划以及中国—东盟清洁能源能力建设计划，建成一批绿色能源最佳实践项目；在能源技术领域，可重点围绕高效低成本可再生能源发电、智能电网、电池储能、绿色氢能的生产和配送等方面，开展联合研究及交流培训，提高绿色能源生产和输配效率，结合东盟国家能源增长需求，帮助其提高绿色能源在能源结构中的占比。

（二）探索中国—东盟碳金融合作

中国与东盟碳金融合作潜力较大。一是具有碳汇市场合作潜力。东盟具有碳汇基础，东南亚地区森林覆盖率为 47%，高于全球平均水平（31%）；印度尼西亚、马来西亚等五国为海洋国家，海洋碳汇资源丰富。2021 年 11 月，联合国第二十六次气候大会允许成员国开展全球通行的联合国认可的碳排放权国际交易，有助于中国、东盟探索建立区域性跨国碳排放权市场交易体系。二是中国碳金融创新产品逐渐丰富。中国设立绿色金融改革创新试验区，陆续开发了碳排放权质押贷款、林业（海洋）碳汇质押贷款、湿地碳汇贷、林业碳汇指数保险等产品，为中国与东盟碳金融合作奠定了实践基础。三是中国拥有绿色金融国际合作经验。2021 年，中国人民银行担任 G20 可持续金融工作组联合主席，牵头起草《G20 可持续金融路线图》《G20 可持续金融综合报告》。中国人民银行联合欧盟发布《可持续金融共同分类目录》，推动中欧乃至全球绿色金融标准趋同化。2021 年，已有中资金融机构基于该目录在国际市场发行绿色债券。

（三）借助应对气候变化南南合作低碳示范区建设，助力东盟相关低碳规划、制度及标准体系建设

持续推动落实应对气候变化南南合作“十百千”倡议，在柬埔寨西哈努克省低碳示范区和老挝赛色塔低碳示范区基础上，继续与东盟共同开展应对气候变化南南合作低碳示范区建设，通过编制低碳示范区规划、联合研究、示范项目、能力建设等方式，将中国相关低碳环保适用技术、低碳环保管理标准体系和经验理念分享给东盟国家，助力其相关低碳规划、制度及标准体系建设，推动中国标准、技术“走出去”，提升东盟地区应对气候变化能力。

参考文献

Hiebert M, Danielle F, 2021. Security Challenges of Climate Change in Southeast Asia[R/OL]. https://www.csis.org/analysis/security-challenges-climate-change-southeast-asia.

International Energy Agency, 2019. Southeast Asia Energy Outlook 2019[R/OL]. https://iea.blob.core.windows.net/assets/47552310-d697-498c-b112-d987f36abf34/Southeast_Asia_Energy_Outlook_2019.pdf.

International Energy Agency, 2022. Southeast Asia Energy Outlook 2022[R/OL]. https://iea.blob.core.windows.net/assets/e5d9b7ff-559b-4dc3-8faa-42381f80ce2e/SoutheastAsiaEnergyOutlook2022.pdf.

Martinus M, Qiu J H, 2022. Climate finance in Southeast Asia: Trends and opportunities[J]. ISEAS Perspective, 9.

Seah S, et al., 2021. Southeast Asia Climate Outlook 2021 Survey Report 1[R/OL]. https://www.unescap.org/sites/default/files/ASEAN%20Statistical%20Perspective_SEA_Booklet%202019.pdf.

The Association of Southeast Asian Nations, 2022. ASEAN Cooperation on Climate Change[R/OL]. https://asean.org/wp-content/uploads/2021/10/ASCCR-e-publication-Correction_8-June.pdf.

United Nations, 2019. Economic and Social Commission for Asia and the Pacific. Statistical Perspectives: Energy and Development in the ASEAN Region[R/OL]. https://www.unescap.org/sites/default/files/ASEAN%20Statistical%20Perspective_SEA_Booklet%202019.pdf.

主要经济体气候信息披露办法对比研究

韩　琳　刘　侃

绿色低碳转型是全球共识。气候信息披露作为赋能利益相关方、推动低碳转型的重要手段，近年来发展明显提速。在此背景下，了解现阶段气候信息披露标准的发展态势，为健全我国相关披露体系、稳妥应对国际规则的影响具有重要的参考借鉴意义。

一、主要经济体气候信息披露办法

目前，全球主要经济体在陆续开展气候信息披露工作（如表1所示）。其中，具有广泛影响力的三大气候披露规则分别是美国证券交易委员会（SEC）《加强和规范投资者气候相关信息的披露草案》、欧盟《欧洲可持续发展报告准则》（ESRS）、国际可持续披露准则委员会（ISSB）制定的《国际财务报告可持续披露准则》（S1、S2）①。

表1　主要经济体（组织）气候信息披露办法现状

主要经济体（组织）	管理办法	实施状态	基础框架	强制或自愿	适用范围	定量信息核算方法
美国	《加强和规范投资者气候相关信息的披露草案》	2022年3月提案；截至2023年8月尚未正式通过	引入TCFD框架②	强制	美国证券交易市场企业	GHG Protocol③

① ISSB气候相关财务信息披露全球准则是指《国际财务报告可持续披露准则》（S1、S2），即《国际财务报告可持续披露准则第1号——可持续相关财务信息披露一般要求》和《国际财务报告可持续披露准则第2号——气候相关披露》。

② TCFD，即气候相关财务信息披露工作组，其制定了一个与气候相关的报告框架，已被气候相关国际组织和各国气候披露主管部门广泛接受。TCFD的报告框架主要包括四大板块、11个类别。四大板块分别为公司治理、发展战略、风险管理、指标和目标。

③ GHG Protocol即温室气体核算体系，此前也被译作《温室气体议定书》，针对企业、产品、价值链（范围三）等不同层级的温室气体排放制定了核算方法学，是全球应用最为广泛的核算方法学。其将温室气体排放分为三类，分别是范围一（直接排放）、范围二（外购电力、蒸汽、供热或供冷产生的排放）和范围三（价值链上、范围二之外的所有间接排放）。

续表

主要经济体（组织）	管理办法	实施状态	基础框架	强制或自愿	适用范围	定量信息核算方法
欧盟	《欧洲可持续发展报告准则》	2024 年 1 月 1 日生效	欧盟体系标准及 TCFD	强制	大型企业及中小型上市企业	GHG Protocol
ISSB	《国际财务报告可持续披露准则》	2023 年 6 月发布，2024 年起生效	引入 TCFD 框架	自愿	公认会计准则编制财报的主体	GHG Protocol
英国	《PS 20/17 关于加强上市发行人气候相关信息披露及澄清现有披露义务的建议》	2021 年 1 月 1 日生效	完全引入 TCFD	强制	上市公司及部分金融企业	GHG Protocol
澳大利亚	《气候变化金融风险指南》	2021 年发布实施	完全引入 TCFD	自愿	金融领域	GHG Protocol
日本	《公司治理准则》	2022 年修订实施	引入 TCFD 框架	自愿	大型上市公司	GHG Protocol
新加坡	《气候披露建议》	2023 年 7 月开展意见征求	TCFD 及 ISSB	强制	上市公司和非上市大型企业	GHG Protocol
巴西	《关于社会、环境和气候相关风险管理的披露规则》	2021 年 4 月启动公众咨询	引入 TCFD 框架	强制	中央银行主管的企业	—
新西兰	金融部门（气候相关的信息披露和其他事项）修正法案	2021 年 4 月提案	适用《2013 年财务报告法》中的气候标准	强制	金融领域	—
丹麦、挪威、法国、韩国	尚无披露办法，处于组建披露小组阶段	—	—	—	—	—

信息来源：根据各主要经济体（组织）主管部门官网信息整理。

（一）美国 SEC《加强和规范投资者气候相关信息的披露草案》

2022 年 3 月，美国 SEC 发布《加强和规范投资者气候相关信息的披露草案》（以下简称 SEC 草案），要求在美国上市的企业开展气候相关信息披露。截至 2023 年 8 月，SEC 草案尚未正式通过。

从披露内容看，SEC 草案以 TCFD 框架为基础，要求企业披露包括风险管理、财务影响、温室气体排放等在内的 8 项内容。其中，关于温室气体排放，SEC 草案建议（非强制要求）使用温室气体核算体系（GHG Protocol）方法。

从披露质量和法律责任看，SEC 草案强制要求开展审计（audit）和证明（attestation）。SEC 草案明确要求在财报附注中披露气候相关财务指标（财务影响指标、支出指标、财务估计和假设），与财报一起接受审计。此外，针对大型报告实体[①]，SEC 草案要求其对披露的范围一和范围二排放信息提供第三方证明。SEC 草案引入了安全港规则（免责制度安排），为范围三披露、特定条件下的前瞻性声明（如内部碳价、情景分析等）提供诉讼豁免[②]。

（二）《欧洲可持续发展报告准则》（ESRS）

欧盟将可持续发展信息披露作为实施绿色新政的重要组成部分。2023 年 1 月 5 日，欧盟《企业可持续发展报告指令》（CSRD）生效，覆盖大型企业[③]和中小型上市企业。2023 年 7 月，正式通过 ESRS，作为 CSRD 的补充规定。

从披露内容看，ESRS 根据 TCFD 框架，首批发布了 12 项准则，包括 2 项通用准则（涵盖治理、战略、风险管理和通用指标目标）和 10 项分议题准则［涵盖环境、社会和公司治理（ESG）］。其中，关于温室气体排放，ESRS 强制要求所有纳入企业披露范围一、范围二和范围三排放量及基于总收入的排放强度。若无法披露范围三排放，须作出解释。ESRS 接受 GHG Protocol 和 ISO 14064 等核算方法。

从披露质量要求和法律责任看，欧盟对可持续性报告提出强制鉴证（assurance）要求，但允许企业在最初几年提供有限保证[④]的鉴证报告，未提及安全港规则。

从实施时间看，ESRS 要求企业于 2025 年发布可持续报告。中小型上市企业可从 2026 年起进行报告，在 2028 年之前可以自愿退出，转而采用专门为中小型上市企业制定的披露准则。

---

① 大型报告实体包括大型加速申报人和加速申报人，适用于《交易法》第 13（a）条或第 15（d）条，并已提交一次年度报告，不满足小型报告实体 SRC 收入测试要求。大型加速申报人需满足截至最近完成的第二个财务季度最后一个营业日，全球总市值为 7 亿美元或以上；加速申报人需满足截至最近完成的第二个财务季度最后一个营业日，全球总市值为 7 500 万～7 亿美元。

② 除非企业故意虚假披露，否则其不会因为范围三排放数据的披露被起诉欺诈。除首次公开募股（IPO）等情况，其他前瞻性声明受安全港规则保护。

③ 大型企业的判定标准为资产负债表总额超过 2 000 万欧元、净营业额超过 4 000 万欧元、财年内平均雇员人数超过 250 人。

④ 保证有两个等级：有限保证和合理保证。有限保证属于消极意见，参考的措辞为“根据审查，对于企业范围三清单符合《范围三标准》的声明，我们没有发现任何对其作出重大修改的需要”。合理保证属于积极意见，参考的措辞为“我们认为，报告企业在清单中报告的范围三排放声明，每个重要的方法均客观阐述，且符合《范围三标准》的要求”。

（三）ISSB 气候相关财务信息披露全球准则

ISSB 于 2023 年 6 月正式发布首批两项准则（S1 一般要求、S2 气候相关披露），适用于所有依据国际财务报告会计准则或其他一般公认会计准则编制相关财报的主体。

从披露内容看，ISSB 准则以 TCFD 为基础①，要求披露气候治理、战略、风险管理、指标和目标 4 部分。其中，在指标和目标部分，ISSB 要求企业披露范围一、范围二和范围三的排放量。ISSB 准则建议使用 GHG Protocol 进行排放计算，同时接受企业所在地政府或上市交易所规定的计算方法，如美国环保局发布的温室气体清单指南、ISO 14064-1 等。

从披露质量要求和法律责任看，ISSB 准则鼓励鉴证，未提及安全港规则。ISSB 准则中未明确提及鉴证，但基于准则对披露信息的可验证性要求，ISSB 鼓励企业对气候信息披露报告进行第三方独立鉴证。ISSB 准则在征求意见阶段讨论了安全港规则，但未在 2023 年 6 月正式稿中呈现。

从实施时间看，ISSB 准则设置过渡期安排。第一个报告期作为过渡期，无须披露可比信息，可以申请披露范围三的豁免。

二、三大披露规则对比分析

从 SEC 草案、ESRS 和 ISSB 准则的内容来看，三大披露规则呈现趋同的态势。然而，由于披露规则背后管理目标的不同，实际操作中仍然存在“三足鼎立”的现象。

（一）三大披露规则呈现趋同态势

一是报告方式的趋同。三大披露规则均将可持续信息披露与财务信息披露相关联。SEC 草案要求在财报批注中体现气候相关财务信息，并一同接受独立审计。CSRD（欧盟《企业可持续发展报告指令》）要求可持续报告与财务报告同时披露；受欧盟委员会委托，由欧洲财务报告咨询小组依据 CSRD 编制的 ESRS 提供了编制可持续报告的具体指南。ISSB 准则认为可持续发展相关风险和机遇的信息与投资决策息息相关。

二是披露框架的趋同。三大披露规则的披露内容均参考了 TCFD 框架，从相关风险机遇识别、预测、管理角度出发，对信息进行披露，拓展了披露的时间尺度。因此，披露内容涉及许多情景预测分析，对企业披露工作提出了较高的要求。

---

① 2023 年 7 月 6 日，金融稳定理事会（FSB）宣布，将于 2024 年起将 TCFD 的监督职责全部移交给 ISSB。

三是定量信息范围的趋同。三大披露规则均要求披露范围一、范围二和范围三的排放，不仅包括企业控制范围内的直接排放和间接排放，还包括价值链上的间接排放，以期实现价值链上不同主体的共同发力、共促减排。

（二）三大规则仍有不同，形成“三足鼎立”之势

一是出发点存在差异。SEC 草案和 ISSB 准则遵循单一重要原则，从保护投资者角度出发，披露具有财务重要性的信息。ISSB 准则明确“预期不会对企业发展前景产生影响的可持续相关风险和机遇不在本准则范围内”。ESRS 则遵循双重重要原则，坚持以财务影响和对环境、社会、治理的影响两方面标准来确定披露内容。

二是具体披露项存在差异。SEC 草案对信息和数据的框架性要求多，ISSB 准则和 ESRS 对数据的具体要求多。例如，SEC 草案对披露哪些能源类型未作具体的要求，ISSB 准则在行业细则中列示企业需要披露的可再生能源占比等活动数据，ESRS 要求企业除披露排放量和排放强度外，还要披露能源结构、不同能源的消耗总量及能耗强度等数据。

三是对信息质量和法律责任的要求存在差异。SEC 草案按照不同信息的内容强制要求实施审计及证明，对范围三设置安全港规则。ESRS 要求强制鉴证，但采取从“有限保证”到“合理保证”的渐进方式来提高数据质量。ISSB 准则则鼓励鉴证，后两者均未设置安全港规则。

三、我国气候信息披露现状

我国信息披露起步较早，环境和金融主管部门从实现不同管理目标出发，形成两套信息披露管理体系。我国环境和金融领域气候信息披露相关政策如表 2 所示。

表 2　我国环境和金融领域气候信息披露相关政策

	环境领域		金融领域
2003 年，国家环境保护总局	《关于企业环境信息公开的公告》，规定披露主体和披露方式	2006 年、2008 年，各交易所	《深圳证券交易所上市公司社会责任指引》《上海证券交易所上市公司环境信息披露指引》，自愿评估以履行社会责任
2015 年，中共中央	《生态文明体制改革总体方案》，完善环境信息披露制度	2016 年，中国人民银行等	《关于构建绿色金融体系的指导意见》，披露企业环境违法或违规信息
2020 年，中共中央	《关于构建现代环境治理体系的指导意见》，构建上市公司和发债企业环境披露机制	2018 年，证监会	《上市公司治理准则》（以下简称上市准则），披露与环境、社会和公司治理相关的信息

续表

	环境领域		金融领域
2021 年，生态环境部	《企业环境信息依法披露管理办法》（以下简称管理办法），强制排污企业、上市公司和发债企业环境披露	2019 年，香港联合交易所	《环境、社会及管治报告指引》，明确要求披露范围一及范围二的温室气体排放
2021 年，国务院	《2030 年前碳达峰行动方案》，要求上市企业和发债企业定期披露碳排放量	2021 年，中国人民银行	《金融机构环境信息披露指南》（以下简称金融指南），涵盖企业的环境治理结构、环境相关的政策与制度

信息来源：根据各部门官网信息整理。

从管理目标和适用范围看，环境领域的披露服务于信息公开和碳市场交易，主要针对的是重点排放行业企业，金融领域的披露主要从风险防范和绿色金融角度出发，适用于上市企业或金融机构。

从披露内容看，金融机构和上市公司以披露 ESG 信息为主，重点排放行业企业以披露排污信息和碳排放信息为主。其中，关于温室气体排放核算方法，金融指南、上市准则和管理办法均未提及，企业可以参照主管部门发布的不同行业核算指南来计算，但我国行业核算指南均未纳入范围三的核算。

从信息质量和法律责任的要求看，金融领域信息披露未作强制鉴证要求，环境领域对纳入碳市场的企业温室气体排放信息强制要求第三方核查（政府支付费用）。我国未设置安全港规则。

四、下一步工作建议

我国气候披露信息项在时间维度（关注当下实际排放还是未来风险机遇）和空间维度（是否包括范围三）上均与国际标准存在差异。从健全我国相关信息披露体系、积极应对国际披露规则角度，对下一步工作提出三方面意见。

一是建议落实好“1+N”政策体系，加强部门沟通协调和信息共享，建立基础数据一致、适应不同管理需求的披露体系。在国家发展改革委、国家统计局、生态环境部联合发布的《关于加快建立统一规范的碳排放统计核算体系实施方案》基础上，统一气候披露的温室气体排放核算方法，在目前行业核算指南基础上，拓展包括范围三的排放。加强部门沟通协调和信息共享，确保不同披露体系下相同披露项信息的一致性。

二是建议发挥行业主观能动性，构建适合国情的排放因子库、产品碳足迹数据库等，夯实气候信息披露的基础设施。可参考美国和欧洲的信息披露基础设施建设经验，鼓励行业、企业和科研机构率先探索建立本地化排放因子库和碳足迹数据库等，而后在此基础上，逐步完善形成能够较好反映我国生产工艺平均水平的排放因子库和碳足迹库等，夯实气候信息披露的基础设施。

三是建议加强第三方机构的培育，做好国际交流合作，为企业满足不同披露要求提供技术服务。不同的披露体系和要求将给企业落实带来巨大的挑战和成本。可考虑依托第三方技术机构，为企业提供报告编写和提交、第三方鉴证、能力建设等服务。与此同时，加强国际交流合作，做好不同披露体系和要求的异同解读，努力促成互信互认，为企业稳妥应对国内外披露要求、有效降低相关风险做好支撑。

参考文献

黄世忠，2021. 国际财务报告可持续发展披露准则新动向 [J]. 财会月刊，(24): 3-8.
马旋灵，2023. 银行气候信息财务披露：标准、问题应对与内审保证 [J]. 金融会计，(5): 21-28.
王鹏程，杨昭铭，2023. 气候信息披露中的安全港规则 [J]. 财会月刊，(10): 11-16.
魏婷，2022. 气候信息披露标准：国际实践与未来展望 [J]. 金融会计，(6): 32-40.
叶丰滢，黄世忠，2022.SEC 气候信息披露新规的解读与分析 [J]. 财会月刊，(12): 26-34.

第二章

推动减污降碳协同增效：全球污染防治与技术

2023年世界环境日全球主题为“塑战速决”，旨在呼吁全球为抗击塑料污染制定解决方案。联合国环境规划署（UNEP）发布《塑战速决实践指南》，呼吁社会各界齐心协力采取行动，遏制并扭转塑料污染。美国政府发布了《防止塑料污染国家战略》草案，提出了美国国内应对塑料污染和构建循环经济的三个关键目标与系列行动建议。欧盟对外发布空气、地表水、地下水以及城市污水处理等多项环境指令修订提案，出台《欧盟电池和废电池法规》，推动欧盟2050年实现“零污染”目标。终结塑料污染的雄心联盟（HAC）自2022年8月成立以来发展迅速，已成为影响塑料污染政府间谈判委员会谈判走向的重要力量。同时，美国和欧盟对全氟和多氟烷基化物质（PFAS）的管控力度不断加大。当前，中国生态文明建设进入以降碳为重点战略方向、推动减污降碳协同增效、促进经济社会发展全面绿色转型、实现生态环境质量改善由量变到质变的关键时期。中国必须坚持精准治污、科学治污、依法治污，深刻把握环境污染物和碳排放高度同根同源的特征，强化源头治理、系统治理、综合治理，借鉴全球污染防治的先进经验和技术，对研究提出适合中国国情的、包括塑料污染在内的环境污染问题解决方案具有重要借鉴意义。

本章主要编者为郑静。

塑料污染治理国际动态（一）

南　希　张秀锦　王昊杨　卢笛音　吴广龙

一、塑料污染治理动态

（一）美国犹他州通过高级回收法案

2022 年 3 月，美国犹他州通过关于高级回收（advanced recycling）的第 493 号众议院法案，成为美国第 22 个通过高级回收助力终止塑料废弃物的州，这将有助于提高高级回收的投资和其所带来的绿色就业与可持续性效益。

高级回收是通过化学反应进行回收，可以比传统回收技术回收更多塑料，包括难以回收的薄膜和混合塑料。这有助于减少塑料填埋和焚烧的量，并削减新塑料生产所需的原材料。数据表明，如果美国犹他州将当前被填埋的塑料废弃物中的 50% 进行回收利用，每年将产生近 1.56 亿美元效益和 600 个制造业岗位。2021 年的一份报告估计，到 2030 年，高级回收可以使美国和加拿大的塑料包装回收率翻倍。

美国化学理事会（ACC）副总裁约书亚 · 巴卡表示："犹他州新通过的这项法律的独特之处在于，其认可独立的第三方认证系统来追踪、测量和验证由高级回收所制成的可回收塑料。" HB 493 的通过为企业建设高级回收设施提供了依据，并将有助于保护公共健康和自然环境。

（二）美国政府发布《美国生物技术和生物制造的明确目标》

2023 年 3 月，美国政府发布了一份题为《美国生物技术和生物制造的明确目标》（*Bold Goals for U.S. Biotechnology and Biomanufacturing*）的报告，其中概述了美国推进生物技术和生物制造的计划。该报告的亮点是美国计划在 20 年内用经过可回收设计的生物基聚合物取代 90% 以上的化石燃料塑料。该报告强调了生物制造在各行业推动可持续发展方面的潜力，敦促生物基塑料和可回收设计聚合物的推广以促进循环经济，并为塑料回收和塑料升级再制造确定了某些化学方法和生物方法的研发计划。该报告也承认，实现这些目标将需要包括私营公司和国家实验室在内的全体人员的努力。

（三）欧洲塑料回收能力增长 17%

欧洲塑料回收组织（Plastics Recyclers Europe，PRE）近日发表的数据显示，在约 17.5 亿欧元投资的推动下，2021 年欧盟塑料回收产能增长 17%，达到 1 130 万 t，其增长主要归功于立法以及对该行业的大规模投资，以确保高质量地回收和实现循环经济目标。

数据显示，德国、西班牙、意大利、英国和法国的塑料回收产能在欧洲排名靠前，其总产能占欧洲市场份额的 67%。聚丙烯（PP）和聚乙烯（PE）软塑料及硬塑料的回收各占西班牙总产能的 30%。聚对苯二甲酸乙二醇酯（PET）的回收占德国总产能的 1/4、法国总产能的 1/3。此外，与 2020 年相比，波兰和荷兰的塑料回收产能显著增长。

（四）澳大利亚塑料回收远低于其目标

澳大利亚包装公约组织（Australian Packaging Covenant Organization，APCO）为行业利益相关者提供的内部文件显示，澳大利亚在 2021 年仅回收了约 16% 的塑料垃圾，低于许多发达国家。该文件称，如果到 2025 年澳大利亚大规模推出新的回收中心并投入运营，塑料回收率可能达到 60%。这是澳大利亚包装行业首次承认到 2025 年回收 70% 塑料废弃物的承诺几乎无法实现。这意味着数十万吨本可重复使用的塑料正在污染环境或进入垃圾填埋场。根据目前的数据，澳大利亚每年必须回收或堆肥 60.8 万 t 额外的塑料垃圾才能实现 70% 回收率的目标。

（五）哥伦比亚启动塑料公约

2023 年 2 月 23 日，哥伦比亚成为第二个启动塑料公约的拉丁美洲国家，开始应对塑料对环境的影响并发展塑料循环经济。

《哥伦比亚塑料公约》（*Colombia Plastic Pact*）由企业回收承诺组织（CEMPRE）和国际气候行动（WRAP）合作推出，并得到英国国家科研与创新署（UK Research and Innovation，UKRI）的支持。该公约的目标是消除有问题和不必要的塑料，并将所有塑料包装转变为可重复使用、可回收或可堆肥的形式，以推动循环经济。哥伦比亚将努力使其塑料回收率提高到 50%，并将塑料包装的平均回收率提高到 30%。该公约已经吸引了雀巢、可口可乐、Carvajal 等大型企业的参与，并得到了消费品论坛（The Consumer Goods Forum，CGF）、世界自然基金会和安第斯大学的支持。

参与企业将致力于实现一系列科学的减塑目标，并推广更具循环性的商业塑料使用方式。

二、国际组织有关塑料污染治理动态

（一）2023 年世界环境日重点关注塑料污染解决方案

2023 年 2 月 2 日，联合国环境规划署（UNEP）与科特迪瓦宣布，科特迪瓦将于 2023 年 6 月 5 日举办以“全球聚焦塑料污染解决方案”为主题的 2023 年世界环境日活动。

2023 年是联合国大会于 1972 年设立世界环境日 50 周年。过去 50 年间，世界环境日已发展成为全球最大的环境宣传平台之一，世界各地数以千万计的观众在线上或线下参加相关活动和行动。

科特迪瓦环境与可持续发展部部长 Jean-Luc Assi 表示：“塑料污染灾难是肉眼可见的威胁，影响到每一个社区。作为 2023 年世界环境日的主办国，我们欢迎包括政府、企业、民间团体在内的社会各界齐心协力寻找和倡导解决方案。”

2023 年的世界环境日将得到荷兰政府的支持。荷兰是新塑料经济全球承诺的签署国，也是塑料污染和海洋垃圾全球伙伴关系成员。荷兰同时是终结塑料污染的雄心联盟（以下简称高雄心联盟）成员，该联盟呼吁制定一项强有力的、雄心勃勃的具有法律约束力的国际文书，以终结塑料污染。

2023 年世界环境日的活动将使用“塑战速决”（Beat Plastic Pollution）的标签和口号。

（二）“终结塑料污染的高雄心联盟”（高雄心联盟）近期发起多项网络研讨会

2023 年 4 月 3 日，乌拉圭与作为高雄心联盟联合主席的挪威和卢旺达合作，邀请政府、科学家、民间社会、企业和专家参加题为“消除和限制危险化学品与有意添加微塑料”的网络研讨会。塑料中使用的某些聚合物和化学品（例如软化剂、着色剂）对人类健康和环境具有长期的不利影响，而且不利于塑料废物的回收利用。该活动为成员国和利益相关者提供了机会来讨论塑料条约核心义务和控制措施中是否应该包括消除和限制塑料生产过程中的危险化学品，以及塑料产品中有意添加的微塑料等条款。

2023 年 4 月 18 日，巴拿马和厄瓜多尔作为该联盟的成员，邀请科学家、民间社会、企业等参加关于塑料条约要素选择的网络研讨会，讨论塑料循环、人类健康和环境等要素。塑料的生命周期漫长复杂且不具循环性，高雄心联盟有意在塑料条约中推进为塑料全生命周期的可持续性设定全球基线和目标，并确保塑料价值链中材料和化学成分的透明度，确保塑料设计的标准，包括延长产品寿命和确保耐用性、可回收性、安全性，以实现保护环境和人类健康的塑料循环经济。

（三）《美国塑料公约》推出消费后回收成分工具包

2023 年 3 月 7 日，《美国塑料公约》（*U. S. Plastics Pact*）推出消费后回收成分（Post-Consumer Recycled，PCR）工具包，向包装行业普及 PCR 知识，以便所有塑料包装公司都可以根据其指导开始将 PCR 纳入产品中。

与原生塑料相比，PCR 塑料的环境影响更小，有助于打造塑料循环经济。例如，在 PET、高密度聚乙烯（HDPE）和 PP 中使用 PCR 平均可减少 70% 的温室气体排放。PCR 工具包可以帮助塑料包装行业了解什么是 PCR、其环境效益以及采购方式。该工具包还包括有关当前 PCR 的立法和联邦政府要求、采购类型、质量考虑以及消费者看法等其他主题的信息。

（四）《加拿大塑料公约》发布 2021 年年度报告

2023 年 3 月 31 日，《加拿大塑料公约》（*Canada Plastic Pact*，CPP）发布了 2021 年年度报告，对 CPP 合作伙伴在其启动年份的报告数据进行了汇总。该报告涵盖了新冠疫情期间的塑料包装生态系统情况，并揭示了解决当前塑料污染问题的优势、不足和努力方向。

为了应对加拿大的塑料包装问题，来自整个塑料包装价值链的 41 个利益相关者在 2021 年 1 月共同发起了 CPP。该组织在成立一年时规模已经翻了一番，现有 82 个合作伙伴积极参与到消除塑料包装废弃物和推进循环经济的努力中。

（五）流入全球贸易的塑料垃圾只占 2%

世界经济论坛（World Economic Forum）和视觉资本主义（Visual Capitalist）联合发表《图解：全球塑料垃圾贸易的主要国家》。报告显示，每年世界各国产生约 3.5 亿 t 的塑料垃圾，和人们想象相悖的是，流入全球贸易的塑料垃圾只占 2%。

据报道，欧洲的塑料垃圾年出口量接近 400 万 t，占世界贸易量的近 80%。然而，由于欧洲各国大部分塑料垃圾都被出口至其他欧洲国家，欧洲同时也是最大的进口地区。

德国是世界上最大的塑料垃圾出口国，年出口量为 85.4 万 t，主要出口至荷兰、波兰、奥地利、瑞士、土耳其和马来西亚等国家。

日本是亚洲最大的塑料出口国，主要出口至马来西亚、越南、泰国和韩国等其他亚洲国家。2020 年，日本成为世界第二大塑料垃圾出口国，年出口量为 82.1 万 t。

美国在该名单上排名第三。据估计，美国在 2020 年出口了超过 6 万 t 塑料垃圾，虽然大部分是与加拿大交易，但也有一部分塑料垃圾被运往墨西哥、马来西亚、越南、印度、中国香港和印度尼西亚。

三、塑料污染科研动态

（一）生物塑料不是塑料污染问题的解决方案

2023 年 3 月 22 日，一篇发表在 *PLoS Biology* 期刊、题为“Are bioplastics the solution to the plastic pollution problem?”的论文（Pascoe Ortiz，2023）表示，生物塑料不会产生塑料污染的想法是错误的。部分生物塑料既不可生物降解也不可堆肥，残留物分解过程也会产生微塑料和纳米塑料。例如，生物聚对苯二甲酸乙二醇酯（Bio-PET）名称中的“Bio”仅表示其来源是植物，但其既不可生物降解也不可堆肥，仅因其来源而被认为是生物塑料。

此外，大多数可生物降解或可堆肥的生物塑料垃圾需要在受控条件下进行处理才能回归自然：其必须在工业水平上进行堆肥才能回归自然，即须达到规模化堆肥水平。例如，聚乳酸（PLA）在露天环境中需要 80 年才能生物降解，而如果进行工业堆肥，则需要数天或数月。

该研究认为到 2026 年，可生物降解塑料产量将显著高于不可生物降解塑料产量，但其并不是解决塑料污染唯一的和绝对的答案，真正的问题在于塑料材料的滥用和垃圾的不当处理。

（二）亚洲农业塑料污染分布占全球 60%

2023 年 2 月 17 日，一篇发表在 *Environmental Sciences Europe* 期刊、题为“Plastic contamination in agricultural soils：a review”的论文（Sa’adu et al.，2023）表示，包括耕地、水田、高地、灌区和温室土壤在内的农业土壤会受到塑料污染物的影响。农业土壤中塑料污染的主要来源包括地膜、污泥和堆肥以及温室废弃物。

研究显示，农业用地塑料污染分布为亚洲 60%，欧洲 29%，非洲 4%，北美洲 4%，拉丁美洲 3%，澳大利亚 0。

该研究还得出结论，使用蒸馏水和氯化钠等低密度溶液可有效分离低密度微塑料。

（三）河流中塑料垃圾管理不善的状况和前景

2023年1月25日，一篇发表在*Science of the Total Environment*期刊、题为“Leaving a plastic legacy：Current and future scenarios for mismanaged plastic waste in rivers”的论文（Nyberg et al.，2023）表示，鉴于大多数塑料污染从未到达海洋，并且对陆地生态系统产生严重的负面影响，河流环境的塑料垃圾管理不善令人担忧。该研究保守估计，2015年有80万t塑料垃圾进入河流，影响全球84%的河流。到2060年，流入河流的塑料垃圾量预计将增加近3倍，但通过改进塑料垃圾治理策略可以将塑料污染减少72%。

该研究证明，在不同河流中的塑料垃圾具有不同的保留率、破碎率和生化风化率。在国际和国家层面都需要考虑河流系统中塑料垃圾的缓解策略和环境风险评估。

参考文献

Nyberg B, Harris P T, Kane I, et al., 2023. Leaving a plastic legacy：Current and future scenarios for mismanaged plastic waste in rivers[J]. The Science of the Total Environment, 869: 161821.

Pascoe Ortiz S, 2023. Are bioplastics the solution to the plastic pollution problem?[J]. PLoS Biology, 21(3): e3002045.

Sa’adu I, Farsang A, 2023. Plastic contamination in agricultural soils: a review[J]. Environmental Sciences Europe, 35: 13(2023).

塑料污染治理国际动态（二）

南　希　张秀锦　王昊杨　卢笛音　吴广龙

一、塑料污染治理动态

（一）美国俄勒冈州禁止在食品包装中使用 PS 泡沫塑料和 PFAS

2023 年 5 月 8 日，美国俄勒冈州颁布第 543 号参议院法案，要求从 2025 年开始，禁止使用聚苯乙烯（Polystyrene，PS）泡沫塑料食物容器，并禁止向餐具中有意添加全氟和多氟烷基物质（PFAS），以促进可重复使用包装替代一次性塑料。与之相关的另一个法案将允许消费者自行携带可重复使用的外带容器到餐馆购买食物。

PS 泡沫长期以来被认为对公共健康和环境产生危害，其单体苯乙烯在 2B 类致癌物清单中，可随时间或高温从 PS 中释放。

（二）加拿大推出软塑料包装回收系统 PRFLEX

2023 年 5 月 17 日，《加拿大塑料公约》、加拿大化学工业协会、循环材料、循环塑料工作组、魁北克生态企业以及软制品回收联盟等机构共同宣布：启动 PRFLEX 行动，提高加拿大家庭软塑料收集和回收率，此行动所收获的经验也将与美国分享，帮助其开展塑料回收。

PRFLEX 的目标是提高加拿大的分类和回收能力，增加塑料包装中回收材料的使用。行动主要分为 4 个阶段实施。

（1）了解基线数据，以确定各省目前不同形式和类型软塑料包装的收集和回收百分比。

（2）确定材料回收设施和回收商的基础设施缺口。

（3）提出新技术并优化流程，以提高回收率、改善分类并生产更高质量的再生塑料。

（4）在选取的合作工厂安装更适合的设备，评估其效果并进行推广。

（三）意大利发布新的废弃物可追溯性登记系统

2023 年 6 月 3 日，意大利发布新的国家废弃物可追溯性登记系统 RENTRi，用于确保追溯、控制废弃物的动向，向企业和公共部门提供数据、服务和信息，以促进循环经济和材料回收。RENTRi 由意大利环境和能源安全部（MASE）管理，国家环境管理人员登记处和商会系统提供技术运营支持。

这一举措是意大利《国家循环经济战略》行动的一部分，自 2023 年 6 月 15 日生效起，规定了一个较长的过渡期。废弃物处理公司可根据规模，在 18～30 个月的时间内进行注册。该部际法令引入了新的废弃物识别表和装卸时间登记表，将于 2024 年 12 月 15 日起生效。

（四）澳大利亚环境部部长批准塑料废弃物出口禁令豁免，部分家用塑料将运往海外

2023 年 5 月初，澳大利亚环境部部长宣布授予塑料出口禁令临时豁免，声称这是其国内的废塑料堆积问题所导致的，该临时豁免覆盖其国内产能无法处理的聚对苯二甲酸乙二醇酯（PET）塑料。澳大利亚 Oatley 资源公司被授予一年出口豁免期，可以出口“干净的和分选后的 PET 塑料废弃物”，在海外进行处理和回收。

澳大利亚于 2021 年开始禁止出口混合塑料，后在 2022 年禁止出口分选好的塑料。数月后，澳大利亚最大的软包装回收项目崩溃。废弃物管理公司曾发出警告，只能将可回收物送去填埋，这个意见没有被当时的环境部部长重视。废弃物管理和资源回收协会声称，豁免将给予行业时间以建设基础回收设施。但协会认为，即使有基础设施，行业仍很难找到买家，除非法规允许制造商采用本地再生材料，而非采用进口的再生材料。

自上任起，澳大利亚环境部部长已经发出了 10 个塑料废弃物出口豁免，被豁免的公司需要在豁免期间提交 3 份报告，解释这些废弃物是怎么被处理的。

二、国际组织有关塑料污染治理动态

（一）UNEP 发布《塑战速决实践指南》

2023 年世界环境日全球主题为“塑战速决”，旨在呼吁全球为抗击塑料污染制定解决方案。UNEP 发布《塑战速决实践指南》（以下简称《指南》），呼吁社会各界齐心协力采取行动，遏制并扭转塑料污染，并提出如何参与“塑战速决”这项全球

运动的建议。

《指南》指出，政府立法对解决塑料危机至关重要，如参与政府间谈判委员会进程，制定具有法律约束力的文书；通过新塑料经济全球承诺等倡议，落实覆盖塑料全生命周期的行动；实施法规以支持新型塑料经济转型等。地方政府可通过引入当地法规、支持企业和通过倡导运动鼓励可持续消费行为来推动变革。作为个人，可积极行动与发声讨论，利用社交媒体，加入净塑城市倡议，加入志愿团队，有能力的可以募捐慈善机构，改变行为，避免使用一次性塑料等。非政府组织、宗教团体和社区团体等可以鼓励地方代表推动立法，强化地方基础设施建设，分享有助于减少一次性塑料使用的想法和研究，加入全球塑料污染与海洋垃圾伙伴关系等。企业也需要在生产、消费和处理塑料方面进行重大转变。

《指南》最后指出，应对塑料污染问题需要系统性变革，必须从塑料产品的全生命周期入手，解决其根本原因，避免治标不治本。

（二）UNEP 发布报告《切断根源：全世界如何终结塑料污染，创造循环经济》

2023 年 5 月 16 日，UNEP 发布《切断根源：全世界如何终结塑料污染，创造循环经济》报告，提议采取一种系统性变革，从成因上解决塑料污染，在减少问题最为严重、最不必要的塑料使用的同时进行市场转型，实现塑料循环。实现这一目标的途径在于加速三大关键转变（重复使用、回收再生、重新定位与多样化），并采取相关行动，处理塑料污染的遗留问题。

“重复使用”是指从“一次性使用经济”向“重复使用型社会”转变，让塑料产品重复使用产生的经济意义超过塑料产品的丢弃。该报告强调确保回收利润增加，从而加速塑料回收市场发展的重要性。“重新定位”和“多样化”是指促进市场转向可持续的塑料替代品，这需要消费者需求、监管框架和成本方面的转变。该报告强调，既然目前已经存在这些解决方案，那么基于必要监管工具的系统性变革可带来一系列经济效益，并减少对人类健康、环境和气候的伤害。

（三）明德鲁 - 摩纳哥塑料与人类健康委员会发布塑料与健康报告

2023 年 3 月，明德鲁 - 摩纳哥塑料与人类健康委员会发布了关于塑料与健康的研究报告，目标是全面审查塑料的全生命周期对人类健康和福祉、全球环境（特别是海洋）、经济、弱势群体（穷人、少数群体和全世界的儿童）的影响。在这一审查的基础上，该委员会提出了关于支持全球塑料条约制定、保护人类健康和拯救生命的建议。

该报告主要内容包括：①塑料的生产、使用和处置过程每个阶段对人类健康和环境的危害；②塑料对海洋的影响，海洋中的塑料有可能进入海洋食物网并危害人类；③塑料对人类健康的影响；④塑料健康相关经济成本估计；⑤塑料、社会不平等和环境不公正之间的交集；⑥提出建议，希望全球塑料条约的核心条款应包括设定目标、时间表和各国的贡献，并将社会和环境正义原则作为条约的核心组成部分。

明德鲁 - 摩纳哥塑料与人类健康委员会由 UNEP 成立，其专家包括来自世界各地的科学家、临床医学家、政策分析专家。成立目的是支持全球塑料条约的制定，全面分析塑料对健康的影响，并制定具有前瞻性、基于科学研究的解决方案。

（四）机构数据显示英国大量塑料未被回收

2023 年 5 月 16 日，塑料资源效率和回收慈善机构（RECOUP）发布《2023 年英国家庭废弃物回收中心塑料管理和回收》报告，发现存在大量未被回收的塑料。

该报告发现英国每年有超过 12 万 t 的硬质塑料被丢弃在英国家庭废弃物回收中心（HWRCs），平均有 3 kg/ 户几乎未被回收利用。这相当于议会和废弃物管理公司为处理这些材料支付了多达 1 300 万英镑的税和管理费。

该报告提出了一些建议和干预措施，以帮助 HWRCs 在处理塑料废弃物时遵循循环经济模式：①通过创建数据库，更好地了解这些材料从收集到处置的过程；②确定对英国基础设施进行更多投资的要求，对难回收塑料进行分类和再加工；③发展再利用基础设施，实现垃圾减量。

政策和基础设施经理 Tom McBeth 表示："塑料比普通垃圾更难处理、价值更低、污染也更严重，但随着回收目标的不断提高，再加上各种政策和立法对回收和再生材料的需求，意味着 HWRCs 有必要收集和回收更多的塑料。"

（五）UNIDO Global Call 2023 全球方案征集活动

2023 年 6 月 5 日，联合国工业发展组织投资和技术促进办公室（UNIDO ITPO Beijing）牵头发起了 UNIDO Global Call 2023 全球方案征集活动，活动将以绿色氢能、能效优化和清洁能源创新作为三大赛道，在后疫情经济重建和绿色复苏大背景下，共同推动可持续性和包容性的能源解决方案，为全球绿色经济和低碳发展作出贡献。该活动计划从 4 个方面入手，实现活动本身的绿色和可持续性：①减少塑料等不可降解和一次性材料的使用；②尽可能避免和减少餐饮浪费；③选择绿色环保住宿，在住宿期间节能减排；④积极推行可持续出行。

为了促进绿色和可持续活动的举办，更好地评估活动的可持续性表现，UNEP、

《联合国气候变化框架公约》（UNFCCC）和海湾研究与发展组织（GORD）共同开发了一款绿色活动工具（Green Event Tool），重点关注会议、展览、交易会、体育赛事等的环境影响，并简化了评估和改善活动的可持续发展状况所需的繁杂过程。同时呼吁所有参赛者和合作伙伴共同参与环保行动，为可持续发展贡献力量。

（六）非洲私营部门支持打击塑料污染的斗争

非洲私营部门越来越多地在回收行业寻求商业机会，通过技术和基础设施的升级推动创新和市场发展，支持公共部门管理塑料垃圾。其中，BanQu 公司发挥了重要作用，这种商业模式在 2023 年非洲 CEO 论坛上做了展示，其 CEO 和联合创始人与 UNEP 执行主任一起讨论非洲私营部门如何为对抗塑料污染作出贡献。

BanQu 公司通过数字网络，将非官方的拾荒者和回收中心与大型回收公司、国际生产商相联系。同时，BanQu 公司可帮助公司确保其供应链中材料的透明度和可追溯性，同时帮助拾荒者建立信用记录。该应用程序能记录垃圾回收中心回收的材料、重量和价格，出具回收周报和月报，并用于寻找改善方法。

三、塑料污染科研动态

（一）热解一次性塑料废弃物降级利用为发动机燃烧能源

2023 年 6 月 3 日，一篇发表在 *Process Safety and Environmental Protection* 期刊的论文“Downcycling of one-time used plastic waste to DICI engine combustion energy through pyrolysis with less NO_x emission”（Muthukumar et al.，2023）指出，将一次性塑料废弃物转化为能源或实用产品是减少其对环境的污染的一种途径。

由于塑料垃圾的管理不当以及塑料难降解对环境产生有害影响等问题的出现，可通过热解将低密度聚乙烯（LDPE）塑料废弃物转化为柴油发动机的替代燃料。该论文显示在发动机工作中使用这种替代燃料，可减少环境中近 80% 的塑料废弃物，同时减少发动机的氮氧化物排放。这种替代燃料和低价值塑料废物的循环利用可减少环境污染。

（二）以竹代塑：基于竹纤维分离与网络结构重构的环保型一次性餐具

2023 年 5 月 1 日，一篇题为“Replacing plastic with bamboo：Eco-friendly disposable tableware based on the separation of bamboo fibers and the reconstruction of their network structure”的论文（Chen et al.，2023）指出在过去的 10 年里，人类每年使用近 400

亿个一次性塑料餐具，然而只有 2% 的塑料垃圾可被回收利用，其余的需要几十年到几百年才能完全降解。

在该研究中采用蒸汽爆破技术和机械精炼相结合的方法，开发了一种可持续、高性能的一次性竹纤维餐具新型产品，实现了竹维管束、薄壁细胞结构、非均质弱界面细胞壁层结构中存在的多尺度物质和化学成分的“上—下”高效分离。在成型过程中，将掺入淀粉的细长竹纤维交织成坚固的三维网状结构，形成了丰富的物理缠结、纤维桥接和氢键。与塑料和聚乳酸餐具相比，上述结构特点使其具有优异的强度、耐水性、耐油性、更好的耐高低温性、更低的溶解物质含量、快速降解能力。对产品进行生命周期评估后发现，如使用竹纤维餐具替代 20% 的塑料餐具产品，则相当于减少一个小城市 30 万辆汽车的碳排放量。这种新材料为解决现有一次性塑料餐具产品带来的环境问题提供了一个充满希望的替代方案。

（三）光催化技术有前途作为降解和升级回收微塑料的方法

2023 年 6 月 3 日，一篇发表在 *Chemical Engineering Journal* 期刊、题为“Insight into photocatalysis technology as a promising approach to tackle microplastics pollution through degradation and upcycling”的论文（Paiman et al.，2023）指出由于塑料垃圾处理不当，微塑料已成为一个严重的全球性问题。在光能的驱动下，光催化过程可以通过两种方式减轻微塑料污染。一是通过将微塑料降解并矿化为水和二氧化碳（光催化降解）。二是微塑料被视为低成本资源，可以降解并转化为有价值的产品（光催化升级回收）。这种光催化思路将可为塑料垃圾的循环经济作出贡献。

参考文献

Chen X Y, Chen F M, Jiang H, et al., 2023. Replacing plastic with bamboo: Eco-friendly disposable tableware based on the separation of bamboo fibers and the reconstruction of their network structure[J]. ACS Sustainable Chemistry & Engineering, 11(19): 7407-7418.

Muthukumar K, Kasiraman G, 2023. Downcycling of one-time used plastic waste to DICI engine combustion energy through pyrolysis with less NOx emission[J]. Process Safety and Environmental Protection, (175): 744-752.

Paiman S H, Noor S F M, Ngadi N, 2023. Insight into photocatalysis technology as a promising approach to tackle microplastics pollution through degradation and upcycling[J]. Chemical Engineering Journal, (467): 143534.

塑料污染治理国际动态（三）

南　希　张秀锦　王昊杨　卢笛音　吴广龙

一、塑料污染治理动态

（一）欧盟多数成员国难以完成 2025 年城市垃圾和废弃包装的重复使用和回收目标

2023 年 6 月 5 日，欧盟委员会与欧洲环境署向欧洲议会和欧洲理事会提交的报告表示，27 个成员国中有 18 个国家在“城市垃圾”和“废弃包装回收”这两个欧盟 2025 年目标中，至少有一个可能无法实现。

该报告评估了 2025 年成员国完成最低目标的可能性。这些目标包括：①城市垃圾重复使用和回收率达到 55%；②废弃包装回收率达到 65%，废弃包装的细分类别回收目标分别是纸和纸板 75%、玻璃 70%、铝 50%、塑料 50%、木头 25%。

根据欧洲环境署的评估，奥地利、比利时、捷克、丹麦、德国、意大利、卢森堡、荷兰和斯洛文尼亚 9 个国家预计可按计划实现 2025 年目标；芬兰、法国、爱尔兰、葡萄牙、西班牙、瑞典等 8 个国家预计难以实现城市垃圾目标；希腊、匈牙利、立陶宛、波兰等 10 个国家预计“城市垃圾”和“废弃包装回收”两个目标均难以实现。

为了实现回收目标，欧盟委员会针对所有可能无法实现 2025 年主要目标的国家提出了减少不可再生废物、增加重复利用、加强分类回收、发展分类回收能力、加强管理、使用经济工具和提升意识等针对性建议。

（二）欧盟改进汽车设计和报废管理

2023 年 7 月 13 日，欧盟委员会正式提出加强汽车行业循环性的措施，涵盖汽车的设计、生产和报废处理。

本次拟议的新规定涵盖了车辆的所有方面，从其设计、投放市场到报废的最终处理环节，其中要求确保制造车辆的塑料中至少 25% 使用再生塑料，而这些再生塑料中至少 25% 须回收自报废汽车，即“车到车”闭环材料。

欧洲议会和欧洲理事会将在普通立法程序中审议欧盟委员会关于车辆循环设计要求和报废车辆管理法规的提案。

（三）澳大利亚决定将推行包装业强制法规

2023 年 6 月 9 日，澳大利亚通过了一项历史性的协议，提出政府将颁布关于包装的严格规定，以减少浪费并促进回收，此举在澳大利亚尚属首例。

澳大利亚环境部部长 Tanya Plibersek 宣布，新法规将从源头最大限度地减少废弃包装的产生，并在包装设计中考虑其回收利用或再加工。

新规则将包括强制性的包装设计标准和目标，促使制造商和零售商承担相应的责任。

澳大利亚包装公约组织（Australian Packaging Covenant Organization，APCO）表示，这是澳大利亚与包装可持续发展关系的一个分水岭，将大大推动实现包装循环经济的目标。

（四）新西兰成为首个禁止在商场、超市使用一次性塑料袋的国家

2023 年 7 月 1 日起，新西兰禁止商场、超市提供或销售一次性塑料食品袋、一次性塑料餐具和塑料吸管，只允许向残疾人或有健康需求的人提供一次性塑料吸管。违禁商家可能被处以最高约合 45.2 万元人民币的罚款。

新西兰环境部对此表示，本轮禁令针对的是一次性使用和难以回收的塑料制品，预计将每年减少使用 1.5 亿个塑料食品袋。

（五）巴黎奥运会将使用回收塑料制作座椅

2024 年巴黎奥运会 Porte de la Chapelle 体育场和 Saint-Denis 水上中心的座椅将采用再生塑料，总计大约 1.1 万张座椅。

除此之外，2024 年巴黎奥运会将禁止使用一次性塑料。巴黎市市长安妮·伊达尔戈（Anne Hidalgo）表示，2024 年奥运会禁止使用一次性塑料，以支持应对全球塑料污染危机。这意味着到达奥运场馆的游客不能携带塑料瓶进入比赛现场。

二、国际组织有关塑料污染治理动态

（一）《美国塑料公约》宣布 2023 年可持续包装创新奖获奖名单

2023 年 6 月 6 日，《美国塑料公约》（*U. S. Plastics Pact*）与沃尔玛在绿色商务

循环活动（GreenBiz's Circularity Event）上宣布 2023 年可持续包装创新奖获奖名单。获奖者如下。

（1）可堆肥性：Jac Vandenberg 公司的 PackNatur 纤维素网是一种基于树纤维的网，适用于袋装新鲜农产品，作为难回收包装的可堆肥替代品。

（2）可回收性：Ring Container Technologies 公司的 BarrierGuard OxygenSmart 是同类产品中首个获得塑料回收协会指导的聚对苯二甲酸乙二醇酯（PET）隔氧层，因为其在回收过程中不会变黄，可提供长达 24 个月的保鲜期，可用于含 75% 再生 PET 的容器而不会影响阻隔性能，也可用于热灌装容器。

（3）补充装：Alternative Packaging Solutions 的 twistMist 是全球首个扭转式无推进剂气雾剂技术，可进行多达 30 次的重复充装。其设计兼容多种应用，包括消毒剂、止汗剂、头发护理产品等。由于 twistMist 气雾剂可重复充装、重复使用，并且可以使用可回收瓶，因此其产生的碳足迹比传统气雾剂低 90%。

（4）重复使用：Pact Retail Accessories 公司的 Reuse Solutions 包括一系列专为零售商设计的可重复使用包装产品。如衣架、防盗磁扣和聚丙烯盒等以前只使用一次就扔掉的产品，其生命周期将延长至多次使用，从而避免塑料被填埋，同时为零售商节约成本。

获奖者由包括零售商、制造商和非营利组织的评审团选出。获奖者还将有机会参加 2023 年夏天举行的美国契约创新奖展示。

（二）《印度塑料公约》发布 2022 年年报

2023 年 6 月 22 日，《印度塑料公约》（*India Plastics Pact*，IPP）发布了 2021—2022 年度报告，公布了其 2030 年四大目标的进展。

（1）明确有问题和不必要塑料的清单，通过再设计或创新办法加以解决：由 IPP 成员销售的 3.91 亿件商品被确定为有问题或不必要塑料。

（2）全部包装可回收、可重复使用或可堆肥：其成员的塑料包装可回收率达到 64%。

（3）塑料包装平均再生成分含量达到 25%：其成员塑料包装中再生成分的质量比例达到 1%。

（4）塑料包装实现 50% 有效回收率：根据文献和政府数据，印度的塑料回收利用率约为 15%。

为了实现最终目标，IPP 呼吁整个价值链不同环节的利益相关者采取协作行动，共同努力创建塑料循环经济。IPP 也将继续提高其成员对影响目标的问题的认识和理解。

IPP 于 2021 年 9 月启动，是印度工业联合会和世界自然基金会（WWF）印度分会共同发起的一项倡议。

（三）《欧洲柔性薄膜现状报告》发布

2023 年 6 月，欧洲塑料回收组织（Plastics Recyclers Europe，PRE）和独立商品情报服务公司（Independent Commodity Intelligence Services，ICIS）发布《欧洲柔性薄膜现状报告》。该报告显示，2018—2020 年，欧洲柔性聚烯烃塑料回收能力增长了 8%，总计达到 270 万 t，约有 200 个回收设施。产能主要由大量中小型工厂组成，平均年产能为 1 万 t，仅少数几个工厂年产能超过 4 万 t。柔性薄膜回收的可持续发展需要整个价值链参与者及时采取行动来支持。

（1）通过回收设计减少污染、工艺损失和废品，最终提高供应的质量和数量。

（2）提高数据透明度，定期实现柔性循环所需的收集和分类基础设施、回收技术和能力的长期规划与发展至关重要。

（3）创造高价值终端市场。改善回收规格以满足复杂应用的性能预期，将创造更高价值的终端市场，并改善投放市场的回收物数量。

（4）使立法环境与科技创新更加协调。整个价值链的合作对实现柔性薄膜循环至关重要。

PRE 总裁兼聚烯烃薄膜工作组主席 Ton Emans 评论道："立法将继续成为柔性塑料薄膜向完全循环经济平稳过渡的关键推动因素之一。"因此，未来的市场趋势将受到《包装和包装废弃物法规》提案的高度影响。

（四）SYSTEMIQ 发布欧洲实现循环 PET 包装和聚酯纺织品路线图

2023 年 7 月 11 日，全球知名咨询机构 SYSTEMIQ 发布《循环 PET 和聚酯：欧洲包装和纺织品的循环经济蓝图》，为欧洲实现 PET 包装和聚酯纺织品的高水平回收和再利用、低排放系统提供了全面的路线图。

PET 和聚酯被广泛用于塑料瓶、食品包装、服装和保健品，约占欧洲塑料包装和大部分合成纺织品的 25%。如今，这些材料主要来自原始化石燃料，大约 65% 的 PET 和聚酯废物最终被填埋或在使用一次后进行能源回收。

SYSTEMIQ 认为，通过减少需求、再利用、物理回收和化学回收等行动，到 2040 年可能产生显著的成果，包括预计 25% 的 PET 和聚酯废物可进行化学回收，37% 进行物理回收；最终填埋或焚烧的废物减少 70%；每年为回收行业创造 2.8 万个就业岗位和 55 亿欧元的额外收入。

三、塑料污染科研动态

（一）废塑料再生利用升级设计用于污染物催化降解的纳米发电机

2023 年 6 月 19 日，一篇发表在 *Catalysts* 期刊、题为“Waste plastic recycling upgrade design nanogenerator for catalytic degradation of pollutants”的论文（Zhang et al., 2023）阐述了废塑料制备纳米发电机的基本原理、方法和测量方法，以及与纳米发电机相关的电催化原理和方法的分类，为这一新兴领域的研究提供重要支持。

近年来，废塑料的不易降解给环境带来了严重的影响。基于纳米发电机的电催化降解污染物的研究逐渐兴起。纳米发电机由于其制备过程简单，可通过使用回收塑料产品在内的各种形式的塑料来有效地实现污染物催化降解而受到广泛关注。

根据催化方法，纳米发电机可划分为压电、摩擦电和热释电 3 种类型。纳米发电机可以设计为各种催化剂，适用于电催化、降解污染物和解决水污染问题。同时，基于这些知识的分析也将为以后的设计奠定基础。该论文最后提出了静电分类以及表面粗糙度改性的方法，以改善纳米发电机的不足。

（二）微波处理的竹制吸管有望成为纸吸管和塑料吸管的替代品

2023 年 6 月 14 日，一篇发表在 *Advanced Sustainable Systems* 期刊、题为“Environmentally benign partially delignified and microwave processed bamboo-based drinking straws”的论文（Rai et al., 2023）报告了一种使用部分脱木素和微波处理的竹子制备机械性能坚固、水稳定性好和可生物降解的吸管的简单方法。

一次性塑料吸管污染生态系统并严重危害人类和水生生物。纸吸管具有机械性能弱、水稳定性差以及涂层或黏合剂影响生物降解性等局限性。

与塑料吸管相比，生产微波处理竹吸管所产生的全球增温潜能值（GWP）减少了 86.53%，在最终处置环节对人类健康的损害影响减少了 91.8%。因此，经微波处理的竹吸管可以作为塑料吸管和纸吸管的低成本、环保、可生物降解和可持续的替代品。

（三）微塑料对环境的影响及塑球微生物在微塑料生物降解和升级循环中的作用

2023 年 5 月 19 日，一篇发表在 *Chemosphere* 期刊、题为“Environmental impacts of microplastic and role of plastisphere microbes in the biodegradation and upcycling of microplastic”的论文（Behera et al.，2023）介绍了塑球微生物的形成过程，详细讨论了生物降解中涉及的微生物代谢途径和遗传调控。该论文提出了微生物的生物修复、微塑料升级回收等减轻微塑料污染的策略。

塑料使用量的增加导致塑料在环境中沉积，转化为微塑料，微塑料成为全球重点关注的污染物之一。这些微塑料颗粒因增加生态毒性和阻碍生物地球化学循环而影响生态系统。这些微塑料表面通常被微生物群落定植，它们也被称为“塑球微生物”，而形成生物膜。这些形成生物膜的微生物除自养微生物外，还存在加膜蛋白菌和兼性蛋白菌，可以分泌各种分解酶（如脂肪酶、酯酶、羟化酶等）以有效降解环境中的微塑料。此外，这些微生物还显示了将微塑料生物转化为聚羟基烷酸酯（PHA）的巨大潜力，PHA 是一种高能效、可持续的石油基塑料替代品。因此，这些微生物可用于变废为宝战略，建设循环经济。

（四）深海海沟的塑料污染

2023 年 6 月 26 日，一篇发表在 *Environmental Pollution* 期刊、题为“Journey to the deep：plastic pollution in the hadal of deep-sea trenches”的论文（Abel et al.，2023）对深达 9 600 m 的深渊海沟塑料碎片进行了目前最大规模的调查。

经化学鉴定——红外光谱分析，检测出的主要聚合物为聚乙烯、聚丙烯和尼龙，表明塑料废物正在到达海洋深处，塑料可能不会在海面完全分解成次级微塑料。该论文推测，位于西北太平洋的堪察加海沟由于位置偏远，沉积率高，使其成为高水平塑料污染的潜在地点，有可能成为世界上污染最严重的海洋区域和海洋塑料沉积区之一。

参考文献

Abel S M, Wu F Z, Primpke S, et al., 2023. Journey to the deep: plastic pollution in the hadal of deep-sea trenches[J]. Environmental Pollution, 333: 122078.

Zhang Q, Peng Q Y, Liw B, et al., 2023. Waste plastic recycling upgrade design nanogenerator for catalytic degradation of pollutants[J]. Catalysts, 13(6): 1019.

Rai R, Ranjan R, Kant C, et al., 2023. Environmentally benign partially delignified and microwave processed bamboo-based drinking straws[J]. Advanced Sustainable Systems, 7: 2300057.

Behera S, Das S, 2023. Environmental impacts of microplastic and role of plastisphere microbes in the biodegradation and upcycling of microplastic[J]. Chemosphere, 334: 138928.

对美国发布《防止塑料污染国家战略（草案）》的分析和思考

卢笛音

2023 年 4 月 21 日，美国国家环境保护局（EPA）和拜登政府共同发布了《防止塑料污染国家战略（草案）》（以下简称战略草案），面向公众征询意见，同时宣布成立了新的白宫塑料污染和循环经济机构间政策委员会（IPC）。战略草案作为美国政府“为所有人建立一个循环经济的系列战略”之一，包括雄心勃勃的行动计划，目标是到 2040 年消除陆地来源的塑料和其他废物排放到环境中。

一、战略草案的制定过程和目标范围

为推动建立其国内循环经济体系，解决塑料污染问题，美国政府近几年来发布了一系列战略举措。2020 年 12 月，美国政府签署了《拯救我们的海洋 2.0 法案》（*Save Our Seas 2.0 Act*），其中第 301 条要求 EPA 与利益相关方协商制定一项战略，改善消费后材料的管理和基础设施，以减少水道和海洋中的塑料和其他废物。2021 年 11 月，EPA 发布了《国家循环回收战略》，提出到 2030 年将全国废物回收率提高到 50% 的总体目标，重点是加强和推进国家城市固体废物回收系统，包括城市固体废物中的塑料产品。此次发布的战略草案以《国家循环回收战略》为基础，支持 50% 回收率的总体目标，继续以减少、再利用和收集塑料废物为重点开展行动。

在战略草案的形成过程中，EPA 广泛征求了利益相关方意见，在 2021 年多次举行了利益相关方会议，收集了州、原住居民部落和地方机构，非营利组织和非政府组织，私营部门、行业以及学术界等利益相关方的意见，并与美国国家科学基金会（NSF）、国际开发署（USAID）、农业部（USDA）、商务部（DOC）、国防部（DOD）、能源部（DOE）、国务部（DOS）、联邦贸易委员会（FTC）、联邦政府总务管理局（GSA）和贸易代表署（USTR）等联邦机构进行了协调。

作为一项国内战略，战略草案确立了目标和自愿行动，EPA 可以与美国利益相关方合作，通过减少、再利用、收集塑料和其他废物的举措，防止塑料污染。关于适用范畴，战略草案提出 EPA 正在推动循环经济政策，促进塑料循环经济与温室气体减排的协同效应，尽管 2021 年的《国家循环回收战略》主要鼓励机械回收并对热解等化学回收的技术持开放积极态度，但此次战略草案明确了不再将固体废物转化为燃料、能源的做法，如化学回收视为循环利用。

二、核心目标和行动内容

EPA 确定了该战略的 3 个关键目标，分别是：①减少塑料生产过程中的污染；②改善使用后塑料的管理；③防止垃圾和微塑料进入水体，清除环境中泄漏的垃圾。在每个目标下提出了一系列的建议行动措施。

（一）减少塑料生产过程中的污染

这一目标要求通过设计可重复使用和可回收的产品，使用环境影响较小的材料，逐步淘汰不必要的产品，并确保对塑料生产设施进行适当控制以便在塑料产品的整个生命周期减少污染。针对该目标提出了两方面的建议行动。一是减少一次性使用、不可回收或易丢弃的塑料产品的生产和消费，通过建立并公开此类产品清单，开发合适的替代产品，减少相关产品的政府采购。二是在塑料产品的整个生命周期中尽量减少污染。全面评估并公开塑料产品生命周期各方面的影响，开发和使用可持续发展标准、生态标签、认证和设计指南等，清查和评估塑料生产设施的环境公正（environmental justice）和社区影响，衡量并减少塑料产品和替代材料生命周期中的温室气体排放，支持国际标准的发展，促进塑料产品的国际流通性。

（二）改善使用后塑料的管理

针对这个目标，战略草案提出了以下几个方面的行动建议：一是研究现有公共政策和激励措施在促进材料再利用、收集、循环和储存方面的有效性。二是最大限度提高再利用塑料的能力。包括提供资金支持社区行动，开发创新的、可行的解决方案。三是促进更有效地堆肥和降解经认证的可堆肥产品。四是增加固体废物的收集，并确保固体废物的管理不会对社区造成不利影响，特别是那些因污染而负担过重的社区。对非危险固体废物管理设施（包括回收设施、焚烧炉、垃圾填埋场和化学回收设施）以及其他新兴废物处理方法或新建设施进行环境公正评估。五是促进公众对不良塑料管理影响的认识并提高其废物管理能力。六是探索批准《巴塞尔公约》（美国于 1992 年签署，但尚未批约），对与其他国家贸易的废物和可回收物品进行无害环境管理。

（三）防止垃圾和微塑料进入水道，清除环境中的遗留垃圾

此项针对末端管理和遗留废物的目标提出了 5 个重点行动建议。一是确定并实施政策、计划、技术援助和保障措施，有效防止垃圾和微塑料进入水道以及清除水道中的废物。二是加强水环境管理，捕集水道和雨水系统、废水系统中的垃圾，特别关注微塑料捕集技术研究。三是开展对水道中垃圾负荷的测量，为进一步的管理和治理措施提供信息。四是提高公众对塑料制品和其他类型垃圾在水道中的影响的认识。五是加强和协调对水道和海洋中的微塑料、纳米塑料的研究，开发捕集和去除方法。

三、战略草案要点分析

（一）核心应对塑料泄漏和污染

战略草案将塑料生产过程中的污染和环境友好的末端管理作为主要目标，着重应对塑料在环境中的泄漏，解决使用后塑料的问题和清除遗留塑料。在源头和上游，提出减少一次性、不易回收、易散落塑料的生产和消费，通过设计、标签、标准等提高循环利用率，但不涉及限制初级塑料生产，而下游的回收利用以及末端处置是战略的主要目标和行动重点。

（二）强调环境公正和利益相关方参与

战略草案强调了“环境公正”的概念，注重利益相关方的参与，提倡社区参与和社区利益，以达成“为所有人建立循环经济”的目标。建议行动中强调了要对现有和拟建的塑料生产设施、堆肥基础设施、非危险固体废物管理设施等进行环境公正评估，分析其对公共卫生和邻近社区的影响，特别要考虑对弱势群体可能造成的不成比例的影响。

（三）末端治理措施

战略草案在范畴中把化学回收、能源转化等排除在循环利用之外。对于不能回收和循环利用的塑料，战略草案强调了促进更有效地堆肥和降解经认证的可堆肥产品。对焚烧、填埋和化学回收以及其他新兴或新的方法和设施进行环境公正评估。此外，还强调了微塑料和遗留塑料治理行动，特别是开展微塑料捕集、处理的技术研究和应用。

（四）主要保障措施

为支持开展其国内各层级的行动，保障战略落地，战略草案中主要支持的保障手段包括：①信息公开与公众意识提升行动。如公开塑料产品和替代品生命周期影响；提高公众对废物管理的认识和能力。②政府采购。包括审查和改进政府采购标准，减少政府采购中塑料产品的生命周期环境影响；在政府采购中考虑规格、标准、生态标签等，最大限度减少塑料足迹。③制定和优化政策工具和方法，减少一次性塑料生产，激励再利用、收集和回收。④审查和协调相关标准。协调国内和国际利益，支持国际标准以促进塑料产品的流通性；审查、开发、更新和使用可持续发展标准、生态标签、认证和设计指南，减少塑料产品在其生命周期的环境影响等。⑤提供社区行动和创新研究资金。资助社区开发创新、可行的再利用解决方案；资助有需要的社区提升堆肥能力；资助废物收集管理、微塑料捕集等相关技术工艺的研究、开发、示范和部署等。

四、与美国在塑料文书谈判中国家立场的对比分析

美国是具有法律约束力的塑料污染国际文书（以下简称塑料文书）谈判的参与者，也被视为有较大影响力的关键国家之一。此次发布的战略草案与其国家立场有着深刻的联系。战略草案的总体目标“到 2040 年消除陆地来源的塑料和其他废物排放到环境中”是对塑料文书的直接呼应与支持，而各具体目标和行动措施也对应了文书的主要议题。美国向塑料文书政府间谈判委员会（INC）提交的国家文本中就文书的管控措施提出了若干建议：一是提高塑料循环度。二是促进创新，鼓励可持续或绿色化学，进一步减少塑料中有害物质的使用和开发更可持续的塑料替代品。三是与利益相关方、国际组织和其他机构合作，优化产品设计和开发塑料产品的透明标签。四是采取公共采购政策或其他防止和减少塑料废物产生的方法，特别是一次性塑料废物。五是公开发布和更新有关塑料生产、使用和添加剂的信息。六是加强对塑料废物的无害环境管理措施，包括防止和减少塑料废物产生的措施。七是刺激再生塑料需求的措施，包括利用公共采购推动对再生塑料含量较高的塑料产品的需求。美国还提出，该文书不应直接制定标准，而应该更多采用 ISO 等现有的国际标准。

通过对比分析，可以看出美国将推动塑料的可持续设计与国际标准，减少一次性使用、不可回收或易丢弃的塑料的生产消费，开发塑料产品的透明标签，促进塑料废物无害环境管理以及拉动再生塑料市场需求视为其国内工作重点，可能是其参与文书谈判所希望重点推动的要素。美国作为塑料的生产和消费大国，除减少一次

性塑料外没有从源头控制塑料生产和消费的意图。美国强调“环境公正”概念和利益相关方参与，有可能是其占据话语权和道义高点以及影响舆论的手段。对化学回收、能源回收等有争议的回收和处置方式，美国态度产生变化，从“欢迎进一步探讨”转变为“不视为回收利用”，转而把堆肥处理作为推行的最终处置方式。美国还突出关注微塑料的问题，在当前国际缺少充分研究和经济可行的解决方法背景下，把微塑料的防控和清除作为战略草案的三大目标之一，一定程度上反映了美国未来研究和应用的重点部署领域。

五、下一步工作建议

战略草案指出，美国作为全球主要的塑料生产者和塑料废物产生者，在减少全球塑料污染方面发挥着关键作用。美国参与塑料文书谈判较为积极，推动美国国内循环经济构建与文书进程并行，并与美国国内利益相关方、国际利益相关方开展了大量协调合作，展现了其争取话语权和影响力的意向。一方面制定了美国国内实现塑料循环经济的行动路线，表达了建立循环经济的积极意愿；另一方面在塑料文书进程中宣示了主动权和行动力，增加了参与谈判的话语权和筹码。分析美国国内相关战略有助于了解其参与塑料文书谈判的真实立场和在塑料领域未来推动的重点工作，及时做好我国相应的部署应对工作。

一是结合我国谈判目标和国内工作重点，制定发布相关报告、政策、文件。良好的国内工作是参与国际规则制定的基础和底气，我国在推动建立塑料循环经济方面开展了大量卓有成效的工作，近年来陆续制定推动了相关政策法规和标准，并自下而上开展了很多绿色创新实践。应予梳理整合，配合我国参与塑料文书的进程推出相关文件，如国家立场文件、国家工作方案或计划、国家行动目标等。一方面，扩大国际宣传，扩大影响力和方案输出；另一方面，营造国内舆论，为未来履约工作奠定基础。

二是识别行动重点目标，研究适合我国国情的解决方案。对文书潜在管控措施进行研究，跟踪美国、欧盟等有影响力的重要成员的动向，作出合理预判。对照我国目前在相关领域的工作进展，识别我国在这一领域的优势和短板，及时部署工作重点和目标，制定适合我国国情的解决方案，并做好在谈判中的应对准备。

三是呼应和推动环境公正、公正转型、利益相关方参与工作。公正转型和利益相关方参与是文书谈判中各方呼声较高的重点领域，有可能成为塑料文书中渗透率较高的要求。我国应予适当呼应，在国内工作和国际宣传中纳入对弱势人群、非正规部门、受影响社区的考虑，开展公众意识提升、社区行动、利益相关方参与等活动，占领舆论和道义高点。

“终结塑料污染的高雄心联盟”主要观点分析及我国应对策略建议

吴广龙　肖学智　王昊杨　卢笛音　南　希　张秀锦

“终结塑料污染的高雄心联盟”（以下简称高雄心联盟，The High Ambition Coalition to End Plastic Pollution）自 2022 年 8 月成立以来发展迅速，目前加入该联盟的国家数量已达 64 个，占联合国成员国的 33.2%，该联盟已成为影响塑料污染政府间谈判委员会谈判走向的重要力量。本文总结了该联盟的主要观点，与我国的主要观点进行了对比分析，并从以下 4 个方面提出我国参与后续塑料污染政府间谈判委员会的建议：①密切跟踪高雄心联盟发展动向，开展高雄心联盟成员国情况分析，做到心中有数；②开展高雄心联盟观点的专题研究，提出我国应对策略；③加强对成员国观点的分析和研究，寻找同盟军；④加强与各主要国家的对话和交流，寻求相互理解和支持。

一、高雄心联盟概况

2022 年 8 月 22 日，包括加拿大、法国、德国在内的 20 个国家共同发起成立该联盟，旨在致力于制定一项雄心勃勃的、具有法律约束力的国际文书，最终在 2040 年终结塑料污染。挪威和卢旺达政府担任该联盟主席国。

截至目前，已有 51 个国家和政府组织加入高雄心联盟，其中亚洲和北美洲各 7 个国家，非洲 8 个国家，南美洲 5 个国家，大洋洲 4 个国家。欧洲除 13 个欧盟国家和 6 个非欧盟国家加入外，其他 14 个欧盟国家作为整体加入该联盟，使得加入高雄心联盟的国家数量达到 64 个，占联合国成员国的 33.2%。

二、高雄心联盟主张

高雄心联盟提出了三大战略目标和七大关键成果。

（1）战略目标：①将塑料产品的消费和生产控制在可持续的水平；②实现塑料的循环经济，以保护环境和人类健康；③实现塑料废弃物的环境无害化管理和回收利用。

（2）关键成果：①通过禁令和限制措施，消除有问题的塑料；②制定塑料全球可持续性标准和规范；③为塑料的整个生命周期的可持续性设定全球基线和目标；④确保塑料价值链的透明度，包括材料和化学成分的透明度；⑤建立逐步强化承诺、目标和控制手段的机制；⑥在塑料生命周期各阶段实施监测和报告机制；⑦促进有效的技术和资金援助、科学和社会经济评估。

三、高雄心联盟观点

关于拟定一项具有法律约束力的塑料污染（包括海洋环境中的塑料污染）国际文书政府间谈判委员会（INC）第一次会议于 2022 年 11 月 28 日—12 月 2 日在乌拉圭召开。INC 第一次会议（INC-1）后，INC 秘书处向成员国发出征集 INC 第二次会议（INC-2）书面提交文本的邀请。截至 2023 年，除挪威、卢旺达、澳大利亚、欧盟等高雄心联盟成员作为成员国或区域组织提交书面提交文件外，高雄心联盟作为国家集团也提交了书面提交文件，从文书目标、核心义务和控制措施等方面提出了希望在 INC-2 会议文件中体现的高雄心联盟的观点。

（一）文书目标

高雄心联盟提出文书的目标是保护环境和人类健康免受塑料污染影响，最终结束塑料污染。并指出该公约将受益于一个易于理解和开放式的目标，实现这一目标将需要长期努力。因此，该公约必须包括一些机制，允许随着时间的推移开展系统工作，并以新的科学见解和对进展的最新理解为依据，逐步加强该机制。

（二）核心义务和控制措施

1. 减少原生塑料聚合物的生产

高雄心联盟指出，塑料消费和生产已经达到不可持续的水平。预计在未来 20 年内，塑料生产将翻倍，而废弃物的产生和塑料向环境的排放也将随之而来。因此，需要采取措施，将原生塑料聚合物（包括化石燃料和生物基）的供应保持在可持续的水平，以减少对全球环境的压力。可能采取的措施如下。

（1）一般义务。应要求各缔约方采取有效措施，将原生塑料聚合物的生产减少到商定的水平。具体措施可包括税收、关税、收费、生产许可证和执照、暂停、禁止、条例等，以及取消消极的财政激励（如支持扩大塑料生产的补贴）。

（2）透明度。应要求各缔约方报告生产的塑料聚合物的数量和类型，以及生产中使用的化学品的数量和类型。

2. 消除和限制高关注特定塑料聚合物、化学品和塑料产品

高雄心联盟指出，塑料中使用的某些聚合物和化学品对人类健康和环境具有长期的不利影响和（或）对塑料废弃物的回收造成障碍。某些塑料产品由于其使用方式，特别容易被丢弃，从而导致塑料污染。新的塑料公约可包括有效淘汰或严格限制生产和（或）使用对环境和人类健康有害的特定聚合物、化学品和塑料产品的义务。可能采取的措施如下。

（1）一般义务。应要求各缔约方消除和限制附件中所列的聚合物、化学品和塑料产品的生产和使用。

（2）标准。公约应制定标准，以确定将列入附件的聚合物、受关注的化学品和塑料产品。具体可包含以下标准：①对环境和人类健康有害；②阻碍循环性；③向环境排放的风险。

（3）非缔约方的贸易措施。应要求各缔约方在不歧视的基础上，对于所列聚合物、化学品和塑料产品，对缔约方和非缔约方都适用同样的进出口要求。

3. 提高塑料在经济中的循环性

高雄心联盟指出，有必要推出更多的可持续产品，改变所有用户和消费者的消费模式，并建立有效的系统，尽可能长地将塑料纳入循环经济中。新塑料公约必须包含塑料的设计标准，以延长产品的使用寿命，确保耐用性、可回收性和安全性，从而实现塑料的循环经济。可能采取的措施如下。

（1）产品设计和制造

①一般义务。应要求各缔约方采取有效措施，确保生产、制造和投放市场的塑料产品符合附件中所列的标准和缔约方大会通过的指导意见。措施可包括最低要求、技术法规和标准、收费以及生产者责任延伸制等。

②标准。新塑料公约应在附件中规定总体标准。可能的标准包括耐用性、可靠性、可重复使用性、可修复性、不含相关物质、微塑料含量及其排放的可能性、最低回收含量、再制造和回收的可能性以及预期产生的废弃物。

③指导。缔约方大会应通过满足这些标准的一般性指南和行业指南。

④目标。缔约方应设定投放市场的塑料产品中再生塑料的比例目标。

⑤透明度。缔约方应要求聚合物和塑料产品的生产商提供与标准和指南有关的全部和正确的信息。应要求每个缔约方向制造商、进口商、用户、消费者和回收者披露塑料产品的化学和材料成分信息。

（2）再利用

①一般义务。应要求各缔约方采取有效措施，鼓励塑料产品的再利用。

②目标。缔约方应设定塑料产品再利用的目标。

③指导。应要求缔约方大会制定并通过关于再利用的一般性指南和行业指南。

（3）回收

①一般义务。应要求各缔约方采取有效措施，以便以环境无害化的方式收集、分类和回收塑料废弃物，同时考虑到指导意见和质量要求，以促进并向市场提供无毒再生材料。这些措施可包括目标、最低要求、收费、生产者责任延伸制和押金返还制。

②目标。缔约方应制定收集和以环境无害化方式回收塑料废弃物的目标，同时也要满足质量要求。

③指导。应要求缔约方大会制定并通过关于塑料废弃物的环境无害化管理和回收的导则。

4. 消除向空气、水和土壤排放塑料（包括微塑料）

高雄心联盟指出，上述规定将有助于减少塑料的环境泄漏。然而，仍然需要对点源和非点源的塑料排放源采取额外的措施。此外，塑料废弃物的最终处置仍需要全球行动，以确保最终处置不会导致塑料被排放到环境中。最后，遗留废弃物不仅是当地的塑料污染问题，也是微塑料和相关化学品持续传播的源头，补救措施可能会受益于国际协调和公约的指导。可能采取的措施如下。

（1）向水、土壤和空气排放的塑料

①一般义务。应要求各缔约方采取有效措施，消除附件中所列来源的塑料向水、土壤和空气的排放。清单可包括雨水排放系统，废水和污水，工业设施，水产养殖、农业和渔业等行业，塑料颗粒的运输和处理，道路、纺织品和其他来源的无意排放的微塑料。

②指导。应要求缔约方大会通过最佳可行技术和最佳环境实践导则，以消除附件中所列来源的塑料向水、土壤和空气的排放。

（2）塑料废弃物的最终处置

①一般义务。应要求各缔约方采取有效措施，以便以环境无害化方式收集、分类并在必要时处置塑料废弃物，同时考虑废弃物等级制度和《巴塞尔公约》通过的技术指南等。措施可包括生产者责任延伸制、押金返还制或收费。

②目标。缔约方应设定一个目标，以减少需要最终处置的塑料废弃物量。

（3）遗留塑料废弃物的处置

①合作。缔约方应合作制定战略，以无害环境的方式确定、优先处理和解决遗留废弃物领域。

②指导。应要求缔约方大会通过最佳可行技术和最佳环境实践导则，以便对遗留废弃物进行环境无害化处置。

四、高雄心联盟与我国观点对比分析

我国也于规定时间内向 INC 秘书处提交了书面文件，文件分实质性要素和履约要素两大部分，其中实质性要素从公约目标、核心义务、管控手段和自愿办法等方面表述了我国观点。

我国提出，公约目标应为使人类健康和环境免受塑料污染带来的不利影响，以拥有一个更好、更可持续的共同未来。并强调形成塑料污染，主要是由于废弃后的塑料产品管理处置不善导致的环境泄漏和累积。因此，国际社会需要采取必要措施减少塑料废弃物的环境泄漏，使人类健康和环境免受塑料废弃物不当管理带来的不利影响。

与高雄心联盟提议的文书目标相比，我国在文书目标中并未提及“终结塑料污染”。需要特别注意的是，高雄心联盟虽然提出公约目标为“终结塑料污染”，但并未提及“到 2040 年终结塑料污染”这一联盟目标。

关于核心义务，我国提出，应采用全生命周期理念应对塑料污染治理，着重围绕废弃物管理，最大限度减少塑料废弃物向环境的泄漏。关于控制措施，我国建议文书设置以下控制措施以促进塑料废弃物管理：①建立完善的塑料废弃物收集、回收、处理体系，加强塑料废弃物管理，不断提高塑料废弃物回收率；②设置塑料废弃物回收率特别是本国回收率指标；③制定控制塑料废弃物越境转移措施的时间安排。关于自愿办法，我国提出围绕尽可能管控塑料废弃物以减少塑料污染的核心义务，应充分考虑各国国情，在塑料生命周期的其他环节（包括塑料产品生产、使用等环节），以适应各国发展水平和发展路线的步调开展自愿性行动。

与高雄心联盟从减少初级塑料聚合物的生产，消除和限制高关注特定塑料聚合物、化学品和塑料产品，提高塑料在经济中的循环性，消除向空气、水和土壤排放塑料（包括微塑料）等塑料全生命周期角度对缔约方提出核心义务和控制措施不同的是，我国更强调塑料污染的核心是废弃后的塑料产品管理处置不善导致的环境泄漏和累积，应重点围绕塑料废弃物管理，最大限度减少塑料废弃物向环境的泄漏。而对塑料全生命周期的上游和中游，应充分考虑各国国情开展自愿性行动。

五、我国参与 INC-2 建议

从我国与高雄心联盟 INC-2 提交文件的对比分析，以及高雄心联盟的主张来看，我国除在塑料废弃物的末端治理环节与高雄心联盟的观点相近外，在核心义务、控制措施和自愿办法等方面与其观点存在一定差异。因此，我国应提前做好准备以应对 INC-2 谈判。建议如下。

（一）密切跟踪高雄心联盟发展动向，开展高雄心联盟成员国情况分析，做到心中有数

密切关注高雄心联盟发展情况，尤其是新近加入高雄心联盟的国家的动态。积极参加高雄心联盟组织的公开会议，倾听各方的观点。开展高雄心联盟国家塑料全生命周期管理情况研究，以及其塑料生产、使用、流通和废弃物处置情况调查；对不同高雄心联盟成员国开展分类研究，分析其加入联盟的动机，做到心中有数。

（二）开展高雄心联盟观点的专题研究，提出我国应对策略

针对高雄心联盟提出的限制原生塑料聚合物的生产，报告生产的塑料聚合物的数量和类型，消除和限制高关注聚合物、化学品和塑料产品的生产和使用等可能对我国塑料生产行业产生重大影响的观点开展专题研究，加强与相关行业主管部门、协会和企业的沟通和交流，加强行业调研以及对调查数据的分析和研究，据此提出我国应对策略。

（三）加强对成员国观点的分析和研究，寻找同盟军

根据各成员国在 INC-1 上的表态发言，以及部分成员国提交的 INC-2 书面提交文件，加强对各主要成员国立场、观点的分析和研究，从公约目标、核心义务、控制措施和自愿办法以及履约手段等方面对不同的国家观点开展分类研究，并与我国观点进行对比分析，寻求最大公约数。

（四）加强与各主要国家的对话和交流，寻求相互理解和支持

积极与高雄心联盟代表（如挪威、欧盟国家）等开展对话和交流，宣传我国观点，寻求相互理解。同时，积极同日本、沙特阿拉伯等与高雄心联盟观点分歧较大的国家开展对话和交流，寻求相互支持。

《欧盟电池和废电池法规》潜在影响评析及建议

段光正　郑　军

一、《欧盟电池和废电池法规》概况

（一）出台背景

欧盟是最早关注废旧电池回收并采取措施的地区，先后依据《关于含有某些危险物质的电池和蓄电池指令》（91/157/EEC）、《电池指令》（2008/12/EC）、《废弃物框架指令》（2008/98/EC）等约束电池的回收利用（如表 1 所示），对电池的回收处理以及循环利用进行统一规定，基本形成由动力蓄电池生产企业承担电池回收主要责任的生产者责任延伸机制。但欧盟指令一般为欧盟成员国提供政策性引导，成员国仍需根据自身国情制定相应法规，进一步明确其国内法律及相关标准。

2023 年 8 月 17 日，经欧盟官方公示满 20 天的《欧盟电池和废电池法规》（以下称新电池法规）在欧盟正式生效，并于 2024 年 2 月 18 日起实施。新电池法规历时 3 年，最初由欧盟委员会于 2020 年 12 月 10 日提案，2022 年 3 月 10 日欧洲议会投票通过立法决议，2023 年 7 月 10 日欧洲理事会通过该法规草案。新电池法规首次将电池管控要求由先前的指令上升为法规，旨在确保投放到欧盟市场的电池在整个生命周期中均具有可持续性和安全性，为欧盟开展电池管控提供了更为全面和强有力的法律依据。

表 1　欧盟关于电池生命周期管理的相关指令和法规

指令和法规名称	主要内容
《关于含有某些危险物质的电池和蓄电池指令》（91/157/EEC）	该指令规定特定种类电池需要单独回收、禁止某些电池投入市场，还规定必须确保置于设备中的电池和蓄电池在使用寿命结束时，可由消费者轻松取出，且对标签有一定要求，并允许成员国在必要时建立废弃物处理体系。
《关于报废车辆的指令》（2000/53/EC）	该指令保证电池生产厂商及其利益代表不能拒绝回收消费者最终废弃的电池；独立的第三方企业也能回收废弃的工业电池和蓄电池。

续表

指令和法规名称	主要内容
《电池指令》（2006/66/EC）	该指令旨在将电池废弃给环境带来的负面影响降到最低，从而保护并改善环境质量。
《电池指令》（2008/12/EC）	该指令为《电池指令》2008 年修订版，强制要求电池生产企业建立新能源汽车废旧电池回收体系，同时采取押金制度促使消费者主动上交报废电池。
《废弃物框架指令》（2008/98/EC）	该指令提出建立“废弃物管理体系”，层次结构为漏斗形，最理想的方法是通过顶层管理尽可能避免产生废弃物，尽量减少末端废弃处置的压力。
《关于计算废旧电池和蓄电池回收率的详细规定》（493/2012 号条例）	该条例适用于所有类型的废弃电池回收，对回收目标和过程进行了严格的描述，规定了电池回收的定义、计算方法和回收报告模板，并说明了根据不同电池类型如何计算《电池指令》中的效率，提出了达到电池高回收目标的方法。
《欧盟电池和废电池法规》	该法规将电池管控要求由指令上升为法规，针对动力电池整个生命周期的各环节，提出各材料（如镍、钴、锰）回收率具体要求，推进退役动力电池回收利用的市场化规模化运行，并要求提供电池碳足迹报告。

（二）主要内容

新电池法规的核心思想是全生命周期管理，与此前仅涵盖电池报废阶段管理的《电池指令》相比，其内容上表现出多个新特性，体现在电池分类、原材料采购、生产、使用、废弃物管理、信息披露等各个环节。

（1）提出新的电池分类。新电池法规将电动汽车电池从原指令的工业电池中划分出来，并将电池分为五类：汽车电池[①]、电动汽车电池、轻型交通工具电池[②]、工业电池和便携式电池[③]。

（2）完善供应链尽职调查。强制企业通过内部责任分配和信息披露履行供应链尽职调查义务，确保供应链透明、可追溯。融入上游供应商风控措施，建立申诉机制和应对策略以识别风险。通过第三方机构核查，向监管者提供数据和证据，形成全面的供应链尽职调查体系。

（3）建立更为全面的电池产业链监管。新增再生材料使用比例、可拆卸性和替换性、有害物质限值、电化学性能和耐久性、安全性等要求，进一步明确电池生产

① 为车辆启动、照明或点火提供电力的 SLI 电池。

② 为电动滑板车、电动自行车等提供牵引电力的 LMT 电池。

③ 家用电池、手机电池等。

企业义务。

（4）统一电池碳足迹要求。强制实施碳足迹声明[①]，并确定电池碳足迹统一的计算方法、核算系统边界、性能评级[②]与最大阈值[③]，旨在通过设定碳足迹门槛，促使欧盟实现电池全产业链、价值链布局。

（5）提高电池企业管理要求。对电池生产企业和回收企业提出更高的废弃物管理要求，包括设置生产者责任延伸制度。制定废旧便携式电池和轻型交通工具电池收集率[④]要求：2023年达到45%，2025年达到70%，2030年达到80%；要求锂回收率2027年达到50%、2031年达到80%；要求钴、铜、铅和镍回收率2027年达到90%、2031年到达95%。

（6）强化电池信息披露。电池必须加贴符合环保要求的CE标志；首次引入数字电池护照、生产者提供电池健康与寿命、超限物质化学符号、单独收集符号、容量标签、基本信息标签和二维码[⑤]等信息披露要求；至2026年建立电池信息电子交换系统，监管者、消费者、分销商和回收者可获取电池信息的访问权限。

其中，数字电池护照是记录电池全生命周期数据的工具，旨在增加电池价值链透明度与数据可信度，提高电池可持续性，主要涉及电池基本信息、价值链主体信息、可持续性与循环性信息以及性能与耐久性信息4个信息类别。

二、欧盟新电池法规的影响评析

欧盟交通运输行业温室气体排放量占其总排放量的1/4，并呈不断增长趋势。同时，欧盟作为全球第二大电动车消费市场，其电池需求巨大并引致相关资源存在巨大的潜在供需缺口。为破解电池缺口难题，也为了实现欧盟交通净零排放等低碳目标，欧盟制定了新电池法规。

（一）对全球电池产业的影响

新电池法规体现了欧盟迫切希望摆脱对进口电池的依赖，借机提高本地电池工业竞争力，争夺全球电池产业标准主导权，以便在电池发展上掌握话语权的意图。

---

① 2024年7月1日起实施。对象为电动汽车电池、轻型交通工具电池和容量超过2 kW·h的可充电工业电池。

② 2025年1月1日起实施。

③ 2027年1月1日起实施。

④ 收集率＝当年废旧电池收集量/前三年电池销量均值。

⑤ 应用于所有电池，包含标签与符号信息、供应链尽职调查信息、碳足迹声明与性能等级信息以及再生材料信息等。

结合将于2026年实施的欧盟碳边境调节机制（CBAM），两者同样是实现《欧洲绿色协议》核心目标的重要政策，均体现了欧盟从碳排放角度保护本地产业的倾向，存在一定关联性，未来不排除欧盟出台一系列具体行业的低碳政策法规，构建覆盖领域更广的对外政策体系。

从长远来看，新电池法规通过碳足迹管理体系将倒逼全球电池工业与上游产业链的低碳化转型，有效应对全球气候变化。通过回收率与再生材料比例阈值，将推动全球电池工业的循环化转型，进一步推动循环经济发展。但短期而言，过早的严格监管可能阻碍电池工业技术创新。为小企业设定过高门槛，也将不利于公平竞争。此外，还可能因部分厂商试图绕开监管而导致整体效率降低。

（二）对中国电池产业的影响

中国不仅是全球动力电池生产国，也是欧盟主要的电池供应国。市场调研机构SNE Research数据显示，2023年上半年，中国在全球动力电池市场的份额已超60%。其中，欧盟是中国动力电池企业的重要市场，2019—2022年中国在欧洲的动力电池装机占比持续提升，分别为11.8%、16.8%、22.6%、34.0%，宁德时代、亿纬锂能、蜂巢能源、孚能科技、国轩高科相继前往欧洲建厂，中国企业在欧累计规划产能超260 GW。巨大的市场份额促使中国国内的电池产能必须适应新电池法规的严苛标准。

新电池法规设置的门槛增加了中国电池企业的合规负担，也增加了电动车企业的出口难度。短期内，中国电池企业可能因再生材料供给不足而难以满足法规的最低阈值要求，或因复杂的信息与标签体系而面临法规合规风险，也存在因电池碳强度较高而削弱自身竞争优势的风险。从长远来看，新电池法规为推动中国国内电池企业转型和升级提供了机会，将促使中国出口企业加速零碳转型，推动生产技术更新迭代，支持更加高效能、低能耗和环保低碳的产品生产。同时，也将倒逼中国国内电池全生命周期管理制度的进一步完善，加速电池产业链、供应链绿色转型。

三、有关对策建议

（一）重视欧盟新规对中国电池出口欧洲带来的重大影响，开展国内相关产业碳足迹、碳标签等制度研究和规划设计

研究掌握欧盟新法规新标准，包括对电池和蓄电池产品的限制和要求，涉及电池制造商、进口商、分销商等多方主体的合规责任和义务，把握重要时间节点和窗

口期，做好系统规划。与此同时，建议结合产业低碳发展需求，制定电池、交通运输、LED照明、电视、计算机等相关产业链碳足迹评价的中长期发展规划，明确各阶段减排路径和目标。以电池行业转型升级为契机，加快中国相关行业碳足迹计算方法学和核算标准研究，探索建立重点行业企业碳排放核算、报告、核查等的标准，以及重点产品全生命周期碳足迹标准。探索制定从原材料到回收利用全产业链碳足迹管理办法，明确企业主体责任，指导相关产业链实施碳减排。

（二）研究借助产品数字化管理工具，推动建立全生命周期的碳排放基础数据库，提高信息披露程度

针对碳足迹，环境、社会和公司治理（ESG），回收溯源等实际管理需求，研究设计中国电池等产品的数字护照，并将其作为国内相关产品全生命周期管理的数字化管理工具。同时，围绕产品原材料采购、制造和回收利用，建立全生命周期碳足迹行业数据库，支持行业内可共享碳足迹的数据获取、存储、挖掘和处理分析，为全产业链碳足迹评估提供科学、准确的数据基础。倡导企业提高信息透明度，提前谋划产品在技术规格、环境性能、回收和循环利用等方面的信息透明性，这不仅是进入欧盟市场的必备条件，也有助于满足消费者的新需求和建立信任关系。

（三）依托多双边生态环境合作机制，推动建立相关行业碳足迹认证体系，推动开展多双边评级互认合作

紧跟国际贸易新形势、新规则，结合国际标准和国内实际建立相关行业碳足迹认证体系，确立评价等级及对应指标，规范认证流程；同时，依托多双边生态环境合作机制，推动中国与欧盟等地区和国家建立电池等相关行业产品碳足迹方法学和产品认证测试互认合作。电池企业应完善自身产品合规性，通过履行尽职调查等加强上下游供应链合规管理，加强与欧洲当地企业的合作，通过提升产品认证和测试能力及透明度，保持国际市场竞争优势。

参考文献

范柏余，孙昱晗，马伊晨，等，2023. 欧盟《电池与废电池法规》对我国电池和汽车产业影响及应对措施分析 [J]. 中国汽车，(12): 26-30.

付甜甜，任杰，万力，等，2023. 欧盟新电池法对我国锂离子电池行业制造和出口的启发 [J]. 电源

技术，47(7): 834-837.

韩帅帅，邓毅，侯贵光，等，2023. 废旧动力锂电池回收利用的国际经验及借鉴意义 [J]. 环境保护，51(Z3): 83-86.

周锋华，刘国荣，2023. 欧盟电池法规对我国电池行业的影响及应对措施 [J]. 日用电器，(5): 100-104.

The European Parliament and the council of the European Union. Regulation(EU)2023/1542[EB/OL]. [2023-7-28]. https://eur-lex.europa.eu/eli/reg/2023/1542/oj.

欧盟和美国对 PFAS 管控最新进展及启示

张　扬　彭　政　孙阳昭

本文梳理了欧盟和美国关于全氟和多氟烷基物质（per-and polyfluoroalkyl substances，PFAS）的管控进展，主要包括：①欧盟 PFAS 禁用提案意见征集阶段已结束，共收集到 5 600 多条意见，尽管目前收到的反对意见较多，但这改变不了欧盟全面禁用 PFAS 的决心。预计 2025 年欧洲化学品管理局（ECHA）会向欧盟委员会提交最终意见，并进行全面管控。② 2023 年 3 月，美国拟订法案，要求 PFOA 和 PFOS 在饮用水中的最大污染水平为 4 ng/L。2023 年 8 月，美国国家环境保护局（EPA）公布了 3 000 多个公共供水系统中 29 种 PFAS 的检出率数据。PFOS 和 PFOA 浓度超过美国饮用水标准的占比分别为 10.7% 和 9.5%。

欧盟和美国对 PFAS 的管控力度不断加强，结合我国实际，提出如下建议：第一，加强对 PFOA 的精准管控。第二，加强重点行业废水 PFAS 排放监测、监督与执法。第三，加强相关标准、替代品和毒性评估及经济社会影响研究。第四，加强宣传与引导。

一、全氟和多氟烷基物质概述

关于全氟和多氟烷基物质（PFAS）没有一个统一的定义，EPA 将 PFAS 定义为“具有至少两个相邻碳原子的化学品，其中一个碳完全氟化，另一个至少部分氟化”。经济合作与发展组织（OECD）将 PFAS 定义为“包含至少一个完全氟化的甲基或亚甲基碳原子（没有任何 H、Cl、Br、I 原子与之相连）的氟化物质，除少数例外情况外，任何至少具有全氟甲基（$—CF_3$）或全氟亚甲基（$—CF_2—$）的化学品都是 PFAS。”PFAS 由于分子结构中含有大量的碳氟键，使其具有高表面活性、高热稳定性、高化学稳定性，因此，其广泛应用于航天、电子、汽车、能源、材料、服装、医疗等事关国计民生的各个行业和领域。PFAS 在自然环境条件中难以发生微生物降解、光解、水解等，因此又被称为“永久化学品”。

目前，在全世界范围内生产和使用范围最广，同时也最受关注的是全氟辛酸

（PFOA）、全氟辛烷磺酸（PFOS）和全氟己烷磺酸（PFHxS），上述 3 种类物质也是《斯德哥尔摩公约》管控物质。PFAS 在各种环境介质（包括沉积物、地表水、空气、野生生物）中广泛存在，甚至在许多国家和地区的人群血液中也存在，并且其半衰期长，具有潜在的毒性。2018 年，美国毒物与疾病登记署发布了一份关于 PFAS（以 PFOS 和 PFOA 为代表）毒性危害的详尽报告，报告指出 PFAS 可引起一系列不良健康后果，涉及肝损伤、甲状腺疾病、生育能力下降、肥胖、哮喘、激素抑制、内分泌紊乱以及睾丸癌和肾癌。有充分的流行病学证据表明，暴露于 PFOS 和 PFOA 与以下疾病风险增加有关：妊娠高血压、甲状腺疾病、哮喘。

二、欧盟和美国对 PFAS 管控的最新进展

（一）欧盟对 PFAS 的管控情况

欧盟现有对 PFAS 的管控措施主要包括欧盟持久性有机污染物法规①、欧盟 REACH 法规下的“限制”管控②和欧盟 REACH 法规下的高关注物质（SVHC）管控③。2023 年 2 月，欧洲化学品管理局（ECHA）公布了丹麦、德国、荷兰、挪威、瑞典五国共同提交的 PFAS 限制提案。该提案旨在减少生产使用、贸易和排放 PFAS。按照提案中关于 PFAS 的定义④，受到此次提案限制的 PFAS 物质将超过 10 000 种。ECHA 的风险评估科学委员会（RAC）和社会经济分析科学委员会（SEAC）在 2023 年 3 月的会议上审查了该提案符合 REACH 的法定要求，并开始对提案进行科学评估，从 2023 年 3 月 22 日开始展开为期 6 个月的意见征集，并在此基础上开始科学评估。在 9 月征求意见结束时，ECHA 收到了来自 4 400 多个组织、公司和个人提交的 5 600 多条关于在欧洲经济区限制 PFAS 的提案的意见和信息。其中，瑞典方面提出的意见数量最高，达到 1 369 条，随后是德国和日本，分别为 1 298 条和 938 条。来自美国和中国的意见分别为 191 条和 262 条。其中 58.7% 的意见来自企业，说明相关产业界对该提案很关注。

RAC 和 SEAC 将在一系列会议上讨论意见草案，形成独立的科学意见，并关注

① 目前管控的物质有 PFOS、PFOA 和 PFHxS。

② 全氟羧酸类物质（C9～14 PFCAs）目前被正式列入 REACH 法规下附件 17“限制”清单。

③ 包括全氟庚酸及其盐类、PFOA、全氟羧酸（C9～14 PFCAs）、PFHxS 的 15 种 PFAS 已被列入 SVIIC 清单。

④ 含有至少一个全氟化甲基（—CF_3）或亚甲基（—CF_2—）碳原子（不含任何 H、Cl、Br、I 原子）的任何物质。仅包含以下结构元素的物质不在限制范围内：CF_3—X 或 X—CF_2—X′，其中 X=—OR 或—NRR′；X′= 甲基（—CH_3）、亚甲基（—CH_2—）、芳香族基团、羰基［—C（O）—］、—OR″、—SR″或—NR″R‴；其中 R、R′、R″、R‴ 是氢（—H）、甲基（—CH_3）、亚甲基（—CH_2—）、芳香族基团或羰基［—C（O）—］。这一定义涵盖了含氟聚合物和含氟气体这两种类化学品。

所有方面和受影响的部门。编制 PFAS 限制提案的 5 个国家还将审查这些意见，并可能在此基础上对该提案进行更新。ECHA 将尽快向欧盟委员会提交最终意见，同时确保科学委员会进行适当的审查。一旦委员会通过了其意见，将向公众传达。最后，欧盟委员会将与欧盟成员国一起决定是否实施这一限制。预计该提案最早将于 2026 年生效，其后即使目前不可替代的产品（如可植入医疗设备）也只设定了最多 12 年的宽限期。

在标准制定方面，欧盟于 2022 年 12 月发布了《食品中全氟烷基物质的最高含量》标准，并于 2023 年 1 月 1 日生效。该标准分别针对 PFOS、PFOA、PFNA（全氟壬酸）、PFHxS 和这 4 种物质的总量制定了标准限值，例如在蛋类中，PFOS、PFOA、PFNA、PFHxS 和这 4 种物质的总量标准限值分别为 1.0 μg/kg、0.30 μg/kg、0.70 μg/kg、0.30 μg/kg 和 1.70 μg/kg。

（二）美国对 PFAS 的管控情况

EPA 也很早就关注到了 PFAS 问题并采取行动。2021 年 10 月，EPA 为 PFAS 的管控出台了《PFAS 策略路线图》，对 PFAS 的研究和管控设立了四年计划（2021—2024 年）。该路线图要求 EPA 所有部门都要参与到 PFAS 的研究和管控中，包括化学品安全和污染预防办公室、水办公室、土地和应急管理局办公室、空气与辐射办公室和研发办公室。EPA 采取务实措施，积极防止 PFAS 进入空气、土地和水中，同时扩大和加速对 PFAS 污染的清理，从而保护当地居民健康和生态系统。

2023 年 2 月，EPA 宣布根据拜登总统的《两党基础设施法》拨款 20 亿美元，用于解决全国饮用水中包括 PFAS 在内的新污染物。这项分配给各州和地区的资金，将通过 EPA 的小型或弱势社区新污染物赠款计划提供给社区。这些资金将促进小型社区、农村和弱势社区获得安全和清洁的水。

2023 年 8 月，EPA 发布了第一轮[①]收集到的 3 000 多个公共供水系统中 29 种 PFAS 的全国检出率数据。本次公布的数据占未来 3 年监测计划的 15%。在 10 000 多个样品中，PFOS 和 PFOA 浓度超过美国饮用水标准的占比分别为 10.7% 和 9.5%。根据公布的数据，华盛顿特区非营利组织环境工作组估算多达 2 600 万美国人的自来水受到了污染。

2023 年 10 月，EPA 根据《有毒物质控制法》（TSCA）最终确定了 PFAS 报告和记录的规则。这一规则要求根据 TSCA 规定的义务，自 2011 年 1 月 1 日以来的

---

① EPA 计划用 3 年时间在美国的每一个大中型公共供水系统和数百个小型供水系统进行最全面的 PFAS 监测工作。

任何一年中制造（包括进口）或已经制造（包括出口）PFAS 或含 PFAS 物品的任何人，需以电子方式向 EPA 报告有关 PFAS 的使用、产量、处置、暴露和危险。该规则将使 EPA 更好地掌握美国制造 PFAS 的来源和数量。

在标准制定方面，随着对 PFAS 物质毒性认识的不断加深，EPA 及时修订相关饮用水标准。值得注意的是，在 2016 年饮用水健康指导值的基础上，EPA 于 2023 年 3 月完成立法草案，要求 PFOA 和 PFOS 在水体中的最大污染水平（MCL）均为 4 ng/L，这是目前美国实验室的最低检出限。而相关替代品（如 PFHxS、GenX 化学品、PFNA 和 PFBS）的危险指数不超过 1。针对饮用水，美国各州也有各自的标准值，比如 3M 公司所在地明尼苏达州饮用水健康指导值中 PFOA 和 PFOS 的值分别为 35 ng/L 和 15 ng/L。

三、我国 PFAS 的生产、管控和环境赋存情况

（一）生产

随着欧盟和美国逐渐禁用 PFAS，PFAS 的生产逐渐转移到亚洲国家。2001 年以来，中国的 PFOS 产量从每年不到 50 t 增长到约 250 t，PFOA 及其相关化合物产量从 2004 年的 30 t 增长到 2012 年的 90 t 左右。2021 年，国内 PFOS 及其盐类和 PFOSF 年产量约为 12 t，年末库存量约为 0.6 t；PFOA 及其相关化合物年产量约为 2 204 t，年末库存量约为 86 t。

（二）管控

为履行《斯德哥尔摩公约》要求，2013 年 8 月，第十二届全国人大常委会第四次会议审议批准《关于持久性有机污染物的斯德哥尔摩公约》新增列九种持久性有机物的修正案。该修正案禁止 PFOS 及其盐类和全氟辛基磺酰氟除特定豁免和可接受用途外的生产、流通、使用和进出口。《重点管控新污染物清单（2023 年版）》已列入 PFOS、PFOA 和 PFHxS。《斯德哥尔摩公约》正在审查长链全氟羧酸及其相关化合物，极可能于 2025 年列入《斯德哥尔摩公约》。《生活饮用水卫生标准》（GB 5749—2022）将 PFOS 和 PFOA 列入水质参考指标中，其限值分别为 40 ng/L 和 80 ng/L，该标准已于 2023 年 4 月 1 日起实施。

我国尚未出台关于 PFAS 监测的国家标准。只有江苏省于 2021 年颁布了《水质 17 种全氟化合物的测定　高效液相色谱串联质谱法》（DB32/T 4004—2021）。

（三）环境赋存情况

文献和统计数据表明，PFOS 和 PFOA 在我国东部沿海地区水体中的赋存较高，在西北地区水体中的赋存较低。水体中 PFOS 浓度较高的地区包括上海、江苏、台湾、广东。水体中 PFOS 浓度较低的地区为河南、广西、青海、黑龙江和西藏。而 PFOA 浓度较高的地区为四川、上海、浙江、江苏、山东，浓度较低的地区为青海、陕西、广西、西藏、宁夏。这也显示了 PFAS 赋存水平与当地产业结构密切相关。大多数氟化学产业集中在华东地区，包括上海、江苏、山东和浙江。在其他新兴 PFAS 的浓度调研中发现全氟丁酸（PFBA）在湖北的浓度比其他地区高 3～6 倍。

在变化趋势方面，PFOS 浓度在 2009 年前后呈下降趋势，PFOA、PFHxS 和 PFNA 浓度呈上升趋势。在 2009 年前后，PFOS 在水体中的赋存开始下降，说明我国积极响应国际政策对 PFOS 进行的逐步管控取得了成效。在 2008 年发现 PFOS 浓度最高可达 4.85 ng/L，当时处于全氟化合物在环境中累积和排放的高峰，而在 2010—2015 年 PFOS 浓度下降缓慢（每年 1.15 ng/L）。在 2018 年 PFOS 浓度进入较低值，水体中的残留浓度仅有 0.19 ng/L。

PFOA 呈较快的上升趋势（每年 0.5 ng/L），PFHxS 随时间变化趋势呈现上升的状态，在一些长期跟踪调研中发现 PFHxS 在 2013 年浓度最高可达 795 ng/L。PFNA 浓度则以缓慢的状态逐渐升高（每年 0.05 ng/L）。目前，我国并未对 PFAS 开展全面的管控，然而随着含氟替代品的使用，水体环境中 PFAS 浓度有可能还会增加，并可能在逐步淘汰后的几年内达到峰值。

四、展望与建议

与欧盟相比，美国的 PFAS 管控措施显得更加理性和务实。欧盟全面禁用 PFAS 的提案尽管目前收到的反对意见较多，但这改变不了欧盟全面禁用 PFAS 的决心。预计 2025 年 ECHA 会向欧盟委员会提交最终意见，一旦欧盟通过相关限制提案，其必将向《斯德哥尔摩公约》秘书处提出增列 PFAS 议题，以发动全球禁限行动，这将对氟化工上下游带来巨大影响。为进一步做好应对工作并统筹公约履约和新污染物治理相关工作，提出如下建议。

（1）加强对 PFOA 的精准管控。鉴于 PFOA 在环境介质中仍然有增加趋势，建议我国加强对以 PFOA 为代表的长链羧酸类全氟化学品的精准管控。一是考虑中央生态环境资金中增列针对典型 PFAS 和新污染物的调查治理类项目，调查清楚重点地区 PFAS 的基本情况。二是充分利用新污染物治理协调机制，由生态环境相关部门和市场监管相关部门针对 PFOA 及相关化合物建立溯源管理体系，实现对生产、销售和使用的全链条管理，保证 PFOA 及相关产品只能用于特定豁免用途。三是针对使用 PFOA 的企业，要求企业建立闭路循环系统，确保 PFOA 不向环境中排放。四是在末端治理阶段，鼓励相关企业采用最佳可得技术对含有 PFOA 的废弃物进行无害化处理。

（2）修订我国相关行业水污染物排放标准，加强重点行业废水排放监督与执法。一是鼓励地方政府结合涉氟化工产业实际，修订相关行业水污染物排放标准，加强重点行业废水排放监测。二是加强监督。PFOS 虽已受到管控，但在相关地区污水中其浓度仍然较高。建议各级生态环境主管部门按照《重点管控新污染物清单（2023 年版）》的要求，对禁止生产、使用的 PFAS 展开全面的信息调查和执法，摸排行业重点管控 PFAS 类物质库存数量，敦促有关企业妥善管理 PFAS。

（3）加强我国涉及 PFAS 的科学研究。一是加强相关环境标准的研究。建议我国加强相关环境标准研究，借鉴美国标准修订经验，制定或修订适合我国的标准值，为环境管理和保护人群健康提供科学依据。二是加强 PFAS 绿色替代品的研究。开发高通量 PFAS 的毒性测试和优先化筛选体系，结合人工智能为提出绿色化学合成的方案提供虚拟筛查场景，进而从源头减少对生态环境具有潜在危害的替代品的生产和排放。三是加强对 PFOS 和 PFOA 替代品的毒性评估和经济社会影响的评估，特别是 PFNA 和 PFBA 及环境介质中检出频率较高的替代品。

（4）加强宣传与引导。一是加强我国对企业管理者或从业人员 PFAS 科学与安全知识的教育培训，组织 PFAS 相关政策法规的学习，介绍 PFAS 对生态环境、人体健康可能造成的危害，推动企业积极探索清洁生产模式，使用更加绿色环保且使用效果较好的替代品，合理控制生产过程中 PFAS 的使用量。二是针对我国普通公众做好引导，使公众客观、科学、理性看待相关问题，避免出现过度恐慌等情况。

欧盟拟修订大气、水环境管理指令对我国推进减污降碳协同增效的启示

黄金丽　郭　昕　张　楠　杨玉川

2022 年 10 月 26 日，作为《欧洲绿色协议》“零污染行动计划”的重要内容，欧盟委员会对外发布空气、地表水、地下水以及城市污水处理等多项环境指令修订提案，提出更严格的环境标准，推动欧盟 2050 年实现“零污染”目标[①]。

一、修订背景

2019 年 12 月 11 日，欧盟发布《欧洲绿色协议》。作为绿色协议核心内容，2021 年 5 月通过的《欧盟行动计划：实现空气、水和土壤零污染》是欧盟针对空气、水、土壤、消费品污染治理的具体行动指南。此次修订大气、水环境管理指令，被视为《欧洲绿色协议》“零污染行动计划”的一项关键进展，具有重要意义。

修订提案将由欧洲议会和欧洲理事会以普通立法程序进行审议。一旦通过，各修订指令将逐步生效，并分别设立 2030 年、2040 年和 2050 年不同阶段目标，确保行业和政府部门有充分时间进行调整和投资。

二、主要修订内容

（一）《空气质量指令》

在欧洲，空气污染每年造成多达 30 万人过早死亡以及患病（如哮喘、心血管疾病和肺癌）。自 2008 年更新《空气质量指令》以来，欧洲空气质量大幅改善，颗粒物浓度超标 50% 的区域面积减少 50%；2000—2020 年主要大气污染物排放量下降 13%～84%；与 20 世纪 90 年代相比，空气污染导致的过早死亡人数减少 70%。但是空气污染仍是居民健康的最大环境威胁，欧洲民众希望欧盟、行业和雇主能够采取更有力的行动。此外，世界卫生组织在 2021 年 9 月发布新版《全球空气质量指南》和

① Commission proposes rules for cleaner air and water. https://ec.europa.eu/commission/presscorner/detail/en/ip_22_6278.

修订的《全球空气质量指导值（2021 年）》，对 $PM_{2.5}$、臭氧浓度等指标提出更高要求。$PM_{2.5}$ 日均值从 25 μg/m^3 降低至 15 μg/m^3，年均值从 10 μg/m^3 降低至 5 μg/m^3。

此次《空气质量指令》修订提案，在综合评估居民健康影响、技术可行性和社会经济影响的基础上，制定了 2030 年欧盟空气质量中期标准，旨在通过与气候中和的协同作用，确保欧盟最晚在 2050 年实现空气零污染。主要修订内容包括：①设定更严格的污染阈值。主要污染物 $PM_{2.5}$ 年均值削减一半以上，2030 年由目前的 25 μg/m^3 降低至 10 μg/m^3，以接近世界卫生组织的新指导值 5 μg/m^3。②保护居民清洁空气权，明确空气污染受害者司法诉讼的途径及赔偿。根据修订提案，欧洲民众可就空气污染导致的健康损害要求赔偿，也可以委托非政府组织，通过集体诉讼要求损害赔偿。③加强空气质量监测和建模要求，特别是发生严重空气污染时。④支持地方政府改进空气质量计划，更快地采取预防行动和针对性措施，加快空气质量改善。据估计，修订提案有助于欧洲空气质量在 2030 年之前大幅改善，每年实现的总收益将达到 420 亿～1 210 亿欧元，远高于缓解措施和相关行政费用的总成本（每年 57 亿欧元）。

（二）《城市污水处理指令》

《城市污水处理指令》（*The Urban Waste Water Treatment Directive*，UWWTD）已实施 30 多年。自实施以来，欧洲河流、湖泊和海洋的水质得到很大改善。然而，当前指令并未涵盖所有污染，比如指令范围外的小城市污水、暴雨频发引发的次生水污染以及药品和化妆品中残留物进入水体造成的污染等。另外，新冠疫情经验表明，监测城市污水中的病毒能为公共卫生决策提供有用信息。此外，更新完善现有指令有利于填补某些数据空白和适应科技发展。此次修订《城市污水处理指令》旨在提供更清洁的河流、湖泊、地下水和海洋，同时使污水处理更具成本效益。主要修订内容包括以下几点。

一是制定有助于健康和环境保护的一系列改进措施，包括强制要求从城市污水中回收营养物、制定微污染物的新标准和微塑料的新监测要求。扩大指令适用的城市范围，由适用于超过 2 000 人的城市扩大至超过 1 000 人的较小城市，以减少有机污染物、氮和磷的直接排放以及垃圾和微塑料流入城市径流。在大型聚集区以及超过 1 万人的环境风险地区制订和实施综合水资源管理计划，优先考虑预防措施，对气候变化导致的暴雨频发引发的次生污染进行有效管理。为应对流行病或其他公共卫生威胁，城市污水监测中引入卫生参数。欧盟成员国的卫生和废水主管部门应开展合作，永久性监测城市污水中的健康参数，包括 SARS-Cov-2 病毒及其变体、脊髓灰质炎病毒和流感病毒以及新出现的病原体、污染物以及主管部门认为相关的其他公共卫生参数。

二是确保欧盟人人可以享有环境卫生设施，特别是弱势和边缘人群是此次《城市污水处理指令》修订的关键内容之一。据统计，欧盟约 2% 的人口仍然无法使用室内抽水马桶，约 1 000 万人缺乏基本环境卫生服务。欧盟国家应考虑在公共场所增加环境卫生设施，向受影响最严重的人群提供免费或低价服务。

三是鉴于欧盟城市污水中 92% 的有毒微污染物来自药品和化妆品，根据污染者付费原则，新的生产者责任延伸制度要求药品和化妆品生产商支付其产品中残留并进入污水的微污染物的清除费用。

四是挖掘城市污水处理行业可再生能源（如沼气）生产潜力，并设立成员国国家级、具有约束力的行业能源中和目标。这意味着欧盟成员国的城市污水处理厂必须大幅降低能耗，并利用可再生能源（如沼气、太阳能、风能）进行生产。同时从源头追踪工业污染，提高污泥质量，增加污泥和已处理废水再利用，避免资源损失。

五是为有效处理进入公共下水道污水系统的工业排放污染物，修订提案还补充了工业排放指令的修订建议。修订提案就修订后的《城市污水处理指令》的积极影响进行了评估，预计到 2040 年，每年将节约成本近 30 亿欧元，温室气体排放比 1990 年减少 62.5%，有机物、氮和磷减少超过 36.5 万 t 以及微塑料排放减少 9%。

（三）《水框架指令》《地表水环境质量标准指令》《地下水指令》

自 21 世纪初期以来，《水框架指令》、《地表水环境质量标准指令》以及《地下水指令》共同为欧盟水环境可持续管理提供了法律依据。目前，已有 53 种物质被纳入欧盟水污染物清单。然而，随着工业快速发展，一些对环境和人类健康有严重危害的新污染物却未被纳入清单，而清单内的部分物质已不再大量存在于环境中，其他一些污染物标准又不符合最新科学研究。另外，定期调整管理规则可使主管部门有效应对当前和未来的、欧盟内和跨境污染威胁。此外，在 2019 年水资源立法的适应性检查中强调的水污染监测和报告方式的一些缺点也需要修改完善。主要修订内容包括以下几点。

一是更新水污染物清单。新增 25 种对环境和人类健康有影响的新污染物，主要包括全氟和多氟烷基物质（PFAS）（一大类“永久化学品”，主要用于炊具、服装和家具、消防泡沫和个人护理产品），农药和农药降解产品（如草甘膦），双酚 A（一种增塑剂和塑料包装成分）以及部分止痛及消炎药物和抗生素。

二是降低地表水和地下水中部分污染物的最高浓度值，包括杀虫剂（毒死蜱、氯氰菊酯、敌敌畏、三氯酚等）、工业化学品（二噁英、氟蒽、六溴环十二烷、多环芳烃等）和金属（汞和镍）。

三是提出环境监测技术方面的指导和改进建议，包括基于效果的方法、现代仪器、数字技术等，以减少新污染物（微塑料）和混合污染物的累积影响。推广新监测技术，如能够有效监测污染水平的自动传感技术。

四是建立、修改现有的强制性监测方法，对雌激素物质、地下水中的新污染物、地表水排放的季节性变化等的强制性监测有助于填补污染演变数据空白，为未来的风险评估提供信息。

五是鉴于 2022 年 7 月奥得河鱼类大规模死亡等污染事件教训，欧盟委员会要求在自然原因或不可抗力等特殊情况下，特别是极端洪水、长期干旱或重大污染事件发生时，事发地国家应立即向同一流域下游国家及欧盟委员会发出强制性警告，以有效应对并减少损害。

六是改进和简化现有和新出现污染物的数据收集。协调、简化报告和分类行动。

七是加快更新污染物清单，包括更新清单内 16 种污染物[①]的标准（大部分标准被收紧），并移除 4 种不再对整个欧盟构成威胁的污染物[②]。

三、修订目的分析

一是欧盟加强空气和水污染治理立法，拟从源头上减少污染，以有效保护居民健康。空气污染尤其是空气中的微粒污染物对欧洲人的健康威胁最大，城市地区尤为严重。尚未纳入管控的新污染物、城市污水中的微污染物、淡水中的微塑料以及公共卫生事件等也威胁着居民健康和环境。面对诸多环境挑战，欧盟认为成员国需进一步严格立法，采取加强行动，才能从源头上减少污染物排放，以有效保护居民健康。

二是欧盟希望通过严格立法，减少污染导致的经济损失，支持欧盟经济的竞争力。在欧洲，每年因空气污染造成的损失为 2 330 亿～8 530 亿欧元，每个工作日损失高达 80 亿欧元。因此，欧盟期望通过提高空气质量标准、扩大药品和化妆品生产者的责任、挖掘污水处理厂新能源生产潜力、降低能效、提高已处理废水和污泥再利用的可能性等措施，降低医疗保健成本、减少工作日损失以及减少对农作物、森

---

① 16 种污染物包括 14 种被收紧标准的物质［chlorpyrifos，cypermethrin，dicofol，dioxins，diuron，fluoranthene，hexabromocyclododecane（HBCDD），hexachlorobutadiene，mercury，nickel，nonyl phenol，PAHs，PBDEs，tributyltin］和 2 种被放松标准的物质（heptachlor/heptachlor epoxide，hexachlorobenzene）。

② 4 种污染物为 alachlor，carbon tetrachloride，chlorfenvinphos，simazine。

林和建筑物的破坏，保证其总体经济效益能够支持欧盟经济的竞争力。此外，更清洁的空气和水将有助于使欧洲城市成为更具吸引力的生活和经商场所。

三是进一步完善其法律法规体系，使其指令更具科学性、合理性和可操作性，为全面有效治理环境提供法律依据。欧盟期望通过从现行法令中吸取教训，确保法律框架与科技发展保持一致，以更迅速、更有针对性地应对新污染问题。此外，此次修订提案不仅是单独指令的条款修订，同时也注重修订指令之间、与欧盟现有其他指令政策间的相互衔接与协同。比如，此次《城市污水处理指令》与地下水和地表水污染物清单修订过程中，二者在监测方法和监测范围上相互衔接，为有效治理城市污水与地下水和地表水污染提供依据。

四、启示与建议

一是持续关注欧盟大气、水管理指令修订进程，进一步加强中欧在大气、水领域的合作与交流，同时做好舆情预警和应对方案。世界卫生组织新版《全球空气质量指南》和空前严格的新《全球空气质量指导值》对世界各国的大气污染治理提出了更高要求。欧盟日益完善和成功的环境政策法律体系值得学习和借鉴。建议我国利用中欧环境与气候高层对话、中欧环境部长会议、工作层交流与专家交流等机制，进一步加强与欧盟在大气、水污染防治领域的交流与合作。同时，应持续关注此次指令修订，警惕欧盟以新标准、新依据对我国大气、水环境标准及治理成果的质疑和抹黑，提前做好舆情预警和应对方案。

二是借鉴欧盟修订经验，强化政策协同和工作统筹，加快推进减污降碳协同增效。作为“零污染行动计划”的关键部分，此次修订不仅与《欧洲绿色协议》的其他法令（如生物多样性战略、农场到餐桌战略、塑料战略、循环经济行动计划、化学品可持续战略等）相衔接，也注重与同一领域其他现行相关法令的相互衔接与整合，并确保在实践中的可操作性。建议我国借鉴欧盟修订经验，在法规政策的制定和修改过程中，强化政策协同，加强源头治理、系统治理；同时加强工作统筹，推进统一的政策、规划、标准制定及统一的监测评估等，为加快推进减污降碳协同增效提供支持。

三是借鉴欧盟修订经验，加强城镇污水中微量新污染物的研究与管控，为落实新污染物治理任务提供支持。近年来，欧盟和一些发达国家高度关注水环境中的微量新污染物问题，发现城镇污水排放是河流水体中此类化学物质的重要来源。我国作为各类工业品、生活用品、药品、保健品的生产和消耗大国，微量新污染物的自然环境残留与累积性污染问题不容也不可忽视。因此，建议我国借鉴欧盟修订经验，加强对城镇污水中微量新污染物的研究和管控，加强对城镇污水中有毒有害化学物质环境风险的筛查与评估，深化对城镇污水微量新污染物进行全过程控制以及协同管控的研究，为落实新污染物治理任务提供基础支持。

参考文献

张楠，王梦涵，杨玉川，2021，关于《欧盟行动计划：实现空气、水和土壤零污染》[J]. 国际环境观察与通讯，(109): 1-24.

European Commission, 2022. Commission proposes rules for cleaner air and water[R/OL]. https://ec.europa.eu/commission/presscorner/detail/en/ip_22_6278.

European Commission, 2022. New EU rules on surface water and groundwater pollution[R/OL]. https://ec.europa.eu/commission/presscorner/detail/en/qanda_22_6279.

European Commission, 2022. New EU rules on treating urban wastewater[R/OL]. https://ec.europa.eu/commission/presscorner/detail/en/qanda_22_6281.

European Commission, 2022. Questions and Answers on New Air Quality Rules[R/OL]. https://ec.europa.eu/commission/presscorner/detail/en/qanda_22_6348.

化工园区新污染物管控国际经验与对策研究

杨　铭　彭　政　张晓岚

新污染物是指排放到环境中的，具有生物毒性、环境持久性、生物累积性等特征，对生态环境或人体健康存在较大风险，但尚未纳入管理或现有管理措施不足的有毒有害化学物质。我国的化工园区密布沿江、沿河、沿海地区，园区企业在生产使用化学品时，如管理不善，新污染物将通过废气、废水和固体废物等途径排入环境，最终进入水体，对生态环境造成危害。建议我国借鉴欧盟、美国、日本等发达国家和地区开展新污染物排查治理和风险防控等方面的经验，统筹地表水、地下水相关工作中化工园区排查整治的成果，系统开展重点区域新污染物调查评估工作，在重点流域、典型园区建立协同治理试点，深入推进监管机制研究和能力建设。

化工园区是我国化工行业发展的重要载体，在调整产业结构、优化产业布局、加强基础设施建设、推进清洁生产和循环化改造方面发挥了不可替代的作用。但同时，化工园区集聚了大量涉及化学品生产使用的企业，在生产过程中因转化率不足、管理粗放等问题导致化学物质的排放，成为我国新污染物重要的工业排放源。加快推进化工园区新污染物治理，是落实国务院办公厅《新污染物治理行动方案》要求，深入推进新污染物“筛、评、控”和“禁、减、治”的重要抓手。

一、我国化工园区新污染物排放研究

（一）我国化工园区基本情况

1. 我国化工园区类别多样

2021 年 12 月，工业和信息化部等印发了《化工园区建设标准和认定管理办法（试行）》，明确化工园区是指由人民政府批准设立，以发展化工产业为导向、地理边界和管理主体明确、基础设施和管理体系完善的工业区域；通过认定的化工园区是指经省级人民政府或其授权机构审定，符合该管理办法和本地区要求的化工园区。包括以化工为单一主导产业单独设立的专业化工园区和在经济开发区、高新区内设立的相对独立的化工片区等几种常见的类型（如表 1 所示）。

表 1　我国化工园区基本类型

化工园区类型	主要特点	代表园区
石油化工型	以石油炼化、石油化工企业为核心，带动一系列下游产业集聚建设	上海化学工业区、南京化工园区等
精细化工型	以精细和专用化学品及合成材料生产为主导，企业类型相对多样	南通经济开发区、泰兴化工园区等
企业扩建型	由核心化工企业逐步新建、扩建形成的化工园区	齐鲁化学工业园等
资源型	依托当地丰富的煤炭、矿产等资源构建产业链，逐步形成的化工园区	榆林煤基能源化工基地、宁东能源化工基地等

2. 化工园区主要集聚在沿江沿海地区

根据各省（自治区、直辖市）和新疆生产建设兵团公布的化工园区认定情况，截至 2022 年 12 月，全国各省（自治区、直辖市）已完成认定的化工园区共计 550 家（如图 1 所示），其中长江经济带化工园区 254 家，黄河流域 214 家，珠江流域 59 家。从地域来看，全国近一半的化工园区集聚在沿海的华东地区。

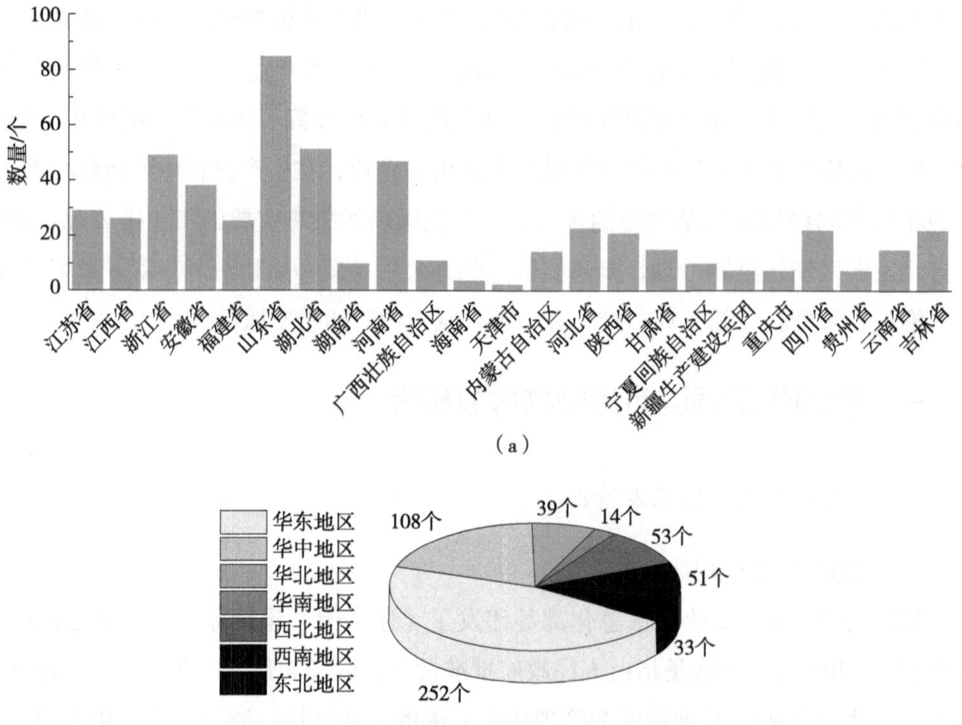

（a）

（b）

图 1　全国已认定化工园区数量及分布情况

数据来源：各省（自治区、直辖市）和新疆生产建设兵团公示的园区清单。

3. 东西部地区化工园区行业类别存在明显差异

根据中国石油和化学工业联合会统计，山东、江苏、广东、浙江等省（自治区、直辖市）的化工园区以石油化工和医药、农药、日化等精细化工为主，新疆、青海、宁夏、陕西、内蒙古等省（自治区、直辖市）的化工园区则以煤炭、盐、碱等资源开发利用为主。

（二）化工园区是新污染物排放的重要来源

1. 我国化工园区密集的区域新污染物种类多样且浓度较高

通过查阅中国科学院科技战略咨询研究院对部分流域、海域、河湖等重点区域新污染物浓度的调查分析情况（如表 2 所示），发现我国新污染物浓度高的区域主要集中在化工园区密集的长江经济带、黄河流域以及京津冀、珠三角等地区，浓度水平总体呈由西向东不断增大的分布特征。其中，内分泌干扰物主要分布在东部沿海和中部地区，京津冀、渤海湾、大连湾等地浓度较高；全氟化合物主要分布在中部地区、西南地区和华北地区，最大浓度值出现在武汉；微塑料主要分布在东南沿海地区，污染水平呈南高北低、东高西低的特征，最大浓度值出现在广州珠江沿岸。

表 2　各地区水体新污染物浓度检测情况

新污染物种类	地点	污染水平
内分泌干扰物 /（ng/L）	太湖	89.8～353.8
	松花江	126.0～1 315.0
	珠江三角洲河流	8.7～639.0
	珠江	23.2～108.0
	嘉陵江	1 550.0～6 850.0
	湘江	150.0～3 180.0
	海河	160.0～429.0
	渤海湾	33.0～132.0
	宜溧河	156.2～484.0
	洞庭湖	362.7～11 908.2
	滇池	5.5～39.0
	洱海	7.7～33.5
	黄河入海口	15.7～148.6
	高碑店湖	9.0～30.0
	沱江	3.9～198.0

续表

新污染物种类	地点	污染水平
内分泌干扰物 /（ng/L）	淀山湖	670.0
	辽河	25.7～777.0
	北京城区地表水	5.5～50.2
	盘龙江	3.3～429.0
全氟化合物 /（ng/L）	白洋淀	1 193.0～3 462.0
	密云水库	5.3～8.7
	官厅水库	24.8～142.4
	大连湾	8.0～13.9
	汉江	0.3～23.0
	杭州湾	4.4～25.2
	浑河—大辽河	1.9～13.2
	胶州湾	7.9～30.4
	九龙江	3.1～463.2
	拉萨河	0.1～1.7
	岷江	1.5～30.2
	青岛市	3.2～120.7
	上海地表水	37.6～189.1
	太湖	164.0～299.0
	武汉水环境	21.0～10 900.0
	长江流域重庆段	1.5～61.5
	珠江三角洲	0.1～346.7
	南四湖	34.1～153.0
	渤海	1.0～82.0
	滇池	3.4～35.4
	沈阳地表水	56.2
微塑料 /（个 /L）	黄河入海口	654.0～930.2
	北江	110.0～1 010.0
	乐安河—鄱阳湖段	1 121.0～2 871.0
	赣江	1 846.0～2 025.0
	厦门湾	2 475.0～68 179.0
	北部湾	512.0～2 339.0
	鸭绿江	60.0～640.0

续表

新污染物种类	地点	污染水平
微塑料 /（个 /L）	杭州湾	263.0～571.0
	上海地表水	802.0
	广州珠江沿岸	379.0～7 924.0

引自：刘宝印，荀斌，黄宝荣，等. 我国水环境中新污染物空间分布特征分析 [J]. 环境保护，2021，(10): 25-30.

2. 企业排放是新污染物排入环境水体的重要来源

水体中新污染物的主要来源是污水处理厂和工业企业排放，此外还有垃圾填埋场及尾矿库泄漏、汛期初期雨水污染和挥发性新污染物的干沉降、湿沉降等（如图 2 所示）。氟化工、农药原料药及中间体、染料中间体、医药中间体、助剂类、添加剂类等化工行业工业废水富含大量新污染物，有关化工园区应按照《化工园区建设标准和认定管理办法（试行）》要求，配备专业化工生产废水集中处理设施及专管或明管输送的配套管网进行集中收集处理，但仍有部分化工园区依托城镇污水处理厂，工艺仅能处理化学需氧量（COD）、氨氮等常规污染物，且未配套相应的新污染物监测和应急措施，存在较大的环境风险隐患。

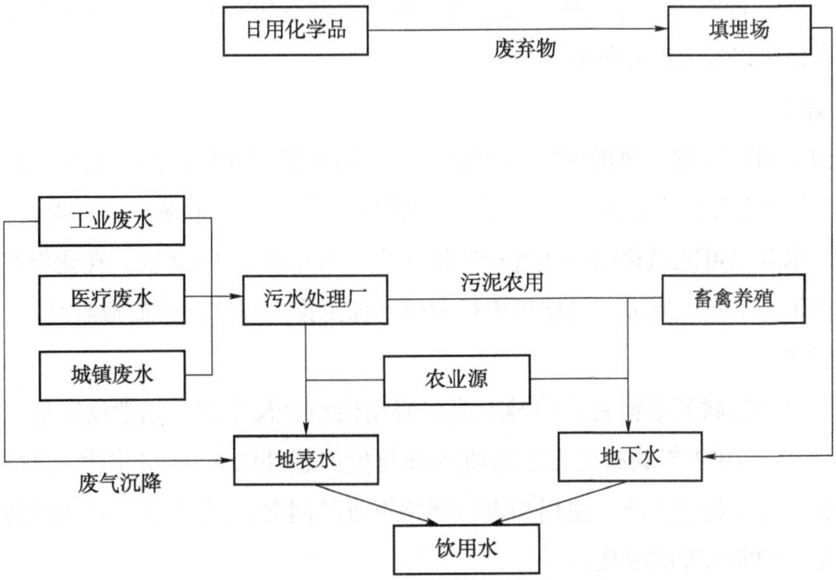

图 2 新污染物环境流向示意图

二、新污染物监管国际经验

新污染物种类繁多，各园区排放特征差异较大，简单套用常规污染物的监管方法在经济和技术上均难以持续。对此，发达国家和地区有关新污染物污染防治的经验值得我国参考借鉴。

（一）发达国家和地区化学品管理和新污染物监测制度

1. 欧盟

《欧洲议会与欧盟理事会关于建立欧盟水政策领域行动框架的 2000/60/EC 指令》（以下简称《欧盟水框架指令》）要求欧盟委员会针对具有显著水生环境风险的物质制定优先污染物质清单，并提交防控建议及时间表。

（1）确定优先污染物的筛选方式。欧盟一般根据化学物质的危害性和环境暴露水平，通过五步法筛选优先污染物。一是根据各种管制清单及监测计划选择候选物质；二是以监测为主、模型为辅计算各物质的暴露得分；三是根据实验数据计算危害效应得分；四是根据暴露得分和危害效应得分综合计算环境风险得分；五是风险得分排序靠前的污染物确定为优先污染物。

（2）建立化工园区污染物环境监测评估体系。欧盟要求化工园区等环境风险高的地区应充分布置监测点位，定期评估点源的环境影响；流域涉及多个排放源时，应综合考虑多个排放源的整体影响。对于优先管控污染物质，要求至少选择 1 个代表性监测站进行监测，监测频率为每月 1 次，浓度变化较大或季节性工业活动周边的监测点位可以加密取样频率。

2. 美国

美国对新污染物排放的研究主要依托多个调查监测计划，如“全国鱼体中药物试点监测”“有毒物质水文计划”等，重点根据新污染物生物累积、亲脂性等特性，选择地表水等最可能赋存的介质进行监测布点，每年取样 1～2 次。在化学品生产加工密集的工业聚集区周边，根据相关行业生产加工排放周期进行加密监测。

3. 日本

为解决多氯联苯等损害人体健康或阻碍动植物生长发育的化学物质造成环境的污染，日本于 1973 年颁布《化学物质审查与生产管理法》（以下简称《化审法》），建立对新型化学物质生产、使用和进口严格审查的制度，《化审法》成为世界上第一部管控化学物质风险的法规。

日本环境管理部门根据《化审法》有关要求，通过开展初期调查、详细调查和监控调查三步法调查评估新污染物环境风险情况。初期环境调查的对象主要包括《化审法》指定的化学物质或污染物排放与转移登记制度（PRTR）指定的候补物质、非有意生成物质、环境风险评估以及社会性原因需要调查的物质等，调查范围一般涵盖预计化学物质浓度较高的区域，目的是掌握环境污染本底状况。详细环境调查重点是针对《化审法》中优先评估的化学物质开展调查和风险评估，目的是获得此类物质的全国暴露状况信息，调查地点主要为初期环境调查中发现该物质浓度较高的区域。监控调查的重点对象主要是列入《斯德哥尔摩公约》管控的 POPs、拟增补 POPs，以及列入《化审法》中需监测的化学物质等，目的是掌握逐年的环境残留水平变化。调查地点和采样点一般固定不变。

据文献统计，1974—2018 年，日本共完成 1 452 种化学物质的环境状况调查监测，不同介质中实际检出 877 种，调查结果为开展新污染物环境暴露风险评估提供了重要基础数据。

（二）发达国家和地区新污染物监管特点

1. 加强顶层设计以推进新污染物的系统治理

发达国家和地区普遍制定了关于化学品管理和污染防控的纲领性法律法规文件，将化学指标作为评价水体质量的重要内容；针对具有显著水生态环境风险的物质，根据其危害性和环境暴露水平评估情况，动态编制优先管控污染物清单；针对性制定污染防治策略，为新污染物科学精准治理提供了基础保障。

2. 统筹建立调查评估体系以提升监管效能

发达国家和地区在开展流域新污染物污染调查评估时，首先对化学品生产使用的集聚区和可能的迁移线路开展常规调查（初步调查），摸清环境污染底数；再根据初调数据对优先管控化学物质浓度较高区域进行详细调查，评估环境风险程度；之后根据调查结果分区、分级制定管控和治理措施；最后定期开展监控调查，跟踪评估环境污染情况和治理成效。

3. 科学建立新污染物监测体系以防范化解环境风险

发达国家和地区一般要求经评估环境风险较高的化工园区开展环境影响跟踪评价和污染防治工作，并由环境管理部门在周边布设环境监测站点，针对典型新污染物定期开展环境监测。

三、我国化工园区开展新污染物管控的问题与政策建议

我国化工园区新污染物污染防治工作起步较晚，尚未全面开展调查评估和强化监管等工作，存在排放底数不清、治理效能有待提升、监管依据和能力较为薄弱等问题，污染防控措施落实情况与国家关于新污染物治理的总体要求还有一定差距。

建议生态环境部借鉴发达国家和地区化工园区新污染物管控经验，完善顶层设

计，深入推进化工园区治理工作。

（一）统筹开展全国化工园区新污染物污染状况调查评估

统筹工业和信息化部全国化工园区评估认定，及生态环境部工业园区水污染整治、“三磷”排查整治、化工园区地下水调查评估等相关工作，统一清单，遴选重点区域，组织开展化工园区新污染物调查与评估。摸清新污染物特别是优先控制化学品的环境暴露状况，评估环境风险水平，建立化工园区新污染物防治数据清单，绘制新污染物环境风险地图。

（二）推进新污染物协同治理

印发化工园区新污染物环境管理相关指导性文件，完善新污染物排放标准法规建设，指导地方坚持全生命周期管理理念，加强源头防控和协同治理，鼓励重点流域、重点行业先行先试，形成可复制、可推广的典型案例。具体建议：一是强化化工园区环境管理责任，将化学品管控有关要求纳入园区规划环评，督促园区管理部门建立辖区化学品管控清单；二是加强过程控制，指导地方推进清洁生产和资源循环化利用，减少污染物的产生；三是强化末端治理，加快提升环境治理基础设施建设和运行效能，推动化工园区工业废水专用管网和专业污水处理设施建设，确保新污染物达标排放。

（三）加强新污染物监管机制和能力建设

开展我国重点地区新污染物发现与推动解决机制研究。在建立健全调查评估工作的基础上，逐步形成以环境问题为导向的预警和溯源管理体系，以流域管理为基础建立新污染物超标预警通报制度。加快推动化工园区环境管理部门新污染物监管能力建设，支持化工园区密集的省（自治区、直辖市）建立新污染物检测分析实验室，开展新污染物污染防控专业技术人员培训。鼓励有条件的地区将新污染物信息纳入本地智慧管控数据平台，提升与常规污染物协同监管水平。

第三章

深度参与全球环境治理：环境公约履约与国际合作

《关于消耗臭氧层物质的蒙特利尔议定书》（以下简称《议定书》）于1987年达成，旨在逐步停止生产和使用消耗臭氧层的化学品。在各缔约方和国际社会的共同努力下，全世界成功淘汰了超过99%的消耗臭氧层物质（ODS），实现了巨大的环境、健康和气候效益。2016年，《议定书》第二十八次缔约方大会通过了《〈关于消耗臭氧层物质的蒙特利尔议定书〉基加利修正案》（以下简称《基加利修正案》），旨在限控温室气体氢氟碳化物（HFCs），开启了协同应对臭氧层损耗和气候变化的历史新篇章。近年来，《基加利修正案》正式对中国、美国、欧盟等生效，各国和地区陆续出台了一系列HFCs管控政策。同时，在《生物多样性公约》第十五次缔约方大会（COP15）上，中国作为主席国成功推动达成“昆明—蒙特利尔全球生物多样性框架”，并在全球环境基金（GEF）下设立“全球生物多样性框架基金”，开启了全球生物多样性保护新篇章。中国秉持人类命运共同体理念，积极参与全球环境治理，切实加强应对气候变化、化学品管控治理、海洋污染治理、生物多样性保护等领域的国际合作。中国的生态环境保护工作取得举世瞩目成就，为全球可持续发展进程作出积极贡献。作为负责任的大国，中国积极加入并遵守相关环境国际公约，正在从全球环境治理的参与者向全球环境治理的引领者转变，为建设清洁美丽的世界贡献更多智慧和力量。

本章主要编者为段光正。

基于 G20 成员甲烷排放结构差异性　布局甲烷控排双多边国际合作①

张彦著

国际甲烷控排已逐渐从科学共识走向政治共识，但在控排力度和约束机制上又存在新的国际气候谈判博弈焦点。中国深度参与全球气候治理离不开与世界各国的密切合作，同时也面临主要大国之间在监管制度、体系标准、技术手段上的博弈与竞合关系。随着欧盟和美国发布甲烷控排战略并逐步通过国际组织平台塑造国际约束力，我国应注重了解世界主要大国甲烷排放总量差异、结构差异等特征，在循证基础之上，谋划和拓展甲烷控排双多边国际合作。

一、全球甲烷排放总量与结构

自工业革命以来，甲烷对全球变暖的贡献率达 30%（IEA，2022），全球大气中的甲烷浓度已从 1750 年工业化前的约 700 ppb（1 ppb=10^{-9}）增长到 1 875 ppb（Saunois et al.，2020），并仍在稳步上升。快速和持续减少甲烷排放是限制近期全球变暖和改善空气质量的关键。联合国环境规划署发布的《全球甲烷评估：减少甲烷排放的收益和成本》研究报告指出，“人类通过努力可以每年减少 1.8 亿 t 的甲烷排放，从而实现在 2030 年前全球甲烷年排放量在 2020 年水平基础上下降 45%，而甲烷控排将是实现《巴黎协定》1.5℃控温目标最具经济性和合理性的措施之一”。

对甲烷排放量的估计有很大的不确定性，国际能源署（IEA）的最新《全球甲烷追踪》报告（Global Methane Tracker 2024）综合估计表明，全球甲烷年排放量约为 5.8 亿 t。这包括来自自然源的排放（约占总排放的 40%）和来自人类活动的排放（其余的 60%，称为人为排放）。《全球甲烷追踪》综合了自上而下的研究和自下而上的估计结果。2008—2017 年的全球甲烷排放数据显示，在全球范围，人为甲烷排放的最大来源是农业，约占排放量的 1/4，紧随其后的是能源部门，包括煤矿开采、石油天然气生产、天然气和生物燃料燃烧的排放，以及废弃物填埋等造成的排放。全

① 本文内容曾发表于期刊《可持续发展经济导刊》2023 年第 4 期，原文题为“谋划甲烷控排双多边国际合作——基于 G20 成员国甲烷排放结构的差异性”。

球甲烷排放结构（2021 年数据）如图 1 所示。

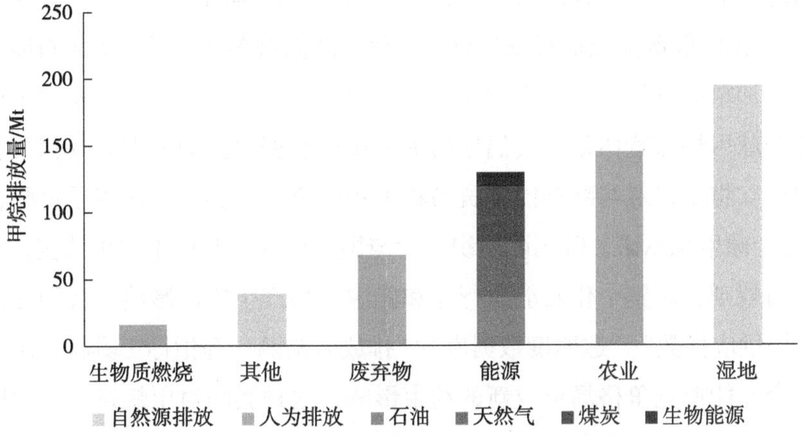

图 1　全球甲烷排放结构（2021 年数据）

数据来源：*Global Methane Tracker*（2022 版报告）；图由作者自制。

二、欧盟和美国甲烷减排战略及其各自特点

在全球实现碳中和的抱负和全球社会经济低碳转型的时代背景下，美国和欧盟已率先布局甲烷控排，先后发布了《美国甲烷减排行动计划》（*U. S. Methane Emissions Reduction Action Plan*）和《欧盟甲烷减排战略》，并联合 103 个国家在《联合国气候变化框架公约》第二十六次缔约方大会（COP26）期间发起签署《全球甲烷承诺》（*Global Methane Pledge*），计划到 2030 年将全球甲烷排放量在 2020 年的基础上至少下降 30%，并且拟构建全球甲烷监测网络和监测、报告及核查体系标准。欧盟和美国正将甲烷减排从科学研究与技术探索维度上升到国际合作与博弈维度，在气候变化国际博弈中争夺主导权和话语权。

已有相关研究分析和对比了欧盟和美国甲烷控排战略的各自特点与不同策略，如对欧盟和美国甲烷减排政策的目标和主要内容进行的分析对比。整体来看，欧盟和美国的甲烷减排重点领域与减排措施是基本一致的，但在具体实施方面存在标准和落实计划上的差别（董文娟等，2021；秦虎等，2022）。与美国相比，欧盟的甲烷减排目标和方案更加清晰和细致，在多个领域的减排目标设置得更为明确。另外，欧盟和美国甲烷战略又因其各自的排放在全球排放总量中的比重差异以及能源贸易结构差异而体现不同的战略侧重。例如，一些学者发现“欧美甲烷减排战略最明显的区别之一在于争夺全球话语权：欧盟构建全球甲烷监管体系意愿强烈，而美国更倾向于对内实现减排”（张岑等，2021）。同时，由于欧盟是化石能源进口地区而美

国是天然气和煤炭的出口国，欧盟针对化石能源进口环节出台的甲烷减排相关要求将对美国对欧能源出口形成减排规制作用。从全球控排的角度应看到，这一规制作用在 2022 年国际能源安全形势发生重大变化、欧洲对美国天然气等化石能源进口依赖程度显著加重的背景下更具有现实意义。但同时也应认识到，欧盟此举更是旨在引领构建全球甲烷监管体系，其倡导的甲烷排放数据披露的要求以及相关监测平台和工具的建立将不仅对与欧洲能源贸易相关的国家产生影响，还将通过联合国环境规划署、《全球甲烷承诺》等国际组织平台与国际倡议机制产生溢出效应，形成全球性的制度与规则，对整个化石能源行业和能源贸易产生广泛影响。特别是，欧盟提出的“甲烷供应指数”“透明度数据库”“排放者检测”等指标工具将对国际油气贸易格局和全球能源竞争格局形成新的约束影响，这种影响对甲烷排放持续增长的发展中国家尤为突出（张博等，2022）。

三、G20 成员甲烷排放结构差异

根据国际能源署（IEA）的《全球甲烷追踪》（*Global Methane Tracker*）相关研究的数据，对 G20 成员的甲烷排放结构进行了梳理和比较（如表 1 所示）。比较后有以下发现。

（1）G20 成员中，中国、印度、美国、欧盟、俄罗斯、巴西、印度尼西亚的甲烷年排放量相对较大，均超过了 1 000 万 t，这些成员是最主要的甲烷排放国和区域。

（2）G20 成员中，美国、加拿大、中国、俄罗斯、南非、沙特阿拉伯的最大排放源是能源部门，英国和韩国的最大排放源是废弃物部门，其他国家最大的排放源均为农业部门。

（3）美国和加拿大的甲烷排放结构较为相似，俄罗斯与沙特阿拉伯的甲烷排放结构较为相似。

（4）日本与韩国的能源部门的甲烷排放占其本国总排放的份额均较少，日本为 17%，韩国为 13%。日本的农业排放源最为突出，排放份额占 64%。韩国除了最大排放源废弃物部门的排放份额占 46%，农业部门的排放也较为明显，份额达 39%。

（5）就七国集团（G7）发达国家以及欧洲所有国家的综合数据来看，北美洲国家甲烷排放结构相似，能源部门和农业部门为主要排放源；欧洲国家甲烷排放结构相似，农业部门与废弃物部门为主要排放源，而能源部门的排放份额并不突出。北美洲国家与欧洲国家的排放结构显示了一定的差异。*Global Methane Tracker* 未报道欧盟的整体排放数据，而报道了欧洲所有国家的整体排放数据，以该数据体现以作比照，但欧盟（EU）才是 G20 成员。

表 1 G20 成员 2021 年甲烷排放情况

成员	估计的总排放量 /kt	2021 年占全球排放量的份额	最大排放源	农业部门的排放份额	能源部门的排放份额	废弃物部门的排放份额	其他部门的排放份额
美国	31 460	8.8%	能源	29%	54%	16%	1%
欧洲所有国家	26 478	7.4%	农业	47%	15%	35%	3%
加拿大	4 423	1.2%	能源	24%	55%	19%	2%
英国	2 692	0.8%	废弃物	40%	11%	48%	1%
德国	2 388	0.7%	农业	55%	14%	30%	1%
法国	2 474	0.7%	农业	65%	8%	26%	1%
意大利	1 681	0.5%	农业	47%	17%	34%	2%
中国	58 444	16.4%	能源	30%	48%	19%	3%
日本	1 595	0.4%	农业	64%	17%	17%	2%
韩国	1 208	0.3%	废弃物	39%	13%	46%	2%
印度	31 842	8.9%	农业	61%	16%	20%	3%
俄罗斯	24 593	6.9%	能源	8.5%	75%	16%	0.5%
印度尼西亚	13 517	3.8%	农业	34%	33%	26%	7%
墨西哥	6 330	1.8%	农业	40%	23%	36%	1%
南非	2 926	0.8%	能源	25%	44%	29%	2%
澳大利亚	5 919	1.7%	农业	48%	40%	11%	1%
沙特阿拉伯	3 871	1.1%	能源	3%	74%	22%	1%
土耳其	未报道	未报道	未报道	未报道	未报道	未报道	未报道
阿根廷	5 087	1.4%	农业	67%	20%	12%	1%
巴西	19 556	5.5%	农业	71%	8%	20%	1%

数据来源：IEA，2021；表格由作者自制；土耳其的甲烷排放数据在 IEA 平台上未报道；*Global Methane Tracker* 未报道欧盟的整体排放数据，而报道了欧洲所有国家的整体排放数据，以该数据体现以作比照，但欧盟（EU）才是 G20 成员。IEA 数据一般高于各国政府提供的官方数据。

四、甲烷控排国别战略与国际合作

综合 G20 成员的甲烷排放结构差异性分析，对于甲烷排放结构特征的关注，一方面应体现在制定适合各国国情的甲烷控排本国战略中，另一方面还应体现在双多边控排国际合作的差别化侧重方向上。

从国家战略和国际合作的角度而言，具体工作建议如下。

（1）提升中国温室气体清单编制能力，准确了解全球和本国甲烷排放量与排放结构。国际能源署（IEA）的"全球甲烷追踪器"等数据平台持续提供各国每年甲烷排放总量和排放结构的信息，其数据综合度较高，有利于掌握世界总体排放情况。然而，中国迄今为止完成并对外报告了仅 5 个年份的温室气体清单，数据完整性和准确性均有不足，基础数据收集与核定体系亟待完善，过去的温室气体编制模式和能力已不能满足中国"碳达峰、碳中和"目标要求和减污降碳协同增效的新时代生态文明建设要求（张博等，2022；冯相昭，2022）。中国可通过国际技术交流与合作从发达国家和国际组织借鉴相关经验，提升温室气体清单编制能力，健全和完善长效的国家清单模式，在掌握全球甲烷排放格局的同时尽快精确摸清家底，从而在部门行业层面制定更经济、更有效、更可持续的甲烷控排方案。

（2）根据中国甲烷排放总量和排放结构的国情特征制定甲烷控排战略，并关注中国战略与国际趋势的关联与对接。根据表 1，美国甲烷的最大排放源是能源部门，欧洲甲烷的最大排放源是农业部门，但《欧盟甲烷减排战略》仍强调"能源是能够以最快速度、最低成本降低甲烷排放的部门……欧盟将与国际伙伴合作，解决自身及进口能源的甲烷排放"。而在以美国和欧盟为代表的西方发达国家和地区中，特别是在欧洲多国弃煤的趋势之下，能源主要以油气为主。欧盟委员会（EC）、美国环保协会（EDF）和联合国环境规划署（UNEP）已牵头发起了油气甲烷伙伴关系（Oil and Gas Methane Partnership，OGMP），在油气领域塑造减排约束力和话语权。然而，在全球层面，煤炭甲烷排放已经超过石油或天然气甲烷排放。UNEP 已经提出要推动成立"焦煤甲烷伙伴关系"。中国的能源结构特征决定了煤炭甲烷在中国的人为甲烷排放中占比最高，且在未来一段时间内或将持续这种特征态势。中国制定甲烷控排战略或应充分考虑国际上"呼之欲出"的"焦煤甲烷伙伴关系"，并充分探索研究中国的气候领导力在"焦煤甲烷伙伴关系"这样的国际倡议中如何得以体现。

（3）注重追踪 G20 成员甲烷控排的不同约束手段及其在国际层面的溢出效应。首先，美国和欧盟针对甲烷控排的立法进程走在世界前列。2021 年 9 月，美国的立法提案中首次涉及了将甲烷费作为一种政策工具。美国参议院 2022 年 7 月通过了《通胀削减法案》，计划从 2024 年开始对甲烷排放征税，以作为削减通胀的众多举措之一。2022 年 12 月，欧盟理事会就跟踪和减少各国能源部门甲烷排放的提案达成一致，通过了甲烷控排的新规则。美国和欧盟在 COP26 上发布《全球甲烷承诺》，截至 2023 年 12 月，共有 155 个国家签署，体现了美国和欧盟的甲烷控排约束力外溢到全球范围，塑造国际约束力和话语权。其次，欧盟不仅重视第三方核查，还支持发挥由 UNEP 提出并在 G20 峰会上启动的“国际甲烷排放观察站”（IMEO）的作用，持续追踪和发布国际甲烷排放数据。美国和欧盟已结合现代信息技术，使用移动监测、卫星监测等先进技术手段，建立了空天地一体化的甲烷排放高精度监测体系，不仅对其自身的甲烷排放进行精确的监测，还能在全球范围内对其他国家和地区的排放情况形成监测和追踪的约束力。此外，欧盟将于 2026 年开始全面起征碳关税（张晓欣，2023），欧盟提出的“甲烷供应指数”“透明度数据库”“排放者检测”等指标工具对国际油气贸易格局的影响或将成为欧盟碳边境调节机制对外约束力的具体体现。需要追踪、借鉴和有效应对美国和欧盟的这些能在国际层面产生溢出效应的约束手段。

（4）基于 G20 成员甲烷排放结构差异性，研判和谋划双多边的甲烷控排合作方向及领域。根据表 1 所示以及上述对 G20 成员甲烷排放结构的分析讨论，尽管欧盟与美国均将能源部门作为“最快速度、最低成本降低甲烷排放”的领域，但对主要欧洲国家而言，农业部门与废弃物部门为主要排放源，能源部门的排放份额相对较小。一方面中国与北美洲国家甲烷排放结构相似，应积极拓展和夯实中美能源领域的甲烷控排合作，同时中国与欧洲在农业部门与废弃物部门甲烷控排的合作则有更大空间；另一方面应充分关注七国集团（G7）和二十国集团（G20）在甲烷控排合作上的趋势与差异性，掌握发达国家与发展中国家在甲烷控排政策和技术上的差距。此外，尽管能源部门控排是中国实现“碳达峰、碳中和”的重中之重，应看到周边国家日本与韩国的能源部门的甲烷排放占其本国总排放的份额均较少，与日本、韩国在农业部门和废弃物部门的甲烷控排合作在技术交流和周边外交层面具有潜力和政治前景。建议在充分了解各经济体间甲烷排放结构差异性的循证基础之上，谋划双多边的甲烷控排合作领域、方向与路径。

（5）在国际合作层面注重区域内合作的重要意义，特别是以中日韩环境合作为抓手形成甲烷控排模式与技术的亚洲合力。全球气候治理已展现出较为明显的多层治理趋势，区域合作是应对气候变化国际合作的重要力量。《欧盟甲烷减排战略》明确提出“欧盟、中国、韩国以及日本占全球天然气进口的 75% 以上，欧盟计划与中国、日本、韩国建立买家联盟，推动建立国际甲烷监测、报告和核查制度（MRV）标准”（European Commission，2020）。因此，欧盟与中国、日本、韩国 3 个重要油气进口国在甲烷减排技术合作以及监测、报告和核查标准上的合作具有显著的潜在国际示范效应和溢出效应。针对欧盟的战略动机，中国、日本、韩国作为 G20 成员中的主要亚洲大国，更应从强化应对气候变化亚洲能力的角度出发，加强区域内的政策交流与技术合作，从而在甲烷减排的国际大趋势中树立东亚模式、形成亚洲合力。从区域合作的角度看，中国应注重日本、韩国的甲烷行动计划或战略。在欧盟提出“计划与中国、日本、韩国建立买家联盟”的背景下，建议以中日韩环境合作为抓手形成甲烷减排模式及技术的亚洲合力，一方面在与欧盟的竞合关系中不失亚洲重心，另一方面尽快实现对周边的东盟国家在甲烷控排上的示范效应与外溢效应，积极引领亚洲的甲烷减排区域合作。

参考文献

董文娟，孙铄，李天枭，等，2021. 欧盟甲烷减排战略对我国碳中和的启示 [J]. 环境与可持续发展，46(2): 37-43.

冯相昭，2022. 国家温室气体清单编制的现状分析及改进建议 [N]. 中国环境报，2022-02-28.

秦虎，冉泽，2022. 欧美甲烷减排政策最新进展分析及对中国的启示 [J]. 世界环境，194(1): 77-81.

张博，李蕙竹，仲冰，等，2022. 中国甲烷控排面临的形势、问题与对策 [J]. 中国矿业，31(2): 1-10.

张岑，李伟，2021. 欧美甲烷减排战略与油气行业减排行动分析 [J]. 国际石油经济，29(12): 16-23.

张晓欣，2023. 欧盟 2026 年全面起征碳关税 [J]. 生态经济，39(2): 1-4.

European Commission, 2020. EU Strategy to Reduce Methane Emissions[EB/OL]. https://energy.ec.europa.eu/topics/oil-gas-and-coal/methane-emissions_en.

IEA, 2021. Methane Tracker 2021[R/OL]. https://www.iea.org/reports/methane-tracker-2021.

IEA, 2022. Global Methane Tracker 2022[R/OL]. https://www.iea.org/reports/methane-tracker-2024.

Saunois M, Stavert A R, Poulter B, et al., 2020. The Global Methane Budget 2000—2017[R]. Earth System Science Data, 12(3).

Saunois, et al., 2020. The Global Methane Budget 2000—2017. Earth System Science Data.

浅析中美欧《基加利修正案》管控行动

王一雯　冯　卉　郭晓林　李　丽　黄思雨

《〈关于消耗臭氧层物质的蒙特利尔议定书〉基加利修正案》（以下简称《基加利修正案》）于2016年10月在卢旺达基加利通过，将氢氟碳化物（HFCs）纳入《关于消耗臭氧层物质的蒙特利尔议定书》（以下简称《蒙特利尔议定书》）管控范围。《基加利修正案》是继2015年《巴黎协定》全球减排框架后出台的又一项具有法律约束力的气候变化限控措施。将HFCs与消耗臭氧层物质（ODS）协同管控，是国际社会的共同选择，也是我国高效实现“双碳”目标的必要方式（宋丽容，2022）。中国、美国、欧盟已分别制定并实施相关政策法规以控制HFCs生产、消费和排放。本文分析比较了美国和欧盟的HFCs管控行动，结果表明美国的HFCs削减时间表与《基加利修正案》要求完全一致，而欧盟远快于美国的削减时间表和《基加利修正案》管控要求；对于HFCs回收和减少排放，美国和欧盟正在考虑或者已经制定了相关管控措施。

一、《基加利修正案》管控要求及缔约方责任

《基加利修正案》将18种HFCs纳入《蒙特利尔议定书》管控物质名单，并将其分为两类：第一类为有意生产和使用的HFCs，包括17种HFCs；第二类仅包括三氟甲烷（HFC-23）一种物质，主要为无意排放，仅存在少量有意生产和使用。

《基加利修正案》规定了HFCs基线的计算方法并制定了基于基线的削减时间表。发达国家和地区与发展中国家分别被分为两组，按照不同的时间表削减HFCs。针对有意生产和使用的HFCs，包括中国在内的大多数发展中国家的基线水平为2020—2022年HFCs平均值加上含氢氯氟烃（HCFCs）基线水平的65%，以二氧化碳当量为单位计算。HFCs生产和消费应自2024年起冻结在基线水平，2029年不得超过基线水平的90%，2035年不得超过基线水平的70%，2040年不得超过基线水平的50%，2045年以后不得超过基线水平的20%。对于美国和欧盟等大多数发达国家和地区来说，其基线水平为2011—2013年HFCs平均值加上HCFCs基线水平的15%。HFCs生产和消费应自2019年起不超过基线水平的90%，2024年不得超过基线水

平的 60%，2029 年不得超过基线水平的 30%，2034 年不得超过基线水平的 20%，2036 年以后不得超过基线水平的 15%（如图 1 所示）。

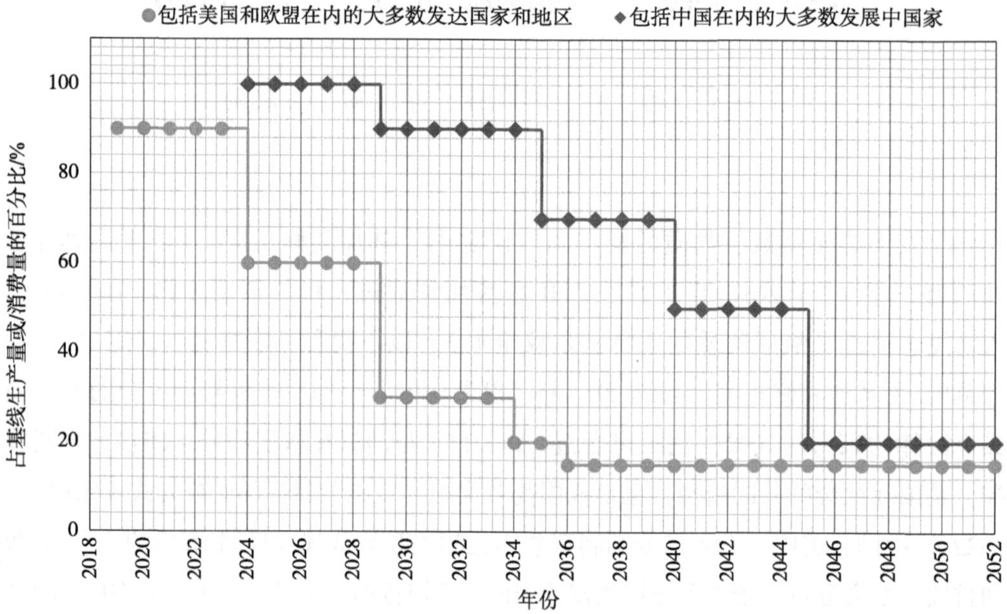

图 1　中国、美国、欧盟基于《基加利修正案》管控要求的 HFCs 削减时间表

对于第二类 HFCs（仅包括 HFC-23），《基加利修正案》明确要求自 2020 年 1 月 1 日起，对每一处 HCFCs 或 HFCs 生产设施产生的 HFC-23，采用缔约方核准的技术尽可能对其进行销毁。

二、美国和欧盟 HFCs 管控行动

（一）美国管控 HFCs 政策法规

美国于 2022 年 10 月 31 日正式加入《基加利修正案》，是第 140 个缔约方。起初，美国制订的新制冷剂替代计划（SNAP）中，部分消费行业还可以选择 HFCs 作为替代技术（韩佳蕊等，2016）。随着 2020 年《美国创新和制造业法》（AIM 法）的颁布，美国正式在《基加利修正案》的削减时间表下开始 HFCs 生产和消费削减工作。AIM 法是《基加利修正案》在美国实施的具体表现，其限控措施包括明确削减时间表、实施配额分配和交易计划、制定基于行业或子行业的削减战略等。根据 AIM 法，美国预计将在 2036 年前削减 HFCs 生产和消费量基线水平的 85%，这与《基加利修正案》对大多数发达国家和地区缔约方削减 HFCs 的时间要求完全一致。

2021 年 11 月，美国 AIM 法下针对 HFCs 管控的第一个法规《HFCs 的逐步削

减：根据〈美国创新和制造业法〉建立配额分配和交易计划》正式生效（Federal Register，2021）。美国共设有 3 种 HFCs 配额，分别是生产配额、消费配额以及特定用途配额。AIM 法要求美国国家环境保护局在每年 10 月 1 日前，发放下一年度 HFCs 生产和消费配额。据此，美国国家环境保护局已发放了 2022 年和 2023 年配额。其中，2022 年 9 月 30 日向 5 家单位发放了 2023 年度的生产配额，向 78 家单位发放了消费配额，向 48 家单位发放了特定用途配额，配额总量分别约为 3.4 亿 t CO_2 当量、2.7 亿 t CO_2 当量和 540 万 t CO_2 当量。总体而言，美国国家环境保护局发放的 2023 年度 HFCs 配额总量与 2022 年的水平相同，但 2023 年获得配额的单位数量略有增加（USEPA，2023）。

美国国家环境保护局正计划根据 AIM 法制定更多关于 HFCs 的限控措施。2022 年 12 月，美国国家环境保护局就 HFCs 使用限控措施征求意见，拟在制冷和空调、泡沫、气雾剂等行业限制某些高全球增温潜能值（GWP）的 HFCs 使用（Federal Register，2022）。此外，AIM 法要求 EPA 制定尽可能回收 HFCs、减少 HFCs 及其替代品排放的政策法规。

（二）欧盟管控 HFCs 政策法规

欧盟于 2018 年 9 月 27 日批准了《基加利修正案》，目前除马耳他尚未批约外，其余欧盟成员国已分别批准了《基加利修正案》。欧盟早在 2006 年就颁布了关于控制含氟温室气体使用的法规（F-GAS 法规）和关于机动车空调系统的温室气体排放控制指令（MAC 指令），成为世界上第一个对含氟温室气体管控立法的地区。欧盟总体管控措施有 3 个方面：一是以配额管理为控制手段，从源头上进行总量控制；二是以物质的 GWP 为标准，分行业禁止受控物质在相关产品和设备中的使用；三是按照 HFCs 的生命周期进行管理，对生产、使用及报废回收等环节进行严格控制，减少排放（姜含宇等，2017）。

1. MAC 指令

欧盟于 2006 年颁布了关于机动车空调系统的温室气体排放控制指令（MAC 指令），该指令主要限定了机动车空调系统中使用的四氟乙烷（HFC-134a）及其他含氟温室气体。其内容包括对机动车空调系统的型式批准认证、改装及再填充、泄漏限值和泄漏检查等方面的规定（韩佳蕊等，2016），并确定了欧盟机动车空调系统停止使用 GWP 超过 150 的制冷剂的时间。自 2011 年 1 月 1 日起，所有新批准型号的机动车空调系统禁止使用 GWP 超过 150 的制冷剂（韩光杰，2016）；自 2017 年 1 月 1 日起，所有新出厂的机动车空调系统禁止使用 GWP 超过 150 的制冷剂，违反规定的车辆将不予注册、销售或使用（李嵩，2014）。MAC 指令的出台意味着自 2011 年起，HFC-134a 逐步被禁止用于新车型和新车。

2. F-GAS 法规

欧盟最早于 2006 年颁布了关于控制含氟温室气体使用的法规（F-GAS 法规），后于 2014 年进行了第一次修订。按照 2014 年法规，欧盟自 2015 年起冻结 HFCs 消费并逐步进行削减，到 2030 年实现 79% 的削减目标。

为减少含氟气体排放、实现欧盟气候目标，确保履行《基加利修正案》HFCs 管控要求，2022 年 4 月，欧盟提出了 F-GAS 法规的最新修订草案，拟进行第二次修订。截至 2023 年 3 月，该修订尚处于谈判阶段，预计这一过程将持续约 18 个月，其间原 F-GAS 法规将继续适用。此次最新修订草案的关键部分是规定了不同行业禁止使用含氟气体（含 GWP 水平）的时间表，并将通过更为严格的 HFCs 配额制度，从 2024 年开始加速 HFCs 的削减，使 HFCs 消费在 2027 年削减基线水平的 90%，2030 年削减基线水平的 95%，2048 年削减基线水平的 97.5%。

目前，含氟温室气体排放量占欧盟温室气体总排放量的 2.5%。最新修订的 F-GAS 法规将进一步收紧 HFCs 配额制度，2024—2026 年允许进入欧盟市场的 HFCs 最大量约为 4 170 万 t CO_2 当量，2027—2029 年允许的最大量约为 1 770 万 t CO_2 当量，2048 年以后允许的最大量约为 420 万 t CO_2 当量（European Union，2022）。根据臭氧秘书处整理的相关数据，欧盟 HFCs 的使用基线约为 1.63 亿 t CO_2 当量，F-GAS 法规修订的时间表将远远快于美国的削减时间表和《基加利修正案》的管控要求。F-GAS 法规除规定对 HFCs 逐步削减外，还制定了减少受控物质排放的措施，比《基加利修正案》更加严格。

三、我国 ODS 和 HFCs 管控行动

（一）我国用实际行动兑现在保护臭氧层与应对气候变化领域的国际承诺

从管理体制方面看，我国于 1991 年加入《蒙特利尔议定书》，当年即组建了国家保护臭氧层领导小组，作为跨部委决策机构综合指导各部门履约行动。2000 年，成立了国家消耗臭氧层物质进出口管理办公室，对 ODS 进出口实施监管。2007 年以来，在全国 31 个省（自治区、直辖市），历时 10 多年实施了两期地方履约能力建设，支持地方建立了履约机制，提升了地方各级政府履约能力，通过国家牵头，省、市、县三级联动，将履约行动覆盖到全国。

从管理制度方面看，全国人大制定的《中华人民共和国大气污染防治法》将

ODS 纳入管控范围，国务院制定了《消耗臭氧层物质管理条例》和《中国逐步淘汰消耗臭氧层物质国家方案》，中央各部委制定了符合公约和议定书要求的 100 多项部门规章和政策措施，形成以总量控制和配额许可为核心的 ODS 生产、使用和进出口全过程管理制度，以及较为完善的 ODS 数据报送管理制度。

从履约成效方面看，经过 30 多年的不懈努力，我国在化工生产、家用制冷、工商制冷、泡沫等 10 多个行业开展淘汰和替代行动，对上千家企业开展了 ODS 淘汰和替代，关闭了 100 多条生产线，累计淘汰 ODS 的生产和使用约 62.8 万 t，占发展中国家淘汰量的一半以上。研究报告显示，1991—2020 年，中国在淘汰 ODS 过程中累计避免了约 260 亿 t CO_2 当量的温室气体排放（Wu et al.，2023）。与此同时，我国早在 HCFCs 淘汰阶段就已提前谋划采用低 GWP 替代技术以避免转向 HFCs，为 HFCs 管控提早做好技术储备。以家电行业为例，很早就开始了低碳环保制冷剂替代方案的探索，对采用天然工质丙烷（R290）作为替代技术，进行了谨慎的技术论证和大量的应用研究，积极参与并成功推动国际标准修订，与相关国家分享替代技术，推广应用经验。

（二）中国管控 HFCs 政策法规和行动

2021 年 4 月 16 日，习近平主席宣布中国已决定接受《基加利修正案》，加强 HFCs 等非二氧化碳温室气体的管控。2021 年 6 月 17 日，中国常驻联合国代表团向联合国秘书长交存了中国政府接受《基加利修正案》的接受书（邓雅静，2021），《基加利修正案》于 2021 年 9 月 15 日对我国生效，我国是第 122 个缔约方。

为履行《基加利修正案》，扎实开展履约管理工作，生态环境部启动了《消耗臭氧层物质管理条例》修订工作，将 HFCs 纳入管控范围。同时，生态环境部也在同步开展《中国履行〈关于消耗臭氧层物质的蒙特利尔议定书〉国家方案（2024—2030 年）》的编制工作、HFCs 生产使用配额管理制度研究、含氟气体数据统计等工作，出台了一系列 HFCs 管控政策。

2021 年 9 月 10 日，生态环境部发布《关于控制副产三氟甲烷排放的通知》（环办大气函〔2021〕432 号），规范和指导企业 HFC-23 控排工作。自 2021 年 9 月 15 日起，所有副产 HFC-23 应尽可能进行销毁处置，不得直接排放；除作为原料用途和受控用途使用外，副产 HFC-23 应采用《蒙特利尔议定书》缔约方大会核准的销毁技术尽可能销毁处置。

2021 年 9 月 29 日，生态环境部联合国家发展改革委、工业和信息化部共同修订发布《中国受控消耗臭氧层物质清单》（2021 年第 44 号公告），将 HFCs 纳入国内履约管控范围，并明确受控物质应包括该类物质的同分异构体。

2021 年 10 月 25 日，生态环境部联合商务部、海关总署共同修订《中国进出口受控消耗臭氧层物质名录》（2021 年第 50 号公告）。自 2021 年 11 月 1 日起，我国正式开始对 HFCs 进出口贸易实行进出口许可证制度，并制定 HFCs 及其混合物的海关编码。

2021 年 12 月 27 日，生态环境部联合国家发展改革委、工业和信息化部发布《关于严格控制第一批氢氟碳化物化工生产建设项目的通知》（环办大气〔2021〕29 号），从源头控制 HFCs 生产能力增长。

展望未来，作为全球最大的 HFCs 生产国和出口国，我国将按照《基加利修正案》的时间表逐步削减 HFCs，所采取的 HFCs 管控行动将对履约成效产生重要影响。接受《基加利修正案》意味着我国承诺自 2024 年起将 HFCs 生产和消费冻结在基线水平，并在 2045 年之前减少基线水平的 80%。就减排轨迹而言，这比我国目前承诺的“双碳”减排路径都要陡峭（郭敏平，2022）。由此预见，我国 HFCs 与 ODS 协同管控任务将会十分艰巨。另外，由于 HFCs 和 ODS 都是高 GWP 温室气体，因此，淘汰替代 ODS 和 HFCs 的过程也是温室气体减排的过程，我国将在协同应对保护臭氧层和减缓气候变化方面作出更大贡献。

四、下一步工作建议

中国、美国、欧盟是 HFCs 削减和替代最大的利益攸关方，也是最主要的竞争方和合作方。从当前形势看，三方均已开启 HFCs 削减行动。为做好国内 HFCs 履约管理工作，为保护臭氧层和减缓气候变化作出积极贡献，进一步巩固我国负责任大国形象，拟对下一步工作提出以下建议。

（1）加强《蒙特利尔议定书》及其多边基金框架下的合作。为推动《基加利修正案》的实施，建议我国在《蒙特利尔议定书》及其多边基金框架下加强与美国和欧盟的合作，共同推动 HFCs 管控政策、能效问题、HFCs 资助政策导则等问题的谈判，认真落实“共同但有区别的责任原则”。

（2）加强低碳环保替代技术交流与合作。在未来 HFCs 削减中，建议我国加强低碳环保替代技术的交流与合作，通过技术研究、示范推广、能力加强、宣传培训等方式，推动低碳环保替代技术在重点行业、重点领域的应用。此外，中国、美国、欧盟都在 HFC-23 资源化利用方面开展了研究。建议我国通过开展技术交流与合作，积极探索并推动 HFC-23 资源化利用途径。

（3）研究借鉴美国和欧盟 HFCs 管控经验。我国当前正在积极准备建立 HFCs 管控政策，美国和欧盟在受控物质管控方面建立了较为完善的管理体系，建议我国深入研究美国和欧盟 HFCs 管控政策和制度，包括生命周期管理措施，借鉴其先进的管理理念与机制，提升 HFCs 监管水平。

参考文献

邓雅静，2021. HFCs 削减计划将纳入《中国逐步淘汰消耗臭氧层物质国家方案》[J]. 电器，(8): 34-35.

郭敏平，2022.《基加利修正案》的历史脉络与近期风波 [EB/OL]. (2022-10-11)[2023-02-17]. http://iigf.cufe.edu.cn/info/1012/5841.htm.

韩光杰，2016. 电动汽车热泵空调系统 [J]. 汽车实用技术，(6): 109-111.

韩佳蕊，姜含宇，张兆阳，等，2016. 中国氢氟碳化物削减政策框架研究——基于现有控制臭氧消耗物质体系及发达国家经验 [J]. 环境保护，44(5): 69-71.

姜含宇，张兆阳，别鹏举，等，2017. 发达国家 HFCs 管控政策法规及对中国的启示 [J]. 气候变化研究进展，13(2): 165-171.

李嵩，2014. 汽车空调业：新形势下的厂商博弈 [J]. 制冷与空调，14(1): 46-49.

宋丽容，2022. “双碳”目标下消耗臭氧层物质与温室气体协同管控的法治路径 [J]. 江苏大学学报（社会科学版），24(4): 80-91.

European Union, 2022. Proposal for a Regulation of the European Parliament and of the Council on fluorinated greenhouse gases, amending Directive(EU)2019/1937 and repealing Regulation(EU) No.517/2014[EB/OL].(2022-04-05)[2023-02-17]. https://eur-lex.europa.eu/legal-content/EN/TXT/?uri=CELEX%3A52022PC0150.

Federal Register, 2021. Phasedown of Hydrofluorocarbons: Establishing the Allowance Allocation and Trading Program Under the American Innovation and Manufacturing Act[EB/OL].(2021-10-05)[2023-02-17]. https://www.federalregister.gov/documents/2021/10/05/2021-21030/phasedown-of-hydrofluorocarbons-establishing-the-allowance-allocation-and-trading-program-under-the.

Federal Register, 2022. Phasedown of Hydrofluorocarbons: Restrictions on the Use of Certain Hydrofluorocarbons Under Subsection(i) the American Innovation and Manufacturing Act of 2020[EB/OL].(2022-12-15)[2023-02-17]. https://www.federalregister.gov/documents/2022/12/15/2022-26981/phasedown-of-hydrofluorocarbons-restrictions-on-the-use-of-certain-hydrofluorocarbons-under.

USEPA, 2023. HFC Allowance Allocation and Reporting[EB/OL].(2023-02-17)[2023-02-17]. https://www.epa.gov/climate-hfcs-reduction/hfc-allowances.

Wu J, Ding S, Fang X K, et al., 2023. Banks, emissions, and environmental impacts of China's ozone depletion substances and hydrofluorocarbon substitutes during 1980–2020[J]. Science of the Total Environment, 882: 163586.

全球生物多样性框架基金成功设立

张黛玮　李奕欣

《生物多样性公约》（以下简称《公约》）第十五次缔约方大会（COP15）上，我国作为主席国成功推动"昆明—蒙特利尔全球生物多样性框架"（以下简称"框架"）顺利达成，且会议决定在全球环境基金（GEF）下建立全球生物多样性框架基金（以下简称"框架基金"）。2023 年 7 月，GEF 理事会召开第 64 次会议，审议批准框架基金设立方案和规划方向，并将于 2023 年 8 月召开的 GEF 第七届成员国大会上正式通过并启动框架基金。本文就框架基金设立的有关情况进行梳理，并提出相关思考和建议：一是发挥主席国作用，推动框架基金帮助发展中国家实施"框架"；二是开发创新型项目概念，积极参与项目申请；三是凝聚治理合力，促进昆明生物多样性基金与框架基金协同增效。

一、框架基金设立相关情况

2022 年 12 月，我国作为 COP15 主席国，推动达成了历史性的兼具雄心和务实平衡的"框架"等一揽子具有里程碑意义的成果。为推进"框架"的落实工作，补充现有全球生物多样性资金支持，进一步扩大融资规模，会议历史性地决定在 GEF 下设立框架基金，自 2023 年运营至 2030 年。同时，会议呼吁 GEF 理事会批准框架基金相关设立方案并于 GEF 成员国大会上正式通过。

2023 年 6 月 26—29 日，GEF 决策机构理事会召开第 64 次会议，以协商一致的形式审议批准框架基金设立方案和规划方向，推动框架基金成功设立，也为"框架"的落实奠定了良好基础。2023 年 8 月，GEF 第七届成员国大会将在加拿大温哥华召开，会上将正式通过相关方案并启动框架基金。

（一）框架基金理事会构成与决策机制

框架基金将成立独立理事会，其作为基金的决策机构。理事会将参考 GEF 理事会相关安排，由 16 名来自发展中国家、14 名来自发达国家和 2 名来自中东欧及前苏联国家的代表组成，我国将拥有 1 个独立席位。决策机制上，框架基金将沿用

GEF 的相关规则：优先采用协商一致的方式进行决策；若无法达成共识，则启动投票并由理事会投票的双重多数作出决定，即事项获得通过须同时得到代表 60% 以上国家的理事赞同，以及来自政府的捐款中累计份额超过 60% 的理事赞同。

（二）框架基金的资金安排

框架基金资金可来自以下来源：①《公约》发达国家缔约方和自愿承担义务的其他缔约方；②其他国家和次国家政府与组织；③私营部门；④慈善机构和其他非盈利来源。世界银行将作为框架基金的信托方。基金将争取于 2023 年年底前募集到至少来自 3 个捐款方的 2 亿美元初始资金，以顺利启动运营。

（三）框架基金的资金分配

框架基金受援国标准与 GEF 受援国标准保持一致。资金分配将基于 3 个原则：①资金分配需根据捐款情况滚动进行；②资金分配应照顾最不发达国家和小岛屿国家的特别需求；③认识到生物多样性并非全球均匀分布，少数区域能够提供更大全球环境效益。

基于上述原则，框架基金将不采用 GEF 的国别分配模式，而是采用竞争性申请，根据项目的潜在全球环境效益、与框架基金项目规划的一致性、对“框架”实施和受援国国家生物多样性战略与行动计划及国家生物多样性融资计划的支持、利益相关方参与性、动员私营和慈善资金的情况、地区间平衡等因素筛选项目。同时，框架基金将向最不发达国家和小岛屿国家倾斜，确保其至少能够获得 39% 的资金；而各国在框架基金中的获资上限由其生物多样性水平决定，获资比例不超过其在 GEF 资金透明分配体制——STAR 下的生物多样性资金分配比例的 2 倍。

此外，框架基金还将预留 20% 的资金为土著居民和地方社区（IPLC）参与项目提供额外激励资金。为加强资源调动，框架基金 25% 的资金将通过作为 GEF 执行机构的国际金融组织——IFIs 进行规划，以撬动更大规模的联合融资。

（四）框架基金的项目规划

框架基金将支持以下 8 个行动领域。

1. 生物多样性保护和修复、土地（海洋）利用和空间规划

具体支持“框架”目标 1、目标 2、目标 3。进一步推动国家空间和土地（海洋）利用规划，推进国家层面生态系统恢复相关活动，扩大保护区面积并完善现有保护区治理体系。

2. 支持 IPLC 对土地和水域的管理

具体支持“框架”目标 1、目标 2、目标 3、目标 22。据估计，约有 25% 的地球表面和海洋区域由 IPLC 管理，这些地区拥有全球约 80% 的生物多样性，加强 IPLC 管理可在全球层面发挥双重作用，既可促进生物多样性保护，也能有效应对气候变化并减轻其影响。框架基金将侧重于加强组织和个人能力建设，提升 IPLC 资源获取能力，提高地方、区域层级 IPLC 治理有效性，协助制定国家行动和政策，确保妇女和女童的参与。

3. 政策调整和发展

具体支持“框架”目标 14、目标 15、目标 18。在国家层面营造有利法规和政策环境，确保部门间的协调一致，对实现“框架”目标至关重要。框架基金将侧重于提供有针对性的技术支持，协助各国将生物多样性保护纳入政策、法规、规划和发展进程，同时将继续加强与多边开发银行（MDBs）的合作，促进其将环境问题纳入经济政策制定。

4. 资源调动

具体支持“框架”目标 18、目标 19。据估算，全球每年用于生物多样性的 1 240 亿～1 430 亿美元中，国内公共部门资金占 71%～85%，国际公共资金占 3%～7%。框架基金将侧重于支持各国国家生物多样性融资计划、国家生物多样性战略与行动计划的实施，包括建立保护信托基金（CTFs），协助推进生物多样性混合融资模式，鼓励 MDBs 和私营部门等参与生物多样性保护投资。

5. 生物多样性可持续利用

具体支持“框架”目标 5、目标 9。协助制定与可持续利用相一致的政策，缩小国家层面政策、法规等制度体系差距，增进可持续生物多样性的活动、产品和服务，为应对不可持续的生物多样性利用提供系统解决方案。

6. 生产行业的生物多样性主流化

具体支持“框架”目标 7、目标 10。重点关注农业、林业、渔业和水产养殖、旅游业和基础设施发展等对生物多样性有重大影响的行业，改进相关行业生产实践，采用激励措施促进土地、海洋和资源的可持续利用，利用自然资本评估等工具为生物多样性保护和可持续利用相关决策提供可靠信息。

7. 外来入侵物种管控

具体支持“框架”目标 6。框架基金将侧重于支持实施全面的预防、早期发现、控制和管理框架，重点关注风险最高的入侵途径，有效进行风险管控。同时对经过验证、低成本和有效的外来入侵物种根除方式，以及对物种和生态系统生存具有重要意义的行动等予以支持。

8.《卡塔赫纳生物安全议定书》和《名古屋议定书》下的能力建设

具体支持“框架”目标13、目标17。框架基金将为《卡塔赫纳生物安全议定书》和《名古屋议定书》的缔约方履约工作提供支持，包括遗传资源数字序列信息、生物技术处理和惠益分享等方面。

（五）框架基金的简化项目审批流程

框架基金的项目审批流程将较GEF项目相应简化为“一步审批模式”。项目申请方依照模板提交项目概念及背书信（Letter of Endorsement，LOE）后，GEF秘书处将根据框架基金可用资源情况批准申请。随后9个月内，项目申请方可进一步完成项目概念，并提交秘书处审核、进一步修改。GEF秘书处确认项目符合技术要求后即可纳入项目规划，提交框架基金理事会审批。若项目距理事会召开时间超过2个月且申请资金小于200万美元，可在理事会会间快速批准。理事会批准后，项目即可进入执行阶段。

二、相关思考和建议

（一）发挥主席国作用，推动框架基金帮助发展中国家实施“框架”

《公约》COP16之前，中国会继续担任主席国，充分发挥领导协调作用，凝聚各方共识，共同推进“框架”落地以及COP15大会决定的全面落实。框架基金作为COP15资源调动和资金机制议题下的重要成果之一，其成功设立对促进“框架”落实、呼应全球生物多样性资金的迫切需求具有重要意义。中国应进一步发挥主席国作用，一方面推动更多发达国家和其他资金来源向框架基金捐资，做大框架基金规模，扩大对发展中国家实施“框架”的资金支持；另一方面推动框架基金顺利运营，尽快向发展中国家提供资金支持，为全球实施“框架”创造良好氛围，引领推动全球生物多样性保护进程。

（二）开发创新型项目概念，积极参与项目申请

GEF作为《公约》资金机制，多年来支持发展中国家在生物多样性领域取得丰硕成果。2023年7月结束的GEF理事会第64次会议上共批准45个项目，资金总额为13.97亿美元，其中生物多样性领域项目资金为6.53亿美元。框架基金的顺利批准将为全球生物多样性保护提供额外的补充资金。我国作为发展中大国和生物多样

性大国，应充分发挥过往 GEF 项目绩效、联合融资能力、项目可持续性等优势，探索与 MDBs 和私营部门合作等创新模式，开发复制性高、推广性强、生物多样性成效突出的优质项目概念，利用 GEF 赠款和框架基金等国际多边资源，进一步推进我国“框架”实施和《公约》履约工作，服务国内生物多样性治理。

（三）凝聚治理合力，促进昆明生物多样性基金与框架基金协同增效

2021 年 10 月，习近平主席于 COP15 领导人峰会上提出，中国将率先出资 15 亿元人民币，成立昆明生物多样性基金（以下简称“昆明基金”），支持发展中国家生物多样性保护事业。昆明基金作为主席国举措，给予各方极大的政治信心和鼓舞，彰显了我国负责任大国形象，为凝聚全球共识和治理合力、推动提升全球生物多样性保护水平贡献了中国力量。我国应充分发挥昆明基金作用，促进昆明基金与框架基金、GEF 生物多样性领域资金的协同增效，在支持发展中国家生物多样性保护的同时，讲好中国故事、传播好中国声音、塑造好中国形象，将生物多样性保护打造成为全球生态文明建设和生态环境合作的典范。

《欧盟自然恢复条例》草案的主要内容及其影响分析

张剑智

一、《欧盟自然恢复条例》草案的出台背景

（一）欧盟的自然保护法律框架基本情况

1. 欧盟未能实现到 2020 年恢复至少 15% 的退化生态系统的目标

多年来，欧盟一直高度重视自然保护，先后颁布出台了一系列政策法规。截至2023 年 6 月，欧盟的自然保护法律主要包括《鸟类指令》《栖息地指令》《外来入侵物种条例》《水框架指令》《海洋战略框架指令》《欧盟 2020 年生物多样性战略》《欧盟 2030 年生物多样性战略：自然回归生活》等。

《鸟类指令》旨在保护欧盟自然存在的 460 多种野生鸟类的种群，要求成员国为这些鸟类以及迁徙鸟类设定特殊的保护地。《栖息地指令》旨在在欧盟范围内建立保护地网络。截至 2021 年年底，该网络在欧盟 27 国已建立 27 000 个保护地，覆盖了欧盟陆地面积的 18.6%、海洋面积的 9%，保护了 1 389 个物种、233 处稀有的和特殊的栖息地，其中一些是传粉昆虫（如蝴蝶、飞蛾等）的主要栖息地。《外来入侵物种条例》要求成员国采取措施，以恢复外来入侵物种破坏的生态系统。

《水框架指令》要求所有地表水（湖泊、河流、沿海水域及地下水）到 2015 年实现"良好"状态，除非有豁免的理由，最长期限是到 2027 年。《海洋战略框架指令》旨在到 2020 年实现并保持欧盟成员国海域的"良好环境状态"，要求所有成员国制定和执行海洋战略，保护海洋环境，防止其恶化，或在可行的情况下，恢复受到影响的海洋生态系统。

2010 年，欧盟发布《欧盟 2020 年生物多样性战略》，提出到 2020 年实现六大目标：保护物种和栖息地、保护和恢复生态系统、实现更加可持续的农业和森林、实现更加可持续的渔业和海洋、防止外来物种入侵、遏止全球生物多样性丧失。

研究评估发现，欧盟作为国际生物多样性保护的倡导者及推动者，2020 年欧盟未能实现恢复至少 15% 的退化生态系统的目标，也未能实现 2010 年国际社会通过

的“爱知目标”。2011—2020 年，欧洲国家 71% 的鱼类及 60% 的两栖动物种群数量出现大幅下降。《栖息地指令》要求保护的栖息地中，81% 的栖息地的状况是较差或很差，超过 1/3 的栖息地正在进一步恶化。在淡水环境中，只有 39% 的水体达到了良好生态状态。欧盟未实现保持海域处于“良好环境状态”的目标。另外，城市生态系统、农田和森林也没有受到很好的保护。

2.《欧盟 2030 年生物多样性战略：自然回归生活》要求就欧盟自然恢复计划起草立法草案

2019 年 3 月，联合国大会通过决议，宣布 2021—2030 年为联合国生态系统恢复十年，旨在支持和加大力度，在全球范围内预防、制止和扭转生态系统退化，并提高对生态系统恢复重要性的认识。

2020 年 5 月，欧盟委员会发布了《欧盟 2030 年生物多样性战略：自然回归生活》(*EU Biodiversity Strategy 2030*)，旨在恢复退化的自然生态系统，加强对陆地和海洋的保护。该战略提出了雄心勃勃的目标，即到 2030 年至少保护欧盟陆地面积的 30% 和海洋面积的 30% 并整合生态廊道；有效管理所有保护区，严格保护至少 1/3 的欧盟保护地等目标。该战略是《欧洲绿色协议》的重要组成部分，其量化目标与“昆明—蒙特利尔全球生物多样性框架”（以下简称“昆蒙框架”）中的 2030 年量化目标基本一致①。该战略还提出要制订一个雄心勃勃的欧盟自然恢复计划，其核心内容是通过立法提出覆盖陆地、海洋、淡水、森林、城市及农业等生态系统的有法律约束力的欧盟自然恢复目标，以弥补现有自然保护法律框架的不足。

（二）《欧盟自然恢复条例》草案案文经过多轮磋商，分歧很大，进展缓慢

2021 年 6 月，欧洲议会关于《欧盟 2030 年生物多样性战略：自然回归生活》的决议中，要求欧盟委员会就欧盟自然恢复计划起草立法草案，呼吁基于各成员国特有的生物多样性和生态系统，在其保护区内外全面落实至少保护欧盟陆地面积的 30% 和海洋面积的 30% 的目标。这些目标要在所有成员国内全面实施，要实现恢复生物多样性以及减缓和适应气候变化的双重目标。生态系统恢复后，不允许生态系统再次退化。

2022 年 6 月 22 日，欧盟委员会提出了《欧盟自然恢复条例》(*Regulation on Nature Restoration*)②草案，该草案为从森林、农业用地到城市、河流和海洋生境等广

---

① “昆蒙框架”行动目标 2 要求“确保到 2030 年，至少 30% 的陆地、内陆水域、海洋和沿海生态系统退化区域得到有效恢复，以增强生物多样性和生态系统功能和服务、生态完整性和连通性”，即“3030 目标”。

② https://environment.ec.europa.eu/publications/nature-restoration-law_en。

泛的生态系统设定了多个具有约束力的恢复目标，补充了现有立法体系。由于该草案的目标低于《欧盟 2030 年生物多样性战略：自然回归生活》的目标，环境、公共卫生和食品安全委员会（ENVI）多次开会针对是否提高该条例的目标和内容展开讨论，但分歧很大，难以达成一致意见。2023 年 6 月 20 日，欧盟理事会经过激烈讨论通过了修订的草案[①]；7 月 12 日，欧洲议会以微弱多数通过了该草案。9 月 9 日，欧盟理事会和欧洲议会就该条例达成了临时政治协议。2023 年 12 月，欧洲议会和欧盟理事会正积极就该条例草案最终案文进行磋商。最终案文获得批准后，将会适用于欧盟所有成员国。

二、《欧盟自然恢复条例》草案的主要内容及影响分析

（一）《欧盟自然恢复条例》草案的主要内容

《欧盟自然恢复条例》草案共 6 章，包括总则、自然恢复的目标和义务、国家恢复计划、监测与报告、授权和委员会的程序以及最后协定。该草案的立法目的是恢复退化的生态系统，实现减缓和适应气候变化目标以及履行"昆蒙框架"目标。该草案第 1 章总则第 1 条要求成员国应立即实施有效的恢复措施，到 2030 年至少恢复 20% 的欧盟陆地和海洋面积，到 2050 年覆盖所有需要恢复的生态系统；第 2 条明确了适用范围；第 3 条对生态系统、物种栖息地、恢复、良好状态、有力的参考面积、足够质量和数量的栖息地、传粉者、市区绿地、城市树冠覆盖面积等相关概念进行了界定，以促进法律适用的准确性。

该草案第 2 章明确了不同生态系统的恢复目标和各成员国的主要义务。第 4 条至第 10 条分别规定了恢复陆地、海岸带及淡水生态系统，海洋生态系统，城市生态系统，河流的自然连通性及冲积平原的自然功能，传粉昆虫种群，农业生态系统和森林生态系统的具体目标[②]。第 2 章在不同生态系统目标与成员国恢复义务设定中都考虑了生态系统方法的要求。

该草案第 3 章明确各成员国应根据最新的科技成果，制订国家恢复计划，开展必要的监测和研究，明确必要的恢复措施。第 11 条至第 15 条分别规定了如何准备国家恢复计划，国家恢复计划的主要内容，如何提交、评估、审查国家恢复计划等。

---

① https://www.europarl.europa.eu/doceo/document/TA-9-2023-0277_EN.html。

② 如第 4 条第 1 款要求，各成员国要采取必要恢复措施，到 2030 年将附件一中所列陆地、海岸带及淡水生态系统类型中状况不佳的区域至少改善 30% 的面积，到 2040 年至少改善 60% 的面积，到 2050 年至少改善 90% 的面积。第 5 条第 1 款要求，各成员国应采取必要的恢复措施，到 2030 年将附件二中所列海洋生态系统类型中状况不佳的区域至少改善 30% 的面积，到 2040 年至少改善 60% 的面积，到 2050 年至少改善 90% 的面积。

各成员国国家恢复计划的主要内容应包括：本国生境类型及其状况、需要量化恢复面积并绘制地图，确定与减缓、适应气候变化及预防自然灾害的协同措施，促进生态修复区域与可再生能源领域发展重点区域的协同增效等。第 16 条要求各成员国应确保根据国家法律，公众可以依据法院或依法设立的独立的、公正的司法机构的审查程序，对国家恢复计划的实质内容或程序合法性以及主管部门的任何失职行为提出疑问。

该草案第 4 章规定了监测和报告要求。第 17 条要求成员国监测物种和栖息地状态及变化趋势，城市绿地面积及树冠覆盖面积，农业生态系统的生物多样性指标等。第 18 条要求成员国应至少每 3 年以电子报告方式向欧盟委员会汇报实施国家恢复计划的进展情况、主要措施、主要目标实现情况，以及对物种及栖息地开展的监测情况。首份报告将于 2031 年 6 月提交，涵盖时间至 2030 年。

该草案第 5 章和第 6 章分别规定了授权和委员会的程序以及最后协定。第 19 条规定欧盟委员会有权修订附件，调整生境类型清单、海洋物种清单、农业生态系统指标、农田鸟类清单以及森林生态系统指标。第 20 条规定了欧盟委员会授权期限及延长授权的相关要求。第 21 条规定了欧盟委员会工作程序，第 22 条规定欧盟委员会应于 2035 年 12 月 31 日前评估该条例的适用情况。第 23 条明确欧盟官报公布之日起第 20 天正式生效。

（二）《欧盟自然恢复条例》实施的影响分析

恢复生态系统是多个环境国际公约及国际议程明确提出的主要目标。《生物多样性公约》《联合国防治荒漠化公约》《2030 年可持续发展议程》《联合国生态系统恢复十年计划（2021—2030 年）》等提出的愿景都是呼吁保护和恢复生态系统。“昆蒙框架”2050 年愿景就是“生物多样性受到重视，得到保护、恢复及合理利用，维持生态系统服务”。《欧盟自然恢复条例》强化了恢复生态系统的具体要求，值得借鉴。

“昆蒙框架”第 5 条要求各缔约方修订国家生物多样性战略与行动计划（NBSAPs），从而促进各国修订其执行政策、长期目标和行动计划。《生物多样性公约》第十五次缔约方大会（COP15）后，截至 2023 年 11 月 30 日，欧盟向《生物多样性公约》秘书处提交了修订的 NBSAPs 及《欧盟 2030 年生物多样性战略：自然回归生活》，该战略提出了“3030 目标”。2023 年 6 月，全球环境基金（GEF）第 64 届理事会批准了 2 个伞形项目，支持 123 个发展中国家（包含中国、巴西等国）修订 NBSAPs。这些国家通过修订 NBSAPs，将进一步完善政策法规，从而推动“昆蒙框架”目标的落实。

研究评估发现，自愿目标而非具有法律约束力的目标是很多国家和地区生态系统恢复失败的一个主要原因。虽然欧盟正积极推动《欧盟自然恢复条例》颁布实施，但是目前该条例的目标低于“昆蒙框架”目标，将可能对全球落实“昆蒙框架”目标起到一定的负面影响，值得我国高度关注。

三、关于落实“昆蒙框架”目标的对策建议

2023年12月9日，在《联合国气候变化框架公约》第二十八次缔约方大会（COP28）“自然日”期间，生态环境部部长黄润秋以COP15主席身份宣布，中国联合柬埔寨、加拿大、智利、哥斯达黎加、刚果（金）、德国、马尔代夫等缔约方以及联合国环境规划署、《生物多样性公约》秘书处等国际组织共同发起“昆蒙框架”实施倡议。结合全球履行《生物多样性公约》和“昆蒙框架”目标要求，提出下面几点建议。

（1）加强国际交流与合作，分享中国修订NBSAP及落实“昆蒙框架”目标的主要举措。2023年9月25日，生态环境部部常务会议审议并原则通过《中国生物多样性保护战略与行动计划（2023—2030年）》（新修订的NBSAP），引起国际社会的广泛关注。我国可视情主动与欧盟、美国、加拿大、澳大利亚、印度和巴西等分享最新修订的NBSAP主要内容及重要举措，支持其他国家修订NBSAPs或制定生物多样性保护政策法规时也纳入“3030目标”，共同落实“昆蒙框架”目标。

（2）国内有关部门加强协调合作，坚持陆海统筹，构建完善的生态修复运行保障制度，有效落实新修订的NBSAP。《欧盟自然恢复条例》推动了自然恢复专门立法的发展，强化了生态系统方法在生态修复中的运用，对我国落实新修订的NBSAP和“昆蒙框架”目标具有一定的启示意义。我国生态修复过程中要综合统筹考虑山水林田湖草沙冰一体化系统治理，坚持陆海统筹，加大多方面资金投入，形成上下联动的合力，完善生物多样性政策法规标准，并构建完善的生态修复运行保障制度。

（3）充分发挥昆明生物多样性基金作用，支持“一带一路”共建国家修订及实施NBSAPs时纳入“3030目标”。2021年，中国承办COP15第一阶段会议期间，宣布出资15亿元人民币成立昆明生物多样性基金。123个发展中国家修订NBSAPs，每个国家仅从GEF获得45万美元赠款。各国实施新修订的NBSAPs，开展生物多样性就地及迁地保护还需要更多的资金支持。我国有关部门可以通过多种形式的交流培训，分享中国生物多样性保护的成功经验，提升发展中国家落实《生物多样性公约》及“昆蒙框架”目标的能力，支持“一带一路”共建国家修订及实施NBSAPs时纳入“3030目标”；协助“一带一路”共建国家申请GEF、全球生物多样性框架基金和昆明生物多样性基金，推动一批生物多样性保护项目落地，广泛惠及各类发展中国家和地区。

新发展阶段，我国亟须生物多样性可持续利用促进法

赵 阳

党的二十大报告强调，“高质量发展是全面建设社会主义现代化国家的首要任务。发展是党执政兴国的第一要务”“加强重点领域、新兴领域、涉外领域立法，统筹推进国内法治和涉外法治，以良法促进发展、保障善治”。本文立足于全球治理体系变化和我国新发展阶段的要求，在大量实例研究和经验凝练基础上，提出将“以生物多样性可持续利用助力高质量发展，以发展促进保护，以保护优化结构，以结构优化加强自然资源科学利用”的全新闭环思维作为立法宗旨，研究制定“生物多样性可持续利用促进法”，并建议从激励统筹和实施保障两个方面推进创新立法内容研究，供决策参考。

近年来，全球环境治理体系强调传统模式创新，协调经济与生态关系呈现深化、分化和多元化态势。从以前“发展优先，兼顾保护”，到二者并重，“在发展中保护，在保护中发展”，再到“保护优先”，越来越强调统筹协同“以利用促进保护，以保护调整结构”；发展中国家大多依赖财政和金融工具提供环保资金，发达国家则将市场作为主要的动力机制，差异性主要在于企业作为主体的参与广度及深度；政府运用经济、法律和行政等综合手段，以减少单一政策的局限性，加快从管控到赋能的职能转变。在上述过程中，各国的立法实践发挥了重要作用。

一、立法背景

本文基于 30 多个国家的 150 个实例研究，揭示了以经济手段促进生物多样性保护的政策分类，即各国越来越重视将生物多样性构筑为国家可持续发展的战略资源储备，加强与经济增长挂钩，与生计福祉关联，与资源管理结合，与气候变化协同，扩大实施绿色金融、市场认证、生态标签、责任投资、特许经营、配额交易、可持续采购与消费等多样化举措，以增强经济韧性、降低系统风险。部分国家的政府将生物多样性作为衡量指标融入综合规划，使其成为政策选项，如“幸福指数”（生活水平、社会融合、赋权赋能、惠益分享）和“包容性增长”（生态韧性、资源承载力、责任竞争力、多元文化、传统知识），甚至作为后疫情时代绿色复苏、科技革新和创造岗位的动力引擎。但总体而言，仍然属于区域（如《欧洲绿色协议》）或国

家（如英国《国家绩效框架》、澳大利亚《生态可持续发展国家战略》）的顶层设计，没有上升到立法层面。

当前，大部分国家尚未针对生物多样性专门立法，相关规定分散于多部法律条款中，如德国《联邦自然保护法》、加拿大《渔业法》、美国《清洁水法》、印度《国家公园法》等；我国在国家层面缺乏综合规制的立法统筹，但在 2018 年颁布了《云南省生物多样性保护条例》地方法规，2022 年发布了《中国生物多样性司法保护》。从少数国家已有的生物多样性法律来看有以下几类：一是管理型（禁止、限制与责罚），如日本《生物多样性基本法》（2008 年通过）重在保护，成功解决了毁林造田、围海造地、珊瑚白化等历史欠账。二是协同型（统筹协调保护与利用），如韩国《生物多样性保护和利用法》（2012 年实施），侧重解决遗传资源获取与惠益分享问题，扶持本国现代生物技术产业。三是补缺型（补齐行业监管的短板），如澳大利亚《环境保护与生物多样性保护法》（2000 年实施）强制开发商“避免、减少、修复和抵消”对生物多样性的影响，满足“零净损失”要求，作为获得许可证的条件；法国《生物多样性恢复、自然与人文景观法》（2016 年通过）推动成立生物多样性管理局，建立多元化生态补偿制度，发布“零毁林”产品标准，禁止进口不可持续的大宗商品。

二、立法形式和依据

促进型立法是为推动某项需要国家扶持的事业有序发展，对从事相关行业的主体采用以激励和赋能为主、约束为辅的法制规则，法律后果多为正面引导，不同于管理型立法作出强制或义务规定，以禁止、限制或打击行业主体行为为目标，法律后果多为惩罚性。

（1）立法形式。促进型立法大多集中于经济、科技方面，如德国《经济稳定与增长促进法》、韩国《外商投资促进法》、美国《区块链促进法》，少数涉及教育、管理，如我国的《中华人民共和国家庭教育促进法》。我国在该领域位居世界前列，有《中华人民共和国清洁生产促进法》《中华人民共和国循环经济促进法》《中华人民共和国乡村振兴促进法》《中华人民共和国农业机械化促进法》等共 9 部促进法。截至 2023 年 12 月，生物多样性可持续利用促进立法在全球范围内仍属空白。

（2）立法位阶。一是促进型立法作为管理型立法的有益补充。双法并用，优势互补，刚柔并济，协同增效，有利于国家法治形成多元而和谐的混合治理模式，提高“良法善治”的现代化治理能力。二是促进型立法处于其次的位阶，当条款冲突时，需要自动让位于具有强制性的管理法，但其效力仍高于行政法规、地方性法规和规章。这使促进法既能发挥积极引导、正面激励、赋能减负、优化职能等作用，又不会影响其他法律的管理地位。

（3）立法依据。国际经验表明，生物多样性保护管理型立法的复杂程度高，立法周期长。在我国则面临更多具体挑战。一是法律层面，综合规制不完整、法制约束分散化、激励举措碎片化，地方法规受重视程度不足；二是制度层面，政出多门，权力过于分散，权责归属复杂无序，部门间行动及利益难以统筹协调；三是管理层面，以行政管控为主，缺乏法律赋权、市场赋能和经济激励等综合手段应用。促进型立法可以合理规避传统的立法难点，有效解决上述痛点，填补我国立法空白。

我国从全球环境治理参与者、推动者向引领者的转变正面临机会。2022 年年底，《生物多样性公约》在中国推动下，通过了“昆蒙框架”。各国根据这一纲领性文件，修订国家生物多样性战略与行动计划。我国应当利用这一政策窗口期，加快促进立法创新研究，进一步完善具有中国特色的社会主义市场经济体制。相对于常规的生态保护“硬法”思路（强制性，禁止从事并加以惩罚），在新发展阶段，我国亟须研究编制增进生物多样性可持续利用的“软法”（激励性，鼓励从事并提供条件），并以“软硬（法）并举”的混合法治，提高国家现代化治理能力，对内推进环境政策与产业政策深度融合，加快生态转型；对外发挥 COP15 主席国作用，强化“一带一路”倡议发起国领导力，为推动全球治理提供中国方案，彰显国际示范效应。

三、立法研究建议

习近平总书记指出，“要研究丰富立法形式，可以搞一些‘大块头’，也要搞一些‘小快灵’，增强立法的针对性、适用性、可操作性”。建议发挥促进法的“小快灵”特点，加快立法可行性研究。一是把握新发展阶段。坚持站在“生物多样性可持续利用是高水平的生态环境保护，为经济发展提供新动能”的战略高度，以“利用—保护—发展”辩证统一的全新思维，探索“既是绿水青山，又是金山银山”知行合一的实施路径。二是对标新发展理念。注重发挥“软法”与“硬法”的互补优势、生物多样性与气候变化的协同增效、企业科技创新与社会治理创新的“双轮”驱动作用。三是服务新发展格局。坚持问题导向，研究立法内容，增强立法实效，从激励统筹和实施保障两方面，针对不同类型的行业提供分类细化的具体指导，提高依法解决实际问题的能力。

（一）统筹四种经济举措综合实施

一是生态转型。针对资源密集型产业，基于生物多样性依赖和影响评估，开展行业分类：①生态产业化，使用生物资源，如植物制剂、中医制药、化妆品、保健品；②产业生态化，改变土地（流域）用途，如农林牧渔、基建、能源和采掘。要求部门规划提供绩效标准，推荐良好实践，如“层级缓解”——避免关键生物多样性区域→项目开发范围最小化→作业面生态修复→生物多样性影响抵消净零。

二是市场认证。针对在劳动密集型产业中，如大豆、玉米、棕榈油、可可、糖、棉花和牛肉等软性大宗商品，既是食物又可作为工业材料，其生产和贸易采用生态标签能够减少土地转化、面源污染和毁林导致的生物多样性丧失，规避商业和道德风险，强化透明度与担责，证明原料来源和产品质量，实现品牌溢价，吸引可持续采购、投资与消费。

三是气候协同。针对智力密集型产业，在数字化科技、循环经济、生物经济和低碳经济中，坚持经济活动统筹分类的优先排序原则（如《欧盟可持续分类方案》）：①既缓解气候变化又保护生物多样性；②虽利于减排但损害生态；③对二者都有害无利，旨在加强二氧化碳净零排放与生物多样性净零损失的目标一致性（如基于自然的解决方案）和指标兼容性（如增容增汇），协同推进“降碳、减污、扩绿、增长”。

四是金融改革。针对资金密集型产业，实施《绿色项目清单》，支持产业生态化（如生态农业）和生态产业化（如生态旅游），增加自然基础设施与生态产品投资，如证券（绿色债券、蓝色债券、影响力债券）、信托（土地信托、水基金）、信贷（责任投资原则、绿色投资原则）和保险（绿色保费优惠）。广义的绿色金融还包括价格（生态产品溢价）、税收（保护地役权、环境税、碳税）、债权（债务置换自然）、股权（优先卖出毁林企业股票）、信用（生态银行、湿地银行）、付费（生态付费、净零抵消）、碳汇（森林碳汇、农业碳汇、湿地信用）、保护地融资（社区共管、替代生计）、补贴（调整行业补贴）等。

（二）协同两类保障措施上下联动

一是顶层设计融入。运用传统的GDP方法衡量经济增长，间接增强了生物多样性丧失的驱动因素。国家财富统计方法应从根本上改变，科学核算生产生活对自然界及其提供产品、服务依赖和影响的综合成本效益，并推动在所有决策程序、经济政策、部门规划和行业指引中融入，促进主流化：①将自然构筑为储存并向人们提供价值的一种资产；②将生物多样性根植为使资产更具生产力和韧性的基本属性；③将生态系统视为解构自然资产、使其价值量化的多种形式，建立土地、森林、矿产和水资源账户，使自然资本吸引资金、技术和人才等要素，加快生态产品价值实现。

二是底层配套实施。从硬化约束和强化激励两方面落实顶层战略，深化市场机制。运用行政手段，从粮食、能源和基建等关键领域转型着手，为经济杠杆发挥作用创造条件，如配额、许可证、特许经营、限额交易、生态赔偿、开发权转让和零毁林倡议；监管机构向央企、上市公司和银行提出“环境、社会和公司治理”（ESG）强制要求；社会责任标准增加报告指标，提高企业生物多样性信息披露透明度。

四、立法前景分析

截至 2023 年 12 月，生物多样性可持续利用的促进型立法在世界范围内仍属空白，建议我国在该领域加速研究，开创立法先河。一是在国际层面，发挥《生物多样性公约》COP15 主席国作用，为推动全球环境治理和绿色经济复苏贡献中国智慧。二是在区域层面，为进一步规范我国在海外的投资建设、降低生态环境影响和风险提供法律依据，推动共建“一带一路”高质量发展。三是在国家层面，统筹推进生物多样性治理、经济包容性增长、社会结构优化协同增效，形成以市场推动生态环境保护的动力机制。

参考文献

赵阳，李宏涛，2022. 以经济手段促进生物多样性保护 [J]. 生物多样性，30(11): 18-26.
赵阳，2022. 人与自然和谐新共识：企业参与生物多样性保护案例集 [M]. 北京：朝华出版社 .

国家公园生态产品价值市场化实现研究
——以生物多样性抵消和信用为例

赵　阳

我国已建立10个国家公园试点区，在实施严格保护的同时，提供了丰富的生态产品。其中，物质供给、水源涵养、碳封存等生态产品可通过完善商品、水资源与碳汇交易机制，将生态价值转化为经济效益；气候调节、自然景观可通过特许经营和生态旅游转化为经济效益；但生物多样性作为公共性生态产品，具有外部性，难以分清具体的权利人和受益者，与经营性生态产品相比，受到度量难、交易难、抵押难、变现难的“四难”制约，这使国家公园依靠财政支出的压力得不到有效缓解。根据“昆明—蒙特利尔全球生物多样性框架”（以下简称“昆蒙框架”）提供的生物多样性抵消和信用方法，建议我国以国家公园作为生物多样性信用提供方，通过与企业开展横向价值交换，创新使用将开发项目的生态环境影响抵消净零的指标交易模式，并通过信用质押贷款，改进生态系统生产总值（GEP）核算方法，提升企业环境、社会和公司治理（ESG）评级等激励优化，辅以强制信息披露、市场准入许可等硬性约束，合力加速形成生物多样性信用投融资惠益国家公园并惠及周边社区的市场机制。

一、生物多样性抵消和信用的国际实践与经验

（一）生物多样性抵消和信用的国际实践

《生物多样性公约》第十五次缔约方大会通过了新的全球生物多样性战略，即“昆明—蒙特利尔全球生物多样性框架”（以下简称“昆蒙框架”）。其中，行动目标19D提出的“生物多样性抵消和信用”（Biodiversity Offsets and Credits），指的是彼此关联但相互独立的两种市场机制，作为解决全球生物多样性保护资金每年7 000亿美元缺口的潜在手段。生物多样性抵消是指开发项目在采取了适当预防及缓解措施后，仍需对残余的生物多样性损失进行足额补偿，旨在实现零净损失（No Net Loss，NNL）；生物多样性信用则主要作为一种金融衍生工具，重点在于创建和出

售类似于碳汇的新型标的物，为产生可衡量的生物多样性净增益（Biodiversity Net Gain，BNG）的保护行动提供资金。BNG 兼具信用量度、交易单位、融资标的 3 种功能，其发展主要分为以下 3 个阶段。

一是科学量化信用价值。国际主流方法包括：①美国的当量法，针对生态系统与濒危物种，以积分方式分别衡量对受威胁植物群落、受威胁物种个体和栖息地范围影响的补偿当量需求，再乘以权重系数；②澳大利亚的乘积法，将栖息地根据物种丰富度、多样性、稀缺性等生境条件，定性为高、中、低 3 个生境类型，分别赋分，生境类型与生境条件分值的乘积即为净增益（信用）；③英国的损益法，2021 年英国标准协会（BSI）出台《商业开发项目纳入生物多样性净增益设计和实施的过程规范》，提供了生物多样性损益的核算方法、施工标准、绩效指标和报告要求。

二是政策推行信用认证。法律规定开发者须满足生物多样性净零损失要求，还要实现至少 10% 的净增益。例如，1990 年美国通过修订《清洁水法》，针对湿地侵占增加了"404 条款"，强制开发者为抵消产生的生物多样性影响，预先认购与造成的损失相等的信用额度，作为获得开工许可证的前提条件。1999 年，澳大利亚出台《环境和生物多样性保护法》，规定房地产、采掘业和路桥、港口等基建项目如涉及国家公园、濒危种群与栖息地、世界与国家遗产地、国际重要湿地、受公约保护的迁徙物种、英联邦海域和大堡礁海洋公园等，首先要避免这些区域，其次要施工范围最小化，再次是生态修复，最后抵消净零，即遵循"层级缓解"（Mitigation Hierarchy）的国际准则。

三是市场实现信用交易。政府对保护者经营生物多样性信用获利的赋能赋权。例如，美国《联邦抵消银行成立与运营指南》（1998 年）、澳大利亚《生物银行认证评估方法学》（2015 年制订）和英国《生物多样性净增益认证指南》（2019 年发布）支持实施重大生态保护修复工程、可持续建设自然保护地体系的公共机构，负责任投资自然基础设施的金融组织和发展生态友好型绿色产业的私营部门，通过修复、新建和扩大保护地面积实现公共性生态产品大量增值，经环境部门量化、核证后成立"抵消银行"（Bio-Banking），其并不是真正的银行，而是作为用来提供抵消额度的信用储备库，采用信贷账户模式，基于损益相抵原则，将开发者（企业）的生态责任转嫁给自身的等价交换平台。

（二）生物多样性抵消和信用的国际经验

2023 年，42 个国家已制定生物多样性抵消政策或实施了"企业与生物多样性抵消"（Business & Biodiversity Offsetting Program，BBOP）项目，积累了相关成功经验，发挥了积极作用，也暴露出一些不足。

为保护生物多样性起到积极作用：①增加了额外的环保资金。2019 年各国 BBOP 共产生了 63 亿～92 亿美元的交易额。马来西亚的棕榈油企业向保护区内每 100 m^2 雨林恢复面积支付的信用价格为 10～30 美元；美国湿地科学家协会致力于生态重建，依据《濒危物种保护法》，拥有通过环境部门认证的 739 个濒危青蛙和蝴蝶信用，每个用于抵消的信用平均售价逾 20 000 美元（OECD，2019）；保尔森基金会 2021 年发布的《为自然融资：填补全球生物多样性资金缺口》报告预测，全球 2030 年前计划开发的大型项目如果全部完成抵消，每年可产生约 1 650 亿美元的新增资金。②实现了多利益相关方共赢。由公立或私人性质的保护地与开发商直接进行信用交易，前者彰显保护效果，获得经济收益，后者提升信用评级，满足监管要求，取得开发资质。同时，在整个过程中强调保护区周边社区的知情同意和惠益分享，改善居民的生计福祉。这样做可增加生物多样性信用估值，提高其市场售价。③提升了综合治理水平。生物多样性信用用途广泛，可为企业社会责任、环境绩效、生态认证与信息披露提供背书，还能为向保护区的公益捐款带来标准化、便利性和透明度，甚至被开发为区块链数字货币。

主要不足：①各国进展不均衡。42 个已制定生物多样性抵消政策或实施了“企业与生物多样性抵消”项目的国家中，BBOP 只在十几个法律强制或市场激励较为充分的国家得到了有效实施（胡远洋，2022）。②抵消交易与信用融资发展不平衡。生物多样性信用更多的是作为抵消额度用于企业付费获利，而作为生态资源权益用于银行质押贷款，发行影响力债券、绿色保险和信托基金产品的案例较少（Iris et al.，2022）。③跨部门协同不够。抵消信用只作为促进企业参与生物多样性保护修复的单一市场手段，没有与政府土地规划、产业生态化和金融绿色化等政策制定有效衔接，或提供实施支撑（JNCC，2021）。

二、我国国家公园生态产品价值实现的主要方式和问题

（一）我国国家公园生态产品价值实现的主要方式

一是国家不断加大生态补偿财政转移支付力度。开展国家公园实施天然林保护、退耕还林、森林生态效益补偿等重点生态工程，增加中央向地方“纵向”转移支付投入，扩大补偿范围，提高补偿标准，增设公益岗位，妥善安置当地居民和森林工业企业职工；部分试点实施跨流域、跨区域的“横向”生态补偿，体现了“谁受益、谁补偿”的公平发展原则，激励地方政府间协作保护生态环境（欧阳志云等，2022）。

二是公园管理方不断完善生态产品价值实现机制。发展生态旅游，设计景观资源有偿利用制度，用极小面积的非资源消耗型发展换取大面积保护；开辟景区，将运营特许给国有旅游公司，每年特定比例的门票收入用于对当地社区的直接经济补偿，使景区反哺社区；居民还可经营摊位以售卖土特产，通过资源入股获得分红，参与环卫、巡护、解说、项目建设等服务并获得劳动报酬，将生态“高颜值”转化为经济“高价值”。

三是地方政府不断探索开发生态产业方式方法。依托环境优势，将闲散的山、水、林、田、民居等资源整合成资产包向市场招商，申报地理标志或绿色认证，形成生态友好的品牌效应，实现市场溢价、企业盈利和居民增收“三赢”；拓宽公益渠道，借助移动互联网平台，引导公众在手机支付中认领虚拟的公益保护地，企业根据累积的公众认领积分，向保护地捐资植树造林（臧振华等，2021）。

四是社区生计福祉通过资源统筹管理不断增加。村民集体表决形成决议，将集体林地通过签署赎买、租赁和托管协议，委托国家公园管委会统一管理，形成对核心保护区更大范围的缓冲屏障；村民因放弃经济开发权利而获得补偿，资金来源纳入省级公益林补偿财政预算；村民仍可作为集体林地权利人，将补偿收益权作为质押担保向银行贷款，贷款最高可达年度补偿收益的 20 倍，期限最长为 5 年（王宇飞等，2019）。

（二）我国国家公园生态产品价值实现面临的突出问题

一是市场机制还不健全。不同国家公园根据资源禀赋，各有侧重地采取了差异化的生态产品价值实现方式，但总体上主要依靠政府财政支出，企业与公众付费占比很低，公益组织参与案例较少，特许经营还不规范，有偿使用制度还不完善，市场化程度还有欠缺（臧振华等，2021）。以海南热带雨林国家公园为例，2020 年其生态系统生产总值（GEP）核算为 2 051.43 亿元，物质产品、调节服务、文化价值分别占 2.37%、83.72% 和 13.91%。其中，调节服务既是海南热带雨林国家公园提供最多的生态产品，也是所有国家公园最主要的生态产品，其生产供给依赖于生态系统多样性、稳定性和持续性。然而，由于生物多样性的公共产品属性，大大限制了生态产品价值实现的市场化手段。2019 年，海南热带雨林国家公园以断面水质作为流域“横向”生态补偿标准，4 个上游县市共获得 2 304 万元省级奖补资金，这对传统的中央向地方“纵向”转移支付来说是一种创新，但仍属于行政系统内的指标互换：政府既是运动员又是裁判员，补偿资金来源单一，周边社区惠益分享不透明、不充分，缺少市场激励和企业参与（刘金淼等，2018）。

二是硬性约束仍待增强。我国没有从生物多样性角度，向开发者提出将负面影响抵消净零的专门规定，虽已出台《耕地占补平衡考核办法》《湿地保护修复制度方案》《生态环境损害赔偿管理规定》，从占地面积和生态功能上提出了“先补后占、占补平衡”“替代修复，等量恢复”等类似要求，但在实施中面临开发者不具备生态修复所需技术和时间，“占多少、补多少”凭何标准、如何实现、由谁核证等实际困难（赵阳，2021）。

三是激励手段急需优化。我国没有赋予保护者经营生物多样性信用获利的权利，虽通过施行《森林植被恢复费征收使用管理暂行办法》《生态环境损害赔偿制度改革方案》，形成了向企业征收、由政府管理的专项保护基金，可以算作生物多样性影响抵消和信用交换的一种体现，但没有进一步推动将生物多样性创建为类似于碳汇的新型标的物，用于企业付费、银行贷款、基金、信托、保险等市场服务（赵阳等，2021）。

从2017年《建立国家公园体制总体方案》要求“探索多渠道多元化投融资模式”，2021年《关于建立健全生态产品价值实现机制的意见》提出“让保护修复生态环境获得合理回报，让破坏生态环境付出相应代价”，到2022年《关于推进社会信用体系建设高质量发展促进形成新发展格局的意见》倡导“推动完善生态环保信用制度，创新信用融资服务和产品”，表明我国应用生物多样性抵消和信用所需政策环境日渐完善，但仍有改进空间。可借鉴BBOP经验，把开发者（企业）原本不计后果的生物多样性损害合理规制为一种稀缺的“指标配额”，用于与保护者（国家公园）进行“横向”交易，解决外部性问题，实现资源优化配置（赵阳等，2022）。

三、国家公园应用生物多样性抵消和信用的对策建议

我国可通过未来的国家公园综合立法、生物多样性专门立法、自然资源立法和生态补偿条例等法律法规，对约束、激励进行具体规定，引导、规范生物多样性抵消和信用的市场创建，促进区域间、跨部门横向价值交换（易），加快生态产品价值实现与国土空间规划、主体功能区、自然保护区、生态保护红线等重要制度设计统筹衔接，形成全国“一盘棋”的工作格局。这对于其他国家将BBOP作为单一市场手段的局限性来说，既是协同创新，也是治理突破，体现了中国特色社会主义制度的优越性。

（一）以自上而下的国家公园立法统筹生态产品经营开发与补偿的总体布局

一是推动完善生态系统生产总值（GEP）核算方法学，为创建生物多样性信用

提供量化、认证标准，促进自然保护地发展从面积增长转向质量提升。通过立法，在供给侧赋予国家公园经营生物多样性信用、获得交易性和投资性收益的权利。既向企业出售抵消额度，又利用信用增值，采取债券、基金和保险等金融绿色化手段，向社会融资；鼓励公益组织致力于生态保护修复，将实现的净增益参与信用核证及交易，分享经济收益，扩大保护效益。

二是加速制定生物多样性影响抵消政策。在需求侧推动影响抵消由行业偏好向法律强制转化；指导相关部门在绿色产业指导目录、项目正面清单中提出抵消净零的行业适用范围和企业"占多少、补多少"的量化标准，发布"和谁补、怎么补"的流程办法，强化监督问责；通过 ESG 评级指数、社会责任报告指数等方式，引导企业生物多样性信息披露从自愿性向强制性过渡。

（二）以自下而上的多样化经济手段拉动生物多样性抵消和信用的市场需求

一是绿色金融加大生物多样性投资。2021 年在昆明召开的《生物多样性公约》第十五次缔约方大会（COP15）第一阶段会议期间，60 家中外银行共同签署了《银行业金融机构支持生物多样性保护共同宣示》，承诺"确立生物多样性偏好""积极发展生态信贷"。据此，建议推动金融机构在投融资决策和绩效评估中纳入生物多样性影响指标，提高信息透明度，降低金融风险；丰富与企业生物多样性信用挂钩的产品类型，包括贷款、利率、债券、保险、信托和基金等。

二是先进企业率先开展生物多样性抵消。我国正在更新国家生物多样性战略与行动计划（NBSAP），作为落实"昆蒙框架"的重要举措。修订后的 NBSAP 将着力推动创新生物多样性可持续利用机制，规范生态友好型经营活动，构建高品质、多样化生态产品体系。建议在更新的 NBSAP 中，加大对国家公园与试点行业合作开展生物多样性影响抵消的授权赋能，对提升生物多样性信用评级的企业给予用地指标、绿色信贷、市场准入、特许经营、生态认证、可持续消费与采购、招标、税收、贸易和价格等优惠，以点带面，扩大示范效应。

参考文献

高晓龙，林亦晴，徐卫华，等，2020. 生态产品价值实现研究进展 [J]. 生态学报，40: 24-33.

胡远洋，2022. 生物多样性抵消的研究进展 [J]. 生物多样性，30(2): 148-157.

刘金淼，孙飞翔，李丽平，2018. 美国湿地补偿银行机制及对我国湿地保护的启示与建议 [J]. 环境保护，46(8): 75-79.
欧阳志云，徐卫华，2022. 中国国家公园体制建设的进展与未来 [J]. 人与生物圈，(2): 6-7.
王宇飞，苏红巧，赵鑫蕊，等，2019. 基于保护地役权的自然保护地适应性管理方法探讨：以钱江源国家公园体制试点区为例 [J]. 生物多样性，27: 88-96.
臧振华，徐卫华，欧阳志云，2021. 国家公园体制试点区生态产品价值实现探索 [J]. 生物多样性，29(3): 275-277.
赵阳，2021. 企业参与生物多样性案例研究和行业分析 [M]. 上海：上海科学技术文献出版社 .
赵阳，刘援，2021. 绿色金融与生物多样性保护 [M]// 朱信凯，周月秋，王文 . 2021 中国绿色金融发展研究报告 . 北京：中国金融出版社：298-330.
赵阳，刘援，2022. 绿色金融与生物多样性保护 [M]// 朱信凯，周月秋，王文 . 2022 中国绿色金融发展研究报告 . 北京：中国金融出版社：366-383.
Iris H, Anne-Marie B, Anita H, et al., 2022. Finance for Biodiversity Guide on Biodiversity Measurement Approaches: 2nd ed[R/OL]. https://ieeb.fundacion-biodiversidad.es/sites/default/files/2024_finance-for-biodiversity_guide-on-biodiversity-measurement-approaches_3rd-edition-1_0.pdf.
JNCC, 2021. Expenditure on UK and International Biodiversity[R/OL]. https://jncc.gov.uk/our-work/ukbi-e2-biodiversity-expenditu re/.
OECD, 2019. Biodiversity: Finance and the Economic and Business Case for Action[R/OL]. https://www.oecd-ilibrary.org/environment/biodiversity-finance-and-the-economic-and-business-case-for-action_a3147942-en.

“一带一路”倡议下加强我国与西巴尔干国家城市固体废物治理合作探析

张　楠　黄金丽　郭　昕　杨玉川

西巴尔干地区包括塞尔维亚、波黑、阿尔巴尼亚、北马其顿、黑山等国家及科索沃地区[①]。作为连接欧亚大陆的陆桥和欧盟的屏障，西巴尔干地区战略位置极为重要。西巴尔干国家为欧盟候选国，环境问题是其能否入盟的关键性因素，也是一项重大挑战。然而，西巴尔干五国与其他中东欧国家相比，生态环境治理能力相对较弱，五国都不同程度地面临相似的环境挑战，其中城市固体废物处置是重要挑战之一。

随着中国—中东欧国家合作框架及“一带一路”倡议在该地区相继落地，中国与西巴尔干国家合作日益加深，生态环境合作也正在成为双方合作的重要领域之一，开展中国与西巴尔干国家城市固体废物治理合作有助于推动该地区的循环经济与可持续发展。本文结合欧洲环境署发布的《西巴尔干国家城市固体废物管理》简报以及巴尔干论坛《西巴尔干地区循环经济：废物管理立法》研究报告，对西巴尔干五国城市固体废物管理现状、法律政策、问题与挑战进行总结分析，探索在“一带一路”倡议下加强与西巴尔干五国城市固体废物治理合作机遇，深化双方在绿色经济领域的交流合作，进一步推动中国—中东欧国家环保合作。

一、西巴尔干五国城市固体废物现状

（一）西巴尔干五国城市固体废物人均产生量

西巴尔干五国城市固体废物产生量处于不同水平，从塞尔维亚的每年人均 300 kg 到黑山的每年 500 kg 不等，但仍低于欧盟 2020 年人均城市固体废物产生量（505 kg），与西巴尔干国家人均整体收入较低相对应。自 2015 年以来，北马其顿、塞尔维亚每年人均城市固体废物产生量有所增加，波黑和黑山相对稳定，阿尔巴尼亚下降[②]（如图 1 所示）。

① 本文研究范围为塞尔维亚、波黑、阿尔巴尼亚、北马其顿、黑山等

② 阿尔巴尼亚每年人均城市固体废物产生量降低是因为数据质量提升，而不是实际产生量减少。

然而，欧洲环境署认为该地区固体废物数据可用性及可信度相对较低。很多情况下固体废物产生量是根据城市中的人口数量进行估计的，估计值较高。虽然采用调研统计方式，但回复率及准确度较低。高质量数据对促进固体废物管理和加强基础设施投资至关重要。随着各国对固体废物加强管理，该地区固体废物数据质量也在不断提升，如阿尔巴尼亚安装称重桥，波黑正在开发和实施固体废物管理信息系统，黑山正在提高年度统计调查问卷回收率等。

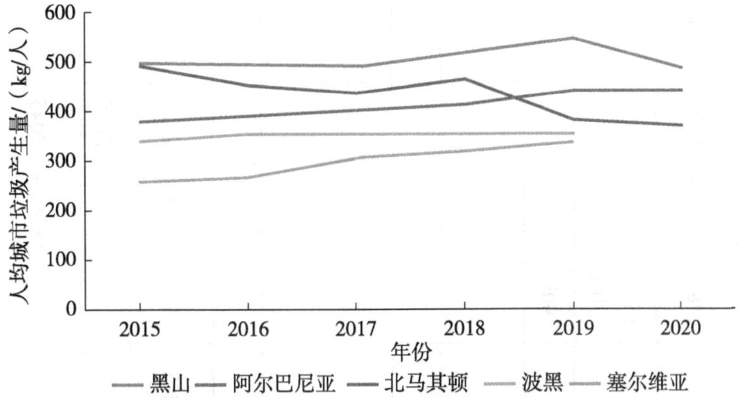

图 1　2015—2020 年西巴尔干国家人均城市垃圾产生量

数据来源：欧洲环境署。黑山 2015—2020 年、北马其顿 2020 年以及阿尔巴尼亚 2015—2017 年人均城市固体废物产生量为欧洲环境署估计数值。

（二）西巴尔干五国城市固体废物处置情况

1. 垃圾收集公共服务覆盖比例低，非正规回收占主要方式

西巴尔干国家垃圾收集公共服务覆盖的人口比例为 70%～86% 不等，近年来比例有所增加。与城市相比，农村地区由于缺乏基础设施，垃圾收集公共服务比例较低。虽然除塞尔维亚的所有西巴尔干国家都设定了分类收集或回收的目标，但缺乏具体的实施措施，可回收物单独收集缺乏系统性。尽管在阿尔巴尼亚、塞尔维亚有可回收物单独收集的试点项目，波黑及黑山的一些城市居民会将可回收物带到收集点或者公民福利场所，北马其顿和塞尔维亚也有一些生产者责任组织设有包装固体废物收集点，但以上情况并不常见。非正规回收在西巴尔干国家占重要位置，特别是高价值可回收物的收集。

2. 生物废物占比大，填埋处理排放大量温室气体

生物废物占西巴尔干国家所有城市固体废物的 26%～58%，是垃圾填埋场温室气体排放的主要来源。除试点项目和一些促进家庭堆肥的举措外，生物废物在西巴尔干国家还没有作为单独收集的目标。西巴尔干国家固体废物管理目标和实际表现如表 1 所示。

表 1 西巴尔干国家废物管理目标和实际表现

处理方式	阿尔巴尼亚			波黑			黑山			北马其顿			塞尔维亚		
	实际	目标	年份	实际	目标	年份	实际	目标	年份	实际	目标	年份	实际	目标	年份
垃圾回收服务人口覆盖比例	70%			74%	100%	2026	86%			78%	100%	2024	86.40%		
农村		100%		42%						15%～70%					
城市		100%		85%						90%					
单独回收	17%	20%	2025		23%～35%	2026								纸、金属、塑料、玻璃、编织物	2029
		30%	2030												
		40%	2035												
非正式回收	10%～15%														
垃圾处理															
回收	10%～18.5%			0	23%～25%	2026	7%	50%	2020		25%	2025	15.50%	25%	2025
											45%	2035		35%	2030
											65%%	2045		纸和卡片 25%、35%	2025、2029
堆肥				0									0.4%	有机垃圾 20%、有机垃圾 40%	2025、2029
焚烧	1%			0									0.8%		

续表

处理方式	阿尔巴尼亚			波黑			黑山			北马其顿			塞尔维亚		
	实际	目标	年份	实际	目标	年份	实际	目标	年份	实际	目标	年份	实际	目标	年份
填埋	80%	最多50%	2025	99%			93%			100%			80%	到2028年最多75%的生物可降解垃圾被填埋	2028
		最多30%	2030												
		最多10%	2035												
在管控的填埋场处理的固体废物比例	40%						20%						45%		
在卫生填埋场处理的固体废物比例							60%						25%	100%	2034

数据来源：作者根据欧洲环境署数据整理。

3. 污染者付费原则执行不合理，缺乏有效激励机制

实行污染者付费原则，征收服务费或者税收是城市垃圾回收和处理的主要资金来源。在西巴尔干国家，收费通常不能完全覆盖垃圾收集和处理的成本。每个居民家庭需要支付的费用是固定的或者根据居住面积计算的，缺乏有效的激励机制以鼓励居民减少垃圾并进行回收或单独收集。由于该地区有大量非法垃圾堆放点和低成本、不合格的垃圾填埋场，许多城市居民和垃圾收集者为逃避缴费而回避合规的垃圾处理，这也导致正规的垃圾填埋场因收益不佳而面临生存的挑战。

4. 固体废物处置主要依赖填埋，非法填埋比例高

欧洲环境署数据（如图 2 所示）显示，西巴尔干国家固体废物处置主要依赖垃圾填埋，固体废物填埋占总处置量的 70%～90%。此外，波黑、黑山、北马其顿以及塞尔维亚还存在非法填埋情况，非法填埋比例高，北马其顿非法填埋比例甚至达到 30%。CBS News 报道，塞尔维亚由于缺乏有害垃圾处理设施，有害垃圾需要出口到奥地利、罗马尼亚和瑞士等地。但垃圾出口运输成本高昂，一些废物处理公司为减少开销，私自非法倾倒，对环境造成严重破坏。

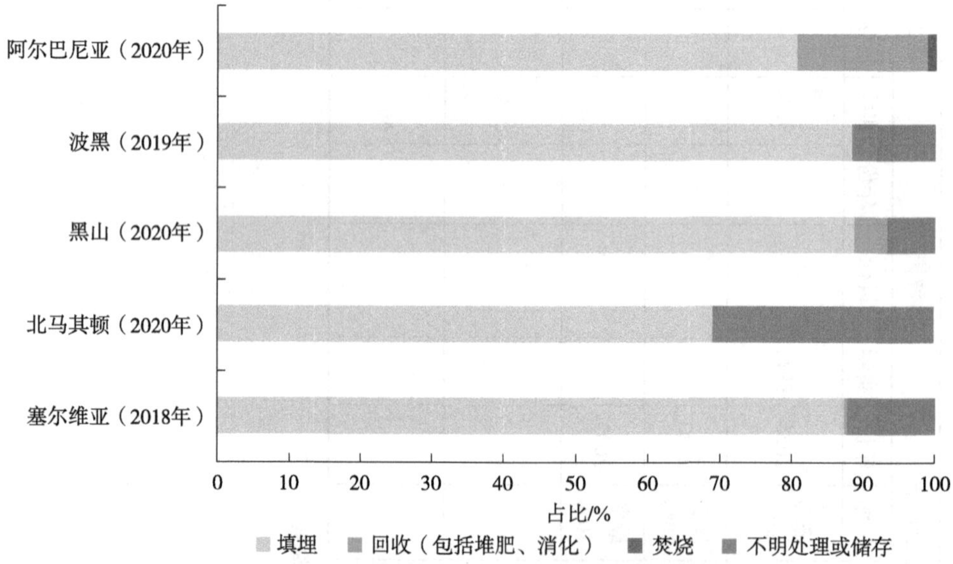

图 2　2020 年西巴尔干国家城市固体废物处置情况

数据来源：欧洲环境署。由于缺乏有关数据，图中波黑为 2019 年数据，塞尔维亚为 2018 年数据。非法填埋和处理数据根据固体废物产生量与固体废物处置量计算获得。

欧盟在西巴尔干绿色进程中提出致力于为西巴尔干国家创造新的增长战略，实现从传统经济模式向可持续经济模式的转变，以符合欧洲绿色新政总体部署。欧盟《循环经济行动计划》明确了支持西巴尔干国家循环经济发展，并提供相关项目支

持。但数据显示，西巴尔干国家固体废物回收循环率不高，只有黑山和阿尔巴尼亚存在少量的可循环处置，西巴尔干国家发展循环经济任重道远，在落实可持续发展目标 12 城市固体废物指标方面存在重大挑战。

二、西巴尔干国家固体废物管理法律与政策

截至 2023 年 1 月，西巴尔干国家在起草和制定废物管理法规及相关行政指令方面取得重要进展。西巴尔干五国都已制定或正在修订城市固体废物管理法律框架，力图接近欧盟废物管理立法水平，特别是欧盟《废物框架指令》，但五国立法及政策侧重点各有不同。

（一）阿尔巴尼亚

阿尔巴尼亚政府主要通过改变固体废物管理立法，确立其循环经济领域目标。《2020—2035 年国家废物综合治理战略》于 2020 年 5 月 27 日得到批准。该战略通过在阿尔巴尼亚国内建立固体废物管理的最低标准，使其固体废物管理立法与欧盟的《废物框架指令》及欧盟法律保持一致，支持阿尔巴尼亚加入欧盟环境谈判进程，该战略将有助于阿尔巴尼亚提升固体废物综合治理水平。

（二）波黑

近年来，循环经济作为一个新兴概念在波黑国内逐步兴起，但资源效率和循环经济在波黑政策制定中没有得到充分体现，原因在于波黑国内固体废物管理立法相对薄弱，基础设施不足，因此亟须建立完善的法律框架以及固体废物治理基础设施，帮助消费者从目前处置固体废物的线性经济过渡到循环经济模式，并将固体废物视为新的资源。

（三）黑山

2019 年，黑山开始采用欧盟《智能专业化战略》，该战略侧重于通过科学、数字以及智能手段实现绿色和资源节约型经济，更加注重政府、学术机构、企业和民间部门之间的协同效应。黑山在《2030 年可持续发展国家战略》中重申了向循环经济转型的重要性，同时强调《废物管理法》修订将体现循环经济原则。

（四）北马其顿

《废物管理法》确定了北马其顿固体废物管理的基本框架，为制定固体废物管理

规章制度和政策文件提供了法律依据，具体内容包括明确了固体废物管理的长期需求以及相关立法步骤，评估了当前固体废物管理现状，提出了未来 6 年内固体废物管理基本建议、行动规划以及财政安排，规定固体废物管理方案应每年制定一次，由环境与自然规划部及从事固体废物管理的地方自治单位批准等。《2020—2030 年国家废物管理计划》旨在提高家庭固体废物管理标准，提出建立新的区域固体废物管理中心。

（五）塞尔维亚

塞尔维亚自 2013 年起开始制定固体废物管理相关政策，为了与欧盟循环经济和固体废物管理法律相一致，塞尔维亚将尽快采用新的《废物管理法》，更新固体废物管理公共政策。

综上所述，西巴尔干国家虽然国家立法、战略以及规划中包含了城市固体废物回收、收集以及减少填埋的宏伟目标，但由于人员和预算不足并且缺乏实际有力的措施、部门合作机制以及执行力度，法律框架的执行存在很大挑战，固体废物管理实际表现较差。

三、启示与建议

生态环境保护是中国与西巴尔干国家共同关注的重要领域。中国与西巴尔干国家目前已经建立了中国—中东欧国家环保合作多边框架以及双边协议机制，开展了部长级对话、企业合作交流等多层次合作并达成了“绿色共识”。为了深入挖掘中国—中东欧国家环保合作机制潜能，推动中国—中东欧国家环境合作取得更多务实成效，针对下一步如何开展我国与西巴尔干国家城市固体废物合作，提出如下建议。

一是加强固体废物治理政策法规交流，提升西巴尔干国家固体废物治理能力。依托“一带一路”绿色发展国际联盟、中国—中东欧国家环保合作等平台和机制，开展固体废物治理领域政策交流活动，推动建立政府、研究机构、企业等多层次对话合作机制，分享各国在固体废物治理领域的创新性解决方案与示范案例，提升西巴尔干国家固体废物治理能力。

二是探索建立中国—西巴尔干国家“无废”友好城市，分享“无废城市”建设经验。目前，中国部分省市已与阿尔巴尼亚、塞尔维亚、黑山以及北马其顿部分城市建立友城，双方合作内容不断充实。建议借鉴友城机制，未来探索建立中国—西巴尔干国家“无废”友好城市，充分发挥地方政府主动性，分享双方“无废”城市建设相关实践经验，探索开展相关示范项目。

三是深化固体废物治理领域务实合作，推动中国废物治理企业“走出去”。研究显示，2018—2020 年，中国企业在“一带一路”共建国家的环保投资中，垃圾发电、生物质发电呈上升趋势，中东欧地区也是热点地区，但中国环保企业在西巴尔干国家开展固体废物治理项目还处于空白。未来可依托中国—中东欧环保技术交流等活动，开展企业固体废物治理专题交流，促进企业间对话，推动中国固体废物治理企业“走出去”。

参考文献

葛天祺，郭昕，杨玉川，等 . 2020. 欧盟与西巴尔干地区环境合作进展与启示 [R]. 国际环境观察与研究通讯 .

马雅静，高丽莉，唐艳冬，等 . 2021. 2018—2020 年“一带一路”能源和环保领域投资分析 [R]. 国际环境观察与研究通讯 .

张敏，乔宇杰，彭宇，等 . 2021. 中东欧国家落实联合国 2030 年可持续发展议程进展及推动中国—中东欧生态环保合作的工作建议 [R]. 国际环境观察与研究通讯 .

Balkan Forum, 2021. Circular Economy in the West Balkans Region: Waste Management Legislation[R/OL]. https://thebalkanforum.org/en/circular-economy-in-the-western-balkans-region-waste-management-legislation.

European Environment Agency, 2022. Municipal waste management in the Western Balkan countries [R/OL]. https://www.eea.europa.eu/publications/municipal-waste-management-in-western.

加强地方履约能力建设　提升自主履约能力

李思成　刘　援

我国履行《关于消耗臭氧层物质的蒙特利尔议定书》（以下简称《议定书》）30 多年的经验表明，地方政府的履约能力是国家实现履约目标、巩固履约成果的根本保证。当前，百年变局加速演进，履行环境国际公约已超出环境治理的本质而成为政治议题。作为发展中国家，我国申请《议定书》《关于持久性有机污染物的斯德哥尔摩公约》《关于汞的水俣公约》《生物多样性公约》等公约履约国际赠款资金的难度前所未有，履约资金支持压力凸显。因此，用好已获得的赠款资金，以地方能力建设为抓手，全面提升地方履约能力、建立环境国际公约履约长效机制，从主要依靠赠款支持履约的传统模式向自主履约发展，使地方自主履约成为国家履约的坚实基础。

一、地方 ODS 履约能力建设不断深入

我国自 1991 年加入《议定书》，经过 30 多年的不懈努力，很好地履行了《议定书》关于淘汰消耗臭氧层物质（ODS）受控用途生产和使用的义务，累计淘汰 62.8 万 t ODS，为臭氧层作出了重要贡献，同时也对减缓气候变化产生巨大效益，1999—2020 年累计避免了 260 亿 t CO_2 当量的温室气体排放。在履约进程中，地方政府履约能力建设发挥了重要作用。作为《议定书》履约工作的主管部门，生态环境部坚持系统观念，注重统筹兼顾、协同推进，从意识、体制、组织、政策上全面发力，全方位、全地域、全过程加强地方生态环境部门的 ODS 履约能力，不断增强中央和地方开展履约工作的整体性、协同性，确保实现 ODS 履约目标。

2007 年至今，生态环境部先后开展三期“加强地方消耗臭氧层物质淘汰能力建设”项目（以下简称能力建设项目）。第一期能力建设项目于 2007—2012 年开展，全国 31 个省（自治区、直辖市）和 5 个计划单列市参与了第一期项目，具体开展了 ODS 履约机构建设、ODS 行业企业基本情况调研、ODS 政策法规培训与宣传、ODS 监督执法等工作内容，初步建立了地方环境保护部门对 ODS 履约工作的管理能力，确保国家顺利完成了 2007 年全面淘汰全氯氟烃（CFCs）、哈龙和 2010 年全

面淘汰四氯化碳（CTC）等受控用途生产和使用的履约目标。

2010年6月，国务院正式颁布施行《消耗臭氧层物质管理条例》（以下简称《条例》），各级地方环境保护部门对ODS生产、使用、维修、回收、销毁等活动的管理和监督职责得到了进一步明确。为深入贯彻落实《条例》，做好ODS淘汰管理工作，第二期能力建设项目于2014—2017年开展。在总结一期项目经验的基础上，针对涉ODS企业数量较多、履约任务重的24个省（自治区、直辖市）组织开展了二期项目，开展了打击ODS非法生产与使用、编制《条例》配套政策、建立ODS信息数据库、发展ODS替代技术等活动，进一步完善了地方环境保护部门的履约机制，提高了履约管理能力。

"十四五"期间，我国《议定书》履约工作进入含氢氯氟烃（HCFCs）淘汰和氢氟碳化物（HFCs）管控工作并行开展及已淘汰受控物质持续履约的新阶段：一方面，HCFCs管控、HFCs管控、已淘汰受控物质持续履约三重任务叠加，履约任务艰巨；另一方面，履约国际赠款资金的申请难度前所未有，履约资金支持压力凸显；此外，新修订《条例》和《中国履行〈关于消耗臭氧层物质的蒙特利尔议定书〉国家方案（2024—2030年）》将于2024年颁布，新出台的《关于禁止生产以1,1-二氯-1-氟乙烷（HCFC-141b）为发泡剂的保温管产品、太阳能热水器产品的公告》等政策法规亟须深入和全面地贯彻落实。新的阶段，对地方履约能力要求更高，国家层面政策实施、地方层面政策法规完善、监督执法能力加强，并逐步将履约工作纳入地方政府日常管理范围并形成履约监管长效机制是一项长期任务。鉴于此，生态环境部于2023—2025年组织开展第三期能力建设项目。

二、地方ODS履约能力建设成效显著

通过第一期、第二期能力建设项目的开展，各省（自治区、直辖市）ODS管理机构的建设实现了从无到有、从零到整的转变，ODS配套政策法规实现了从相对薄弱到逐步完善的转变，地方生态环境部门履约管理能力切实提高，社会公众履约意识明显提升。各地建立了由国家牵头，省、市、县三级联动的履约机制，巩固了已淘汰ODS履约成果，确保国家履约目标顺利实现。总体来看，我国ODS履约能力建设工作成效显著，也为我国参与国际环境公约履约工作积累了丰富经验，主要体现在以下几方面。

（一）设立专门机构，建立多部门协同工作机制

ODS履约管理工作涉及化工生产、消防、清洗、泡沫、制冷、烟草等多个行

业。通过开展能力建设项目，各省（自治区、直辖市）成立了 ODS 淘汰领导小组和履约办公室，领导小组成员一般包括发改、公安、财政、交通运输、工商、出入境检验检疫等多个部门，履约办公室多设在生态环境厅（局）相关处室，建立了以生态环境系统为主体、多部门协同的工作机制。在履约工作开展过程中，各部门既有分工又有合作，相互配合，形成了强大的工作合力和监管体系，尤其体现在执法检查过程中，各部门联合执法避免了 ODS 执法仅依靠生态环境部门执法工作依据不充分、执法手段单一的问题。

（二）建章立制，形成地方 ODS 政策法规体系

自开展能力建设项目以来，在国家 ODS 履约工作主管部门的指导下，各省（自治区、直辖市）积极贯彻和落实国家有关 ODS 政策法规，结合地方工作实际，制定并颁布相关配套政策。各省（自治区、直辖市）实现了 ODS 政策法规从无到有、从相对薄弱到逐渐完善的转变，地方政策法规体系的建设与发展为 ODS 淘汰监督管理提供了制度保障。例如，上海市环保局于 2008 年发布了《关于在建设项目环境管理中严格遵守中国淘汰消耗臭氧层物质政策法规的通知》（沪环保控〔2008〕321 号），四川省人民政府办公厅于 2008 年发布了《关于建立四川省加强消耗臭氧层物质淘汰工作联席会议制度的通知》（川办函〔2008〕193 号），湖南省淘汰消耗臭氧层物质工作领导小组于 2009 年印发了《关于发布湖南省消耗臭氧层物质淘汰目录及替代品推荐目录（第一批）的通告》（湘淘发〔2009〕1 号），山东省环境保护厅于 2015 年发布了《关于加强消耗臭氧层物质生产、使用、销售、回收、再生利用、销毁等经营活动备案管理的通知》（鲁环函〔2015〕1059 号），浙江省环境保护厅于 2017 年发布了《关于进一步加强含氢氯氟烃物质生产、销售、使用和处置管理的通知》（浙环发〔2017〕18 号）等。

（三）积极创新，多途径探索长效管理机制

在国家 ODS 履约工作主管部门的指导和能力建设项目的支持下，各省（自治区、直辖市）结合自身情况积极创新，探索并建立了 ODS 长效监督管理机制，巩固履约成果，推动可持续履约工作。例如，重庆、天津等地将淘汰 ODS 环境管理纳入“蓝天行动”计划和年度环保系统工作考核目标，将淘汰 ODS 环境管理作为一项新的重要环境保护职责，并使其主流化，确保淘汰 ODS 工作顺利实施。重庆、山东、河南等地将淘汰 ODS 环境管理编入省级五年规划，从而进一步提升各级政府和全社会对淘汰 ODS 环境管理的重视程度，推进 ODS 淘汰工作，同时为国家规划提供省

级支撑。辽宁、安徽、江西等地将涉及 ODS 建设项目的环评审批纳入日常管理中，要求各环评单位认真执行国家相关技术要求，对国家明令淘汰的 ODS 项目严格把关，切实把淘汰 ODS 落实到环评全过程监督管理中。

三、加强地方能力建设，推动自主履约

30 多年来，我国履行《议定书》所引进和利用的资金和技术弥补了国内生态环境保护投入的不足，为履约提供了重要经费支持。而在当前形势下，我国获取国际赠款资金支持的难度将越来越大。作为负责任大国，不管外部压力与环境如何变化，坚决履行好自身在公约中的责任与义务是首要任务。正如习近平总书记在全国生态环境保护大会上提出的“四个重大转变”，履约工作将更加主动作为，深入走向系统化治理，从主要依靠赠款支持履约的传统模式向自主履约发展。

（一）坚持共同但有区别责任原则，争取并用好国际赠款

《议定书》多边基金为发展中国家的履约提供了有力的资金支持，并通过资金支持促进了环境国际合作。国际赠款在我国各阶段履约目标的实现中发挥了重要作用，促进了我国生态环境保护的国际合作和国际技术、经验的引进，支持了《议定书》的程序性和实质性履约。作为发展中国家，一方面，应坚定维护我国发展中国家地位，坚持承担与我国发展阶段相符的履约责任与义务，充分考虑国家经济发展面临的挑战，继续争取国际赠款以支持我国履约工作开展；另一方面，要最大限度用好已获得的赠款资金，以地方能力建设为着力点，将资金用在更具影响力且更具有可持续性的履约活动上。

（二）强化地方履约能力建设，全面提升自主履约能力

一直以来，我国获得的《议定书》多边基金赠款主要用于生产线关闭、替代技术改造和技术援助三大类项目活动，技术援助在总资金中的占比不超过 10%。尽管如此，技术援助活动在支持履约的政策法规标准制定、地方能力建设、国际技术交流等方面发挥了至关重要的作用，其成果的示范性、可复制性及可持续性对可持续履约至关重要。如前述，“加强地方消耗臭氧层物质淘汰能力建设”项目在地方自主履约能力加强方面发挥了积极作用并取得了良好的成效。地方生态环境部门作为国家履约管理监督机制的重要组成单位，在实质性履约管理监督方面发挥着重要作用，加强其能力建设，可达到事半功倍的效果。地方政府履约能力的提升是国家实现履约目标、巩固履约成果的根本保证。接下来，我国需要完成《议定书》规定的刚性

削减任务——HCFCs 在 2025 年、2030 年分别实现 67.5%、97.5% 的削减；HFCs 在 2024 年实现基线水平的冻结，2029 年、2035 年、2040 年、2045 年分别削减基线水平的 10%、30%、50%、80%；此外还有已淘汰 ODS 需要持续履约。为推动建立长效履约机制，以开展地方履约能力建设为抓手，着力在全国各省（自治区、直辖市）建立高水平的环境国际公约履约队伍，将有限的资金优先用于履约意识的提升，履约政策的培训宣贯，履约机构的建设，地方配套政策的制定，ODS 非法生产、消费、贸易的监督执法等方面的能力建设，全面提升地方自主履约能力。

（三）推广《议定书》履约工作经验，助力各环境国际公约履约

从国际看，百年变局加速演进，外部环境不稳定、不确定、难预料成为常态，全球生态环境问题政治化趋势增强，我国从《议定书》《关于持久性有机污染物的斯德哥尔摩公约》《关于汞的水俣公约》《生物多样性公约》等环境国际公约获得赠款支持的难度也在不断增加。随着履约工作不断推进，我国将逐渐减少对国际赠款的依赖，并进入国家自主履约的新局面。由环境国际公约的参与者到引领者，需立足国情，科学应变，以点带面式地推动地方自主履约到国家履约目标的实现。我国履行《议定书》30 多年来积累了丰富的经验，特别是通过“加强地方消耗臭氧层物质淘汰能力建设”项目的持续开展，地方生态环境部门逐步建立了履约机构与机制，培养了专业的履约队伍，地方履约能力不断提高。地方生态环境部门在履行《议定书》下建立了履约管理监督体系，可通过持续的能力建设，提高其对其他环境国际公约的认识、了解目标管理要求，扩充其监管领域，协同各公约履约管理监督，为地方履约提质增效，并建立履约管理监督的长效机制，使地方自主履约成为国家履约的坚实基础。

第四章

推动绿色低碳高质量发展：全球绿色实践与美丽中国建设

近年来，清洁能源的使用成为世界能源的主流，各国渴望摆脱对传统能源的依赖，风电、太阳能、氢能等可再生能源发展势头猛进，全球可再生能源发电总量不断增加，发电成本持续下降。中国在风电、光伏、水电、核电等产业处于世界领先地位，世界各国在发展可再生能源方面存在的不同问题和挑战对我国发展新能源产业具有现实借鉴意义。同时，随着“碳达峰、碳中和”目标的提出，构建以新能源为主体的新型电力系统，建立有利于促进绿色能源生产消费的市场体系和长效机制，已成为实现“双碳”目标的重要手段。我国正在探索实施绿证、绿电和国家核证自愿减排量（CCER）等市场机制，有利于推动可再生能源产业快速发展。中国式现代化是绿色发展的现代化，实现绿色转型是当前中国经济社会发展的主要任务之一，要牢牢把握推动高质量发展这个主题和首要任务，推动构建绿色低碳循环经济体系，实现高水平保护、高品质环境、高质量发展良性互动，在绿色转型中推动发展实现质的有效提升和量的合理增长。

本章主要编者为曹杨。

全球风光水等可再生能源发电现状、趋势及启示

马雅静　高丽莉　闫　枫　姚　玉

近年来，清洁能源的使用成为世界能源的主流。可再生能源在这一浪潮中成为日渐推崇的新型能源。目前，世界各国都在大力发展可再生能源，提高可再生能源利用技术、有针对性的政策激励、通畅的融资渠道、环境与能源安全的需要、新兴发展经济体对能源的需求等因素都促进了可再生能源在电力领域的应用。

现阶段，全球可再生能源发电总量不断增加，发电成本持续下降，但世界各国在发展可再生能源发电方面面临不同程度的挑战。本文选取风、光、水三大主要可再生能源，对其发电现状、发展趋势和面临的挑战进行分析阐述，对不断完善我国可再生能源发展战略以及可再生能源发电政策和制度具有一定参考意义。

一、全球可再生能源发电现状

（一）全球能源发电量概况

《BP 世界能源统计年鉴 2022》显示，2020 年以来，可再生能源继续快速增长。可再生一次能源消费（包括生物燃料，但不包括水电）在 2021 年增长了 15%，高于 2020 年的 9%，并且高于 2021 年的任何其他能源。2021 年风能和太阳能装机容量增长 226 GW，接近 2020 年 236 GW 的历史增幅。中国仍然是风能和太阳能产能增长的主要驱动力，分别占全球新增产能的约 36% 和约 40%。国家能源局近日发布的最新数据显示，2022 年上半年我国新增发电装机中非化石能源发电装机占比达到 83%，可再生能源发电装机突破 11 亿 kW。其中，水电、风电、太阳能发电量增长较快，同比分别增长 20.3%、7.8%、13.5%。

2021 年，全球发电量增长 6.2%，其中可再生能源作用显著。以风能和太阳能为主导的可再生能源继续强劲增长，可再生能源发电量占总发电量的 13%。可再生能源发电量在 2021 年增长了近 17%，占 2019 年、2020 年全球发电量增长的 50% 以上。

风能和太阳能发电量占发电量的比重达到 10.2%，首次提供超过 10% 的全球电

力，并超过核能的贡献。核能发电量增长了4.2%——这是自2004年以来最强劲的增长，中国贡献最大。水力发电量自2015年以来首次下降，下降约1.4%。

化石能源中，煤炭仍然是2021年全球发电的主要来源，其比重从2020年的35.1%增长到36%。天然气发电量在2021年增长了2.6%，但其比重从2020年的23.7%下降到2021年的22.9%。

（二）全球可再生能源发电快速增长

国际能源署（IEA）数据显示，预计2022年全球电力需求将增长2.4%，2023年将保持相近增速。预计2022年全球可再生能源发电量将增长10%，成为增长最快的电力供应来源，其中低碳发电量将增长7%，超过需求增长，化石燃料发电总量下降1%。IEA预测，2023年全球可再生能源发电量将增长8%，随着核电的逐步恢复，将取代更多的天然气和煤电使用。随着可再生能源使用量的增加，预计2022年和2023年全球碳排放量将分别下降0.5%和1%。

亚太地区在全球能源转型中发挥关键作用，2022年该地区可再生能源发电量预计增长13%，核电短期内将继续增长。印度和中国是亚太地区最大的两个市场。中国《"十四五"可再生能源发展规划》指出，"十四五"时期可再生能源发电量目标为超过新增电力需求的一半以上。2021年以来，印度燃煤电厂燃料供应不稳定，煤炭库存减少，印度电力部门正在实施增加煤炭供应措施，到2023年，煤炭发电量增长预计下降2%，可再生能源发电量增长10%。韩国宣布了一项核能发电政策，旨在扩大核能发电并减少对化石燃料的依赖。

在美洲地区，美国2022年和2023年可再生能源发电量预计分别增长11%和6%，5个州在2021年更新或实施了新的清洁能源标准，其中3个州承诺100%使用清洁能源或无碳电力。墨西哥2022年发电量增长大部分来自可再生能源（增长15%）和煤炭（增长26%）。巴西可再生能源在发电组合中的份额到2023年预计达到90%。

在欧洲地区，受到化石燃料尤其是天然气的价格上涨和供应短缺影响，外加政府干预天然气消费，加速了煤炭替代天然气。例如希腊、波兰推迟燃煤电厂退役时间，丹麦延长允许运营时间等。燃煤发电在德国等煤炭产能过剩的国家有所增加。总体而言，预计2022年煤炭发电量将增长8%，天然气发电量将下降7%，2023年可再生能源发电量预计增长7%，将满足或超过其需求增长。

在中东地区，卡塔尔和沙特阿拉伯两个新开发的太阳能项目使该地区到2023年可再生能源发电量预计增加1/3。天然气将占2022年和2023年总发电量净增长的近2/3，并保持在该地区电力结构中的主导份额。

在非洲地区，随着阿尔及利亚、摩洛哥、埃及、南非和埃塞俄比亚等国家水电、光伏和风能等大批可再生能源项目即将建成，预计到 2023 年可再生能源发电量将大幅增加。

二、全球风光水等主要可再生能源发电现状及趋势

（一）风力发电现状

根据《全球风能报告 2022》，2021 年全球风电装机新增 93.6 GW，其中陆上风电新增装机 72.5 GW，海上风电新增装机 21.1 GW，累计装机达到 837 GW，较 2020 年增长 12%。相比 2020 年，全球风电招标量上升 153%，达到 88 GW，其中陆上风电为 69 GW，占 78%，海上风电为 19 GW，占 22%。

2021 年全球风电装机为历史第二高，但仍需要政策突破才能实现零碳目标。多个地区海上风电创历史新高反映了市场强劲增长，到 2030 年风电年装机需翻两番才能达到全球温升 1.5℃以内及 2050 年净零排放目标。

2021 年，在全球新增陆上风电装机中，欧洲、拉丁美洲和加勒比地区、非洲和中东地区创历史最高新增装机记录，分别增长了 19%、27%、120% 和 58%。全球陆上风电新增装机为 72.5 GW，前三位是中国、美国和巴西，其中中国占 42.3%。但中国和美国两个最大风电市场的陆上风电新增装机有所下降，分别为 30.7 GW 和 12.7 GW。全球海上风电新增装机为 21.2 GW，为 2020 年的三倍多，创历史最高；中国贡献最大，其海上风电增量占全球的 80%，成为全球海上风电累计装机最多的国家。具体如图 1 所示。

排名	国家	装机占比 /%
1	中国	50.91
2	美国	13.58
3	巴西	4.06
4	越南	3.74
5	英国	2.78
	其他总计	24.92

图 1　2021 年全球风电新增装机具体国家排名

数据来源：《全球风能报告 2022》。

2022—2031 年，全球海上风电新增装机将呈整体上升趋势，其中 2026 年后上

升速度增快。预测结果如图 2 所示。

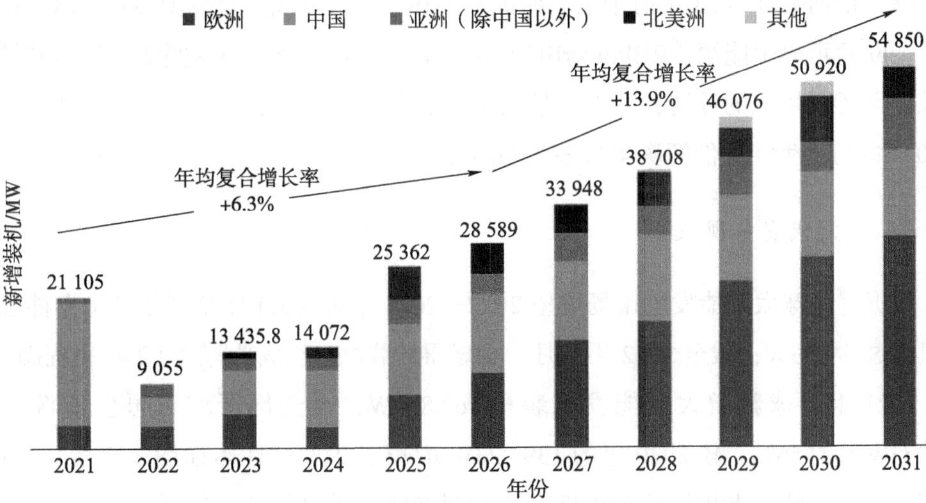

图 2　2022—2031 年全球海上风电新增装机趋势预测

数据来源：《全球风能报告 2022》。

在当前全球形势下，能源政策也在不断变化，新政策必须能够推动风电的快速发展，从而实现净零排放并保证能源安全。俄乌冲突引发的能源安全问题日益受到重视，风能的中期前景较为积极。根据现行政策，全球风能理事会（GWEC）预计，未来 5 年将增加 557 GW 风电装机，相当于到 2026 年要实现超过 110 GW 的年增长量。到 2026 年，新增风电装机在全球新增发电装机中的份额从 22.5% 提高到 24.4%。2022—2026 年，预计海上风电装机将增加 90 GW。

尽管风电增长较为迅速，但以目前风电增长速度难以实现《巴黎协定》或到 2050 年实现净零目标。能源政策环境正在发生变化，GWEC 预计将出台一系列新的政策举措。

部分国家在发展风电过程中面临建设项目审批难等问题，例如，美国海上风电项目通常需要至少 6 年才能获得许可；英国陆上风电必须满足严格的规划要求，地方政府资源不足，并且缺乏对项目的指导；日本需要 8 年完成陆上和海上风电项目较为复杂的环境影响评估程序；越南风电项目许可需要来自国家、省和地方各级数十个不同机构的近 20 项批准；印度尼西亚风电项目许可缓慢且不确定，涉及众多政府机构，一些许可具有自由裁量权性质，土地所有权证据难获得，并且可能与传统租户发生争议，土地认证的时间表也没有保证；肯尼亚国家土地委员会资源不足导致土地收购难，风电项目在补偿或安置方面经常面临当地的反对和分歧；印度风电项目征地需要 6～24 个月，部分邦的争端解决程序烦琐，导致风电项目长期延误。

2022 年 11 月，欧盟委员会制定了紧急法规，以畅通可再生能源项目的许可审批手续，帮助弥合 2023 年由于俄罗斯天然气和液化天然气数量减少导致的潜在供应缺口。欧盟可再生能源（REPowerEU）计划是欧盟委员会加速欧盟能源转型和结束对俄罗斯燃料依赖的计划，其中包括提高风能和太阳能产能的目标，并承诺将欧盟 2030 年的可再生能源份额从 40% 提高到 45%。

（二）光伏发电现状

根据《全球太阳能发电市场展望 2022—2026 年》，2021 年全球累计太阳能发电装机超过 940 GW；截至 2022 年 5 月，全球累计装机已经成功跨越 1 TW 里程碑。

2021 年全球新增太阳能发电装机 167.8 GW，占全部新增可再生能源装机（302 GW）的 56%，较 2020 年的 139.2 GW 增长了 21%。具体如图 3 所示。然而，太阳能仅能满足全球电力需求的 4%，而超过 70% 来自不可再生能源。

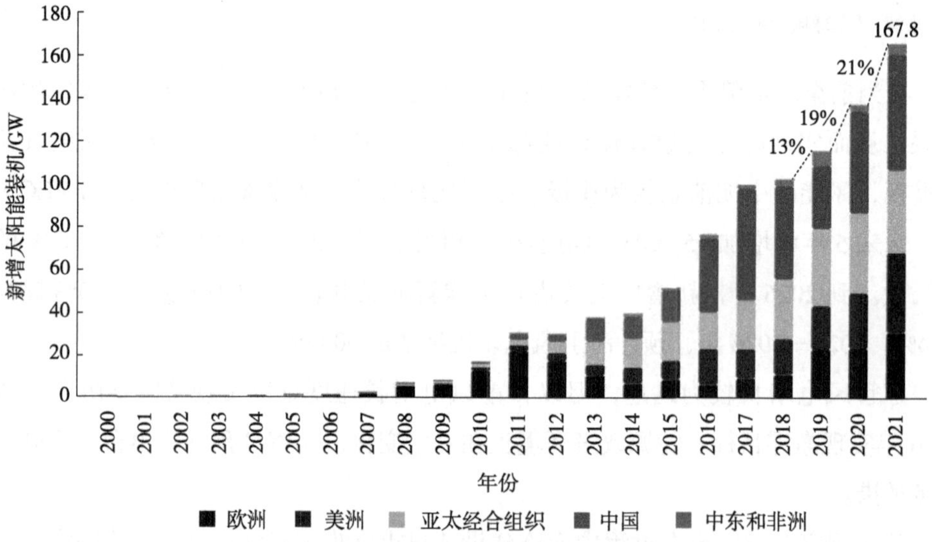

图 3　2000—2021 年全球新增太阳能装机情况

数据来源：《全球太阳能发电市场展望 2022—2026 年》。

2021 年，中国实现新增太阳能发电 54.9 GW，美洲地区新增 37.3 GW，欧洲地区新增 31.8 GW，印度新增 14.2 GW，日本新增 6.4 GW。中国、美国和印度占全球太阳能发电前三位。具体如图 4 所示。

全球太阳能发电装机从 2012 年的 100 GW 到 2022 年的 1 000 GW 用时 10 年，并在 2019—2021 年实现装机翻倍。预计 2022 年全球新增太阳能发电装机 221 GW，到 2025 年，全球太阳能发电装机将达到 2 300 GW。

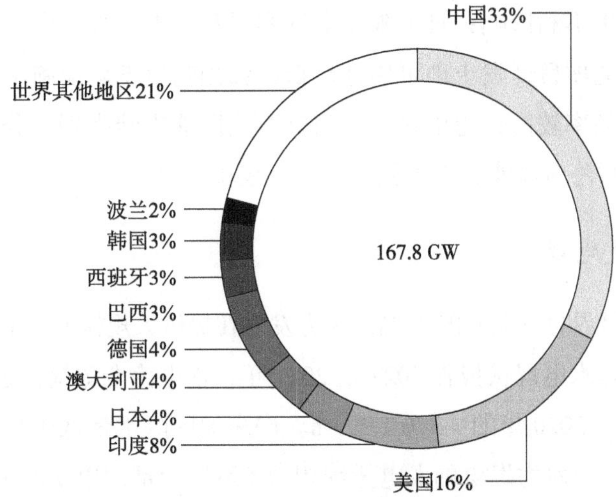

图4　2021 年全球新增太阳能发电前十地区

数据来源：《全球太阳能发电市场展望 2022—2026 年》。

2022 年，中国将实现新增太阳能发电装机 87.2 GW，继续保持领先地位。中国的太阳能屋顶是当今光伏市场的主要推动力，既能用于住宅领域，也可用于工商业领域；同时，电价上涨是太阳能发展的主要动力。

欧洲有望在 2022 年新增 39.1 GW 太阳能发电，其中德国约增加 7.4 GW，处于领先地位。俄乌冲突后，欧洲更加重视太阳能发电，奥地利、比利时、立陶宛、卢森堡和西班牙 5 个欧洲国家的能源部部长致函欧盟委员会，要求到 2030 年，欧盟的太阳能至少达到 1 TW。

美洲存在较大的不确定因素，美国的太阳能政策将导致其 2022 年新增装机下滑。但巴西将继续保持高增长态势。

印度 2022 年新增太阳能发电装机将超过 20 GW，由于高关税等原因，保守预期不会低于 13.6 GW。

2024—2026 年，全球约 55% 的太阳能需求将来自中国、美国和印度太阳能市场。这 3 个国家的安装量将分别为 94.3 GW、37.4 GW、20.6 GW。2026 年，中国、美国和印度的装机量预计达到 184.4 GW，中国将是唯一一个安装量超过 100 GW 的国家，最早将于 2024 年达到这一水平。

在全球太阳能发展进程中，各国面临不同方面的挑战：中国太阳能供应链价格上涨，光伏系统和组件的价格持续上涨，亟须在保持竞争力的同时降低太阳能投资成本；美国商务部正在考虑对来自部分东南亚国家的太阳能产品征收 50%～250% 的关税，导致部分太阳能项目延误或取消；印度太阳能产业商品和服务税率的提高对太阳能开发商产生不利影响；日本限制电网容量和弃电风险导致太阳能发电市场呈下降趋势，太阳能项目开发土地可用性较低；韩国输电基础设施匮乏导致太阳能系统并网延迟发生频率较高；越南缺乏专门针对太阳能安装类别划分的明确定义，电网运营商阶段性暂停对风能和太阳能项目的授权程序等。

（三）水力发电现状

水力发电占世界总发电量的 16%，水力发电在提供大规模低碳电力方面发挥关键作用。根据《全球水电现状报告 2022》，2021 年，水电为全球提供了约 4 250 TW · h 的清洁电力，低于 2020 年的 4 370 TW · h。许多地区降水量低于平均降水量是发电量下降的原因之一。水力发电的发电量约相当于欧盟全部用电量的 1.5 倍。

截至 2021 年年底，全球水电装机总量达到 13.6 亿 kW，同比增长 1.9%，创历史新高，但仍低于使水电在应对气候变化方面发挥作用所需的超过 2% 的增幅。2021 年，全球新增水电装机容量 2 600 万 kW，高于 2020 年的 2 100 万 kW，中国贡献最大，为 2 100 万 kW。抽水蓄能水电新增装机容量为 470 万 kW，高于 2020 年的 150 万 kW，其中 450 万 kW 来自中国。区域方面，东亚和太平洋地区新增水电装机 2 189.7 万 kW，增量位居全球前列；南亚和中亚地区为 196.1 万 kW，北美和中美洲地区为 115.6 万 kW。具体如图 5 所示。

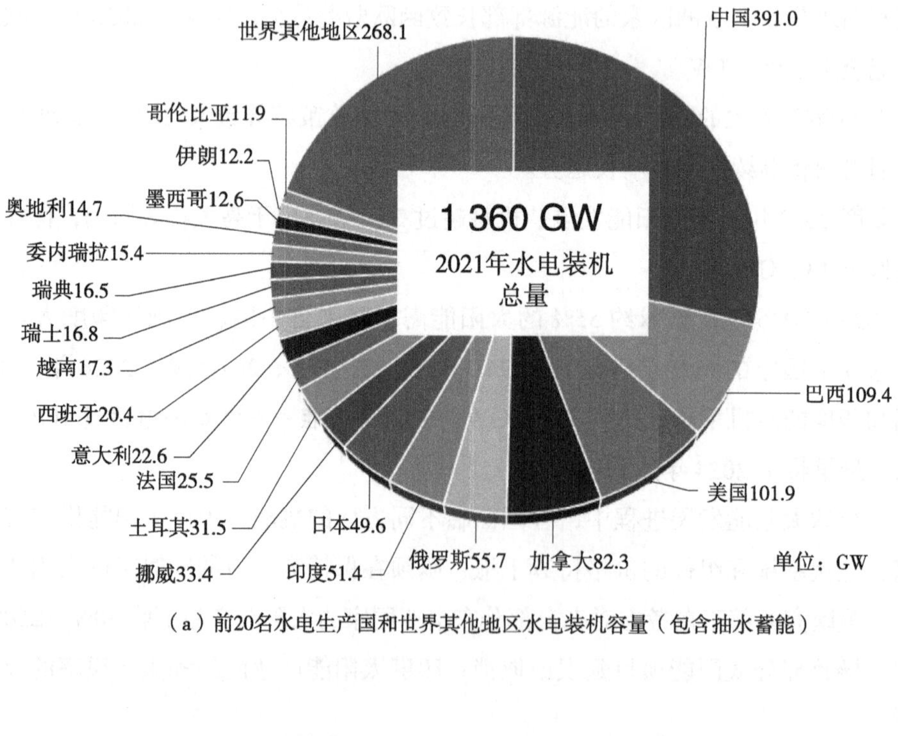

（a）前20名水电生产国和世界其他地区水电装机容量（包含抽水蓄能）

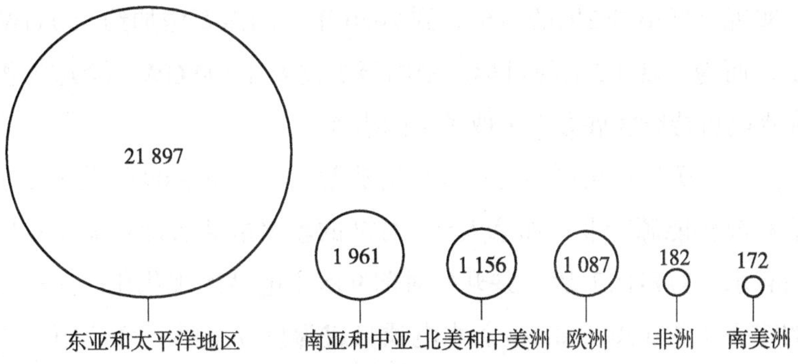

（b）2021年各地区新增水电装机容量（MW）

图 5　2021 年全球水电装机总量情况

数据来源：《全球水电现状报告 2022》。

国别方面，中国水电装机总量达 3.91 亿 kW，高居各国榜首；巴西 1.09 亿 kW、美国 1.02 亿 kW、加拿大 8 230 万 kW、俄罗斯 5 570 万 kW、印度 5 140 万 kW，分列第 2～6 位。37 个国家在 2021 年增加了水电装机容量，略高于 2020 年增加容量的 35 个国家。其中中国以 20.8 GW 居首位。2021 年没有其他国家增加超过 1 GW。加拿大（924 MW）、印度（803 MW）、尼泊尔（684 MW）、老挝（600 MW）和土耳其（513 MW）均增加了 500 MW 以上。具体如图 6 所示。

排名	国家或地区	新增装机容量 / MW	排名	国家或地区	新增装机容量 / MW	排名	国家或地区	新增装机容量 / MW
1	中国	20 840	14	赞比亚	150	27	瑞士	12
2	加拿大	924	15	哈萨克斯坦	129	28	格鲁吉亚	10
3	印度	803	16	阿根廷	115	29	阿塞拜疆	8
4	尼泊尔	684	17	菲律宾	85	30	布隆迪	8
5	老挝	600	18	乌兹别克斯坦	76	31	多米尼加	8
6	土耳其	513	19	塔吉克斯坦	49	32	哥伦比亚	4
7	印度尼西亚	481	20	哥斯达黎加	48	33	泰国	3
8	挪威	396	21	韩国	35	34	柬埔寨	2
9	越南	222	22	斯里兰卡	35	35	墨西哥	2
10	巴西	175	23	厄瓜多尔	31	36	玻利维亚	1
11	美国	172	24	乌干达	24	37	牙买加	1
12	俄罗斯	167	25	西班牙	16			
13	奥地利	150	26	洪都拉斯	12			

图 6　2021 年全球新增水电装机量情况

数据来源：《全球水电现状报告 2022》。

为实现全球温升 2℃的目标，到 2050 年中国需要增加约 850 GW 的额外水电装机容量，而为实现 1.5℃的目标，中国至少需要 1 200 GW。全球为积极应对气候变化，在水电可持续发展方面采取了不同措施。

北美和中美洲：美国通过一项政府法案，将投资 9.09 亿美金用于常规水电、抽水蓄能和海洋能源产业；加拿大约 3 GW 的新水电装机即将完工；墨西哥政府继续关注现有水电容量的升级，并开始对前 9 座水电站的现代化改造进行招标；哥斯达黎加的雷文塔松（Reventazon）水电项目成为世界上第一个使用气候债券倡议组织发布的新水电标准获得气候债券认证的水电站。

南美洲：2021 年 12 月，巴拉圭关闭了最后一家热电厂，其成为世界上唯一100% 可再生电力供应的国家，水力发电是其主要能源；巴西将加强互联互通、增加从阿根廷和乌拉圭的能源进口以及加快基础设施项目，将电力从该国东北部向南部输送以稳定电网；2021 年 6 月，哥伦比亚国会通过了《能源转型法案》，通过全面的监管框架，鼓励可再生能源发展（包括小水电）。

欧洲：计划实现能源多样化，加快向包括水电在内的可再生能源转型。为应对俄乌冲突，欧盟宣布了一揽子 REPowerEU 计划，以减少对天然气进口的依赖。2021 年，欧盟 27 个成员国增加了创纪录的 34 GW 的风能和太阳能发电能力，而水电仍然是主要的可再生能源发电能力。北海连接线将英国的电网与挪威连接，成为世界上最长的海底电力连接线，并为挪威的水力发电储备提供了一条新的出口路线。欧盟委员会发布了《欧盟分类法气候授权法案》，呼吁明晰和统一水电投资标准。

非洲：非洲拥有世界上最大的水电开发潜力，水力发电仍然是该地区主要的可再生资源。非洲部分地区电力十分短缺，西非和中非只有 3 个国家有望在 2030 年前为所有人口提供电力。非洲水电装机容量的 60% 已超过 20 年，目前正在开展水电现代化项目。该项目以低成本、相对较短的时间和最小的环境影响来增加发电能力。2021 年，赞比亚、尼日利亚、肯尼亚和乌干达等国家均有在建的水电站即将完工。

南亚和中亚：干旱多山的地理环境使风能和太阳能的应用更加困难。该地区水电发展潜力较大，许多国家已经制订了在未来 10 年大幅提升水电装机容量的计划。包括乌兹别克斯坦和吉尔吉斯斯坦在内的一些国家已经宣布计划对其现有水电资产进行现代化改造，以提高装机容量，确保能源安全。巴基斯坦政府发行了第一个名为“印度河债券”的绿色欧洲债券，为 4 800 MW 的迪亚迈尔·巴沙大坝和 800 MW 的莫赫曼德大坝的建设提供资金。印度河债券计划在 10 年内以 7.5% 的浮动利率筹集 5 亿美元。2021 年，不丹发布了一项国家可持续水电计划，水电是“实现国家社会福祉和经济繁荣愿望的理由”。约旦的目标是到 2030 年增加可再生能源在发电中的份额，并在 2021 年宣布将投入 8.462 亿美元建设水电站，并且已经宣布了小型水电项目的资格预审投标。

东亚和太平洋地区：中国国家能源局发布了《抽水蓄能中长期发展规划（2021—2035 年）》。根据该规划，到 2025 年，抽水蓄能水电的装机容量将至少达到 6 200 万 kW，到 2030 年将达到约 12 000 万 kW，相当于目前全球抽水蓄能装机容量的 75%。澳大利亚太平洋基础设施融资基金与所罗门群岛电力管理局签署了融资协议，正在资助建设一个 22 km 长的输电系统，将蒂娜河水电项目产生的可再生能源输送到所罗门群岛的首都霍尼亚拉。柬埔寨和老挝在 2019 年签署协议的基础上，进一步加强了水电项目合作。越南于 2021 年发布了第 8 号电力发展计划，目标是到 2045 年可再生能源发电量占总发电量的 75%。巴布亚新几内亚与 Fortescue Future Industries 签署了一项总体发展协议，启动 7 个水电项目的可行性研究，总装机容量为 1 500 万 kW。菲律宾政府更新了拟议中的《国家可再生能源计划（NREP）2020—2040》，该国的目标是到 2030 年可再生能源占总发电量的 35%。

三、全球可再生能源发电挑战及启示

全球可再生能源发展过程中面临阶段性挑战：一是个别国家和地区出于贸易保护的目的，设置了不利于可再生能源发展的壁垒。例如，美国、欧盟和加拿大对从部分东南亚国家和中国等进口的光伏产品强制征收反倾销反补贴税。二是部分国家在可再生能源项目开发过程中面临审批困难。例如，部分国家项目许可时间较长、程序较为复杂等。三是在保护环境的基础上，可再生能源基础设施管理和固体废物回收处理问题亟待解决，相关制度亟须完善。基于以上在全球可再生能源发展过程中面临的挑战，相关启示如下。

（一）借助相关平台和机制，分享我国可再生能源发电领域的相关政策制度和法规标准，宣传可再生能源发电项目相关的绿色技术和案例

在可再生能源发电项目审批程序尤其是许可制度方面，鉴于部分“一带一路”共建国家在可再生能源发电项目开发过程中面临审批困难，建议借助“一带一路”绿色发展国际联盟、“一带一路”生态环保大数据服务平台、气候变化南南合作等相关平台和机制，分享我国在可再生能源项目发电领域的相关经验、技术和案例等，更好地推动我国与世界各国在可再生能源发电领域的国际合作。

（二）完善可再生能源发电固体废物管理相关制度办法，提升可再生能源发电行业固体废物回收和处理技术，推动可再生能源发电项目绿色和可持续发展

建议完善可再生能源发电固体废物管理办法，提升可再生能源发电行业固体废物回收和处理技术，创新发电装机零部件生产工艺，加快老旧发电设施的改造等。填补和完善废旧光伏组件、风电叶片以及废旧动力电池等新兴固体废物综合利用领域相关政策等，推动全球可再生能源发电项目绿色和可持续发展。

参考文献

毕研涛，王丹，李春新，等，2016. 全球可再生能源发展现状、展望及启示 [J]. 国际石油经济，(8): 24.

姜鑫，乔佳，张雄君，等，2018. 可再生能源发电现状及发展建议 [J]. 煤气与热力，(1): 38.

汪波，李朝前，2018. 全球可再生能源发展现状及趋势 [J]. 中国物价，(5): 44-46.

Global Wind Energy Council, 2022. Global Wind Report 2022[R]. Global Wind Energy Council.

International Hydropower Association, 2022. Hydropower Status Report 2022[R]. International Hydropower Association.

International Energy Agency, 2022. Electricity Market Report-July 2022[R]. International Energy Agency.

SolarPower Europe, 2022. Global Market Outlook for Solar Power 2022-2026[R]. SolarPower Europe.

《全球太阳能光伏市场回顾 2022》主要内容和启示

高丽莉　闫　枫　姚　玉

2022 年 4 月，国际能源署（IEA）发布了《全球太阳能光伏市场回顾 2022》（*Snapshot of Global PV Markets 2022*，以下简称《回顾》），主要阐释了 2021 年全球光伏市场情况。《回顾》是国际能源署光伏电力系统项目的成果之一，截至《回顾》发表时项目有 32 个成员，分别是澳大利亚、奥地利、比利时、加拿大、智利、中国、丹麦、欧盟、芬兰、法国、德国、以色列、意大利、日本、韩国、马来西亚、墨西哥、摩洛哥、荷兰、挪威、葡萄牙、南非、西班牙、瑞典、瑞士、泰国、土耳其、美国、国际铜业协会、太阳能电力协会、太阳能工业协会、智慧电力联盟。项目的宗旨是"通过加强国际合作促进光伏发电成为可持续能源系统转型的重要基石"。

一、《回顾》的主要内容

（一）2021 年全球光伏市场整体情况

2021 年，全球光伏新增装机至少为 175 GW，同比增长 20.7%。排在前三位的分别是中国 54.9 GW、美国 26.9 GW 和欧盟 26.8 GW；全球光伏累计装机容量至少达到 942 GW，同比增长 22.8%；人均光伏装机容量排名前三位的国家分别是澳大利亚、荷兰和德国。

光伏发电占电力需求的占比排名前十的国家分别是澳大利亚、西班牙、希腊、洪都拉斯、荷兰、智利、德国、日本、意大利、以色列。

2021 年，各大洲光伏新增装机占比分别是亚太地区（52%）、美洲（21%）、欧洲（17%）、非洲和中东（3%）、世界其他地区（7%）。

太阳能光伏发电对脱碳贡献逐步增加，光伏发电可减少高达 11 亿 t CO_2 排放。

中国是 2021 年最大的光伏装机市场。2021 年 20 个国家光伏累计装机至少 1 GW，15 个国家光伏累计装机超至少 10 GW，5 个国家光伏累计装机超 40 GW。

全球光伏市场概览如图 1 所示，2000—2021 年光伏装机趋势如图 2 所示。2017—2021 年区域光伏市场增长率如图 3 所示。

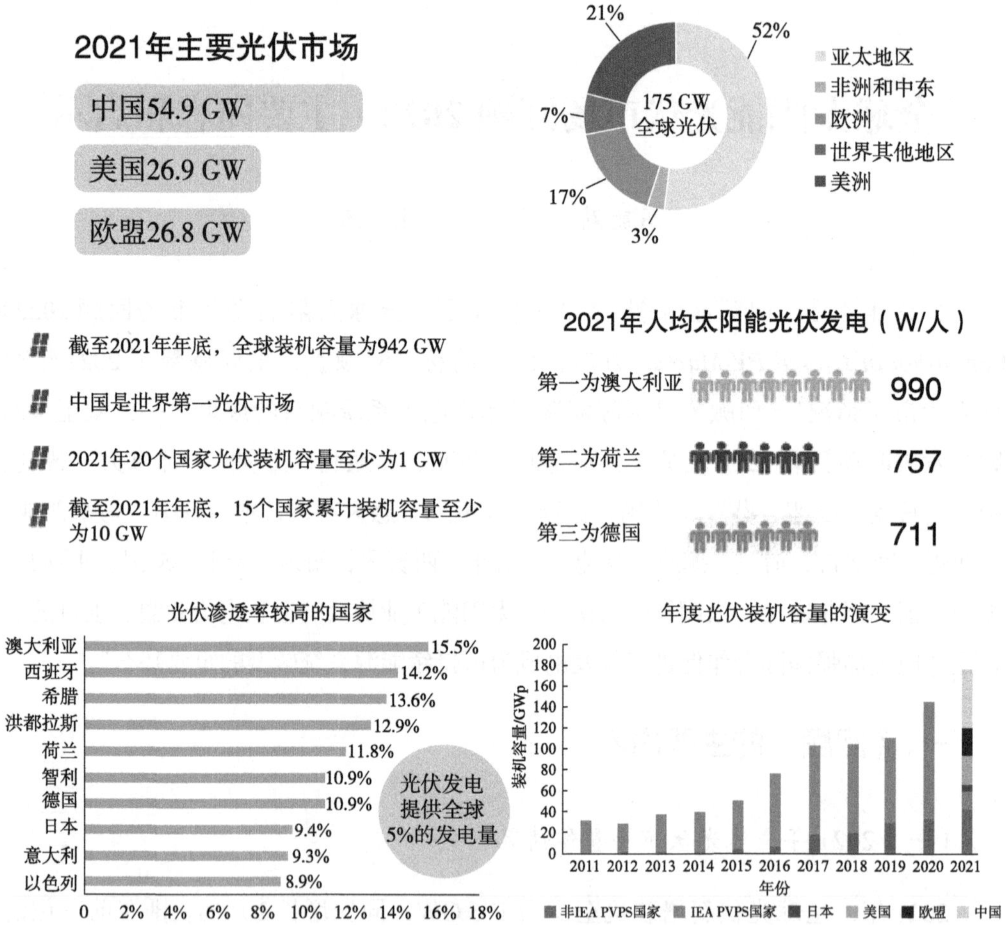

图 1　全球光伏市场概览

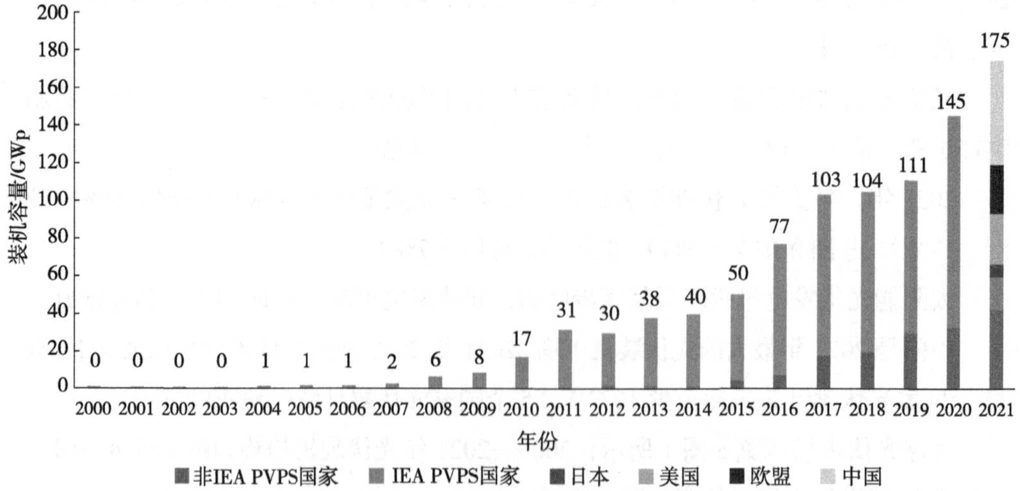

图 2　2000—2021 年光伏装机趋势图

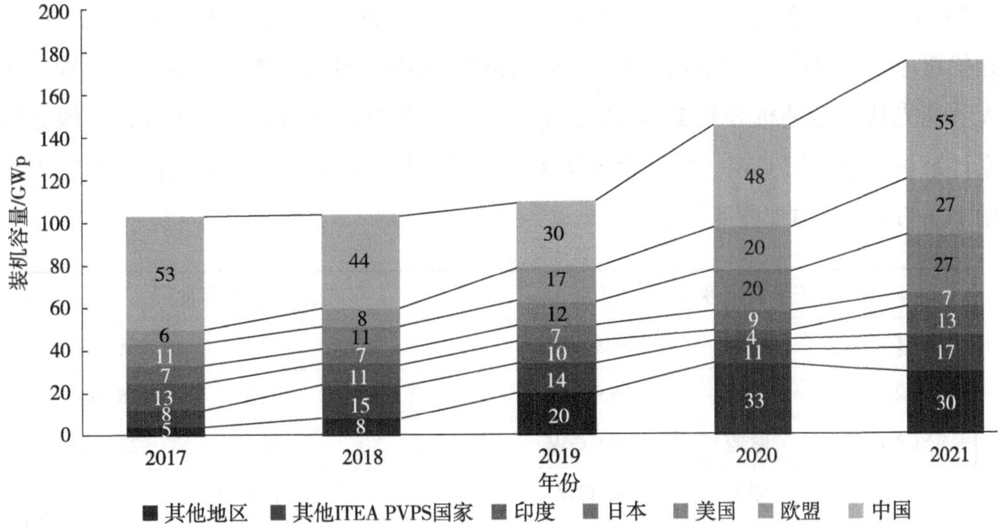

图3　2017—2021 年区域光伏市场增长率

（二）2021 年全球十大光伏市场

1. 新增装机

2021 年，中国光伏市场快速增长，新增装机 54.9 GW，同比增长 40%，占全球市场的 31%；美国新增装机 26.9 GW，同比增长 40%；印度新增装机 13 GW，同比增长 195.5%；日本新增装机 6.5 GW，同比减少 20.7%；巴西新增装机 5.5 GW，同比增长 77.4%，成为拉丁美洲最具活力的市场；德国新增装机 5.3 GW，同比增长 8.2%；西班牙新增装机 4.9 GW，同比增长 75%，创造了年度新增光伏装机记录；澳大利亚新增装机 4.6 GW，同比增长 12.2%；韩国新增装机 4.2 GW，同比增长 2.4%；法国新增装机 3.3 GW，同比增长 266.7%，同比增长近 3 倍。

从欧盟国家来看，除德国、西班牙、法国外，葡萄牙、奥地利、意大利新增装机也显著增长。

2021 年，美国、欧盟、印度新增光伏装机快速增长。印度市场表现突出，2020 年新增装机 4.4 GW，排在第 6 位，2021 年新增装机增长到 13 GW，同比增长 195.5%。另外，越南 2020 年新增装机为 11.1 GW，排名在第 4 位，而在 2021 年跌出前 10 名。

2. 累计装机

截至 2021 年年底，全球累计光伏装机容量至少为 942 GW，同比增长 22.8%。中国光伏累计装机容量达到 308.5 GW，排在第 1 位，同比增长 21.7%；其次为欧盟光伏累计装机容量 178.7 GW，同比增长 18.1%；后面依次是美国光伏累计装机容量

122.9 GW、同比增长 12%，日本光伏累计装机容量 78.2 GW、同比增长 9.5%，印度光伏累计装机容量 60.4 GW、同比增长 27.4%，德国光伏累计装机容量 59.2 GW，澳大利亚光伏累计装机容量 25.4 GW，意大利光伏累计装机容量 22.6 GW，韩国光伏累计装机容量 21.5 GW，西班牙光伏累计装机容量 18.5 GW，越南光伏累计装机容量 17.4 GW。具体如图 4 所示。

按年装机容量			按累计装机容量		
1	中国	54.9 GW	1	中国	308.5 GW
2	美国	26.9 GW	（2）	欧盟	178.7 GW
（3）	欧盟	26.8 GW	2	美国	122.9 GW
3	印度	13 GW	3	日本	78.2 GW
4	日本	6.5 GW	4	印度	60.4 GW
5	巴西	5.5 GW	5	德国	59.2 GW
6	德国	5.3 GW	6	澳大利亚	25.4 GW
7	西班牙	4.9 GW	7	意大利	22.6 GW
8	澳大利亚	4.6 GW	8	韩国	21.5 GW
9	韩国	4.2 GW	9	西班牙	18.5 GW
10	法国	3.3 GW	10	越南	17.4 GW

图 4　2021 年全球装机容量排名前 10 的国家和地区

数据来源：IEA PVPS。

欧盟国家中，德国光伏累计装机容量 59.2 GW，同比增长 21.7%；意大利光伏累计装机容量 22.6 GW，同比增长 4%；西班牙光伏累计装机容量 18.5 GW，同比增长 4.6%；法国光伏累计装机容量 14.3 GW，同比增长 31%；荷兰光伏累计装机容量 13.2 GW，同比增长 29%。

累计装机容量排名方面，意大利和英国在 2021 年年度装机中跌出前 10 名，但意大利在累计装机容量方面仍然保持在前 10 名，而英国的累计装机容量跌出前 10 名，被西班牙取代。

（三）光伏装机类型

2021 年，集中式光伏和分布式光伏占比较为接近，其中集中式光伏占比稍高于分布式光伏。分布式光伏由于中国、澳大利亚、德国和美国市场的拉动而有所增长。有关光伏的具体应用场景，《回顾》提到建筑光伏、农业光伏均得到快速增长。

（四）区域光伏装机演变与发展

区域光伏装机演变如图 5 所示。

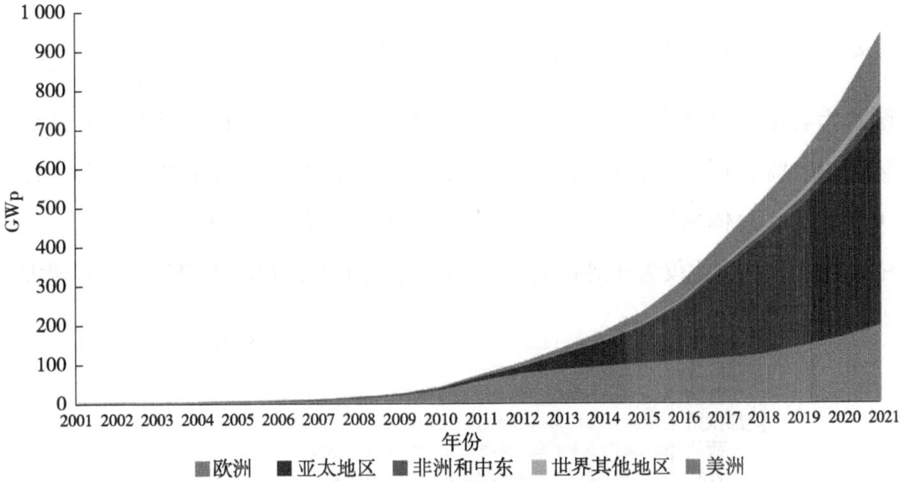

图 5　区域光伏装机演变

数据来源：IEA PVPS。

从图 5 可以看出，亚太地区光伏装机份额从 2012 年开始迅速增长，2021 年亚太地区累计光伏装机占全球总累计光伏装机容量的 57%。欧洲光伏市场连续 4 年出现大幅增长，累计装机容量占比为 21%（其中欧盟占 92%）。美洲由于巴西和美国等国家的拉动，装机容量累计占比为 16%。非洲和中东及世界其他地区占 6%。

亚洲继续主导全球光伏市场，中国保持领先地位。主要光伏市场（如中国、印度、日本、韩国、马来西亚）在 2021 年继续保持高速发展；泰国、新加坡、印度尼西亚和菲律宾等其他市场发展较为缓慢或偶有停滞；越南连续 3 年增长较快，但在 2021 年下降较为显著。

美洲市场有所增长，主要是美国市场的快速发展，巴西是美洲第二大市场，其次是墨西哥、智利、阿根廷和加拿大。

在欧盟方面，2021 年装机容量排在第 1 位的是德国（5.3 GW），其次是西班牙（4.9 GW），法国（3.3 GW）排在第 3 位，比 2020 年增长了 3 倍，随后依次是荷兰和波兰（均为 3.3 GW）、希腊（1.2 GW）。低于 1 GW 水平的国家包括意大利（944 MW）、比利时（850 MW）、匈牙利（800 MW）、奥地利（720 MW）、葡萄牙（572 MW）、瑞典（500 MW）、丹麦（312 MW）、捷克（68 MW）。在非欧盟地区，挪威为 45 MW、瑞士为 616 MW。此外，乌克兰在过去几年也安装了大量光伏电站。

在非洲和中东方面，2021 年以色列增加了 935 MW 的装机容量，较 2020 年大幅增加；阿联酋前几年进行了大量光伏项目招标，但上线较少，增长前景乐观；土耳其装机容量新增 1 GW，同比持平。2021 年，非洲和中东地区光伏项目以离网为主，屋顶光伏发展迅速。

（五）光伏发电对电力需求贡献占比

图 6 为各国和地区光伏发电量占电力需求的比例。澳大利亚以 15.5% 位居第一，西班牙以 14.2% 位居第二，希腊以 13.6% 位居第三，其后依次是洪都拉斯（12.9%）、荷兰（11.8%）。总体来说，光伏发电贡献了世界电力需求的 5%。

中国光伏发电占比仅为 4.8%，略低于世界平均水平，相对于前几位还有较大差距。

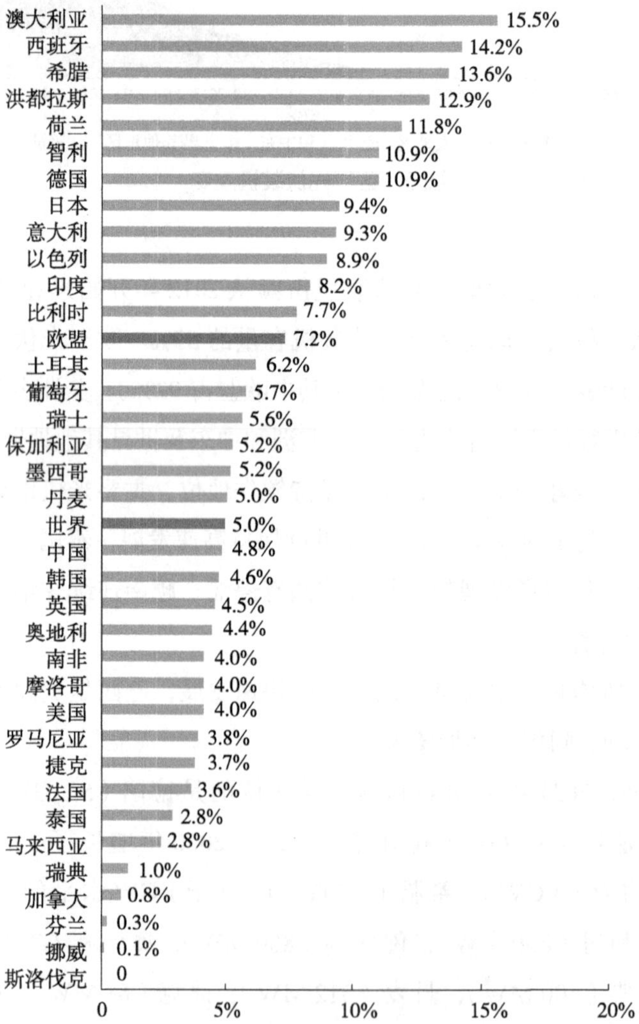

图 6　2021 年光伏发电占电力需求比重

数据来源：IEA PVPS。

（六）发展光伏发电的影响

光伏在能源领域的重要性日益增加。光伏发电可以降低二氧化碳排放，根据2021年年底全球累计安装的光伏电站产生的总发电量计算，每年减少约1 100万t CO_2 排放，占所有能源排放的3%。光伏促进清洁能源系统的发展，光伏技术的应用可以促进其他产业协同发展，如光伏与绿氢的生产、光伏与电动汽车产业的发展等。

二、启示与建议

从《回顾》可以看出，随着各国和地区渴望摆脱对传统能源的依赖，可再生能源产业尤其是光伏产业得到了快速的发展，投资者对光伏产业的认可度逐渐上升，光伏产业有着广阔的发展前景，但也面临贸易保护主义等方面的挑战。

（一）光伏产业的发展机遇

近年来国内密集出台政策，促进可再生能源尤其是光伏的发展。2022年5月，国家发展改革委、国家能源局发布《关于促进新时代新能源高质量发展的实施方案》。2021年10月，国家发展改革委等九部委联合印发《“十四五”可再生能源发展规划》。2022年，国家发展改革委、工业和信息化部、财政部、住房和城乡建设部、国家能源局等出台多项政策，提出大力发展光伏产业，涉及规划、创新、监管、补贴、电力市场、分布式光伏、地面光伏电站建设等多个方面，为我国光伏产业健康发展打下了较好的政策基础。

光伏装机市场潜力巨大。光伏产业市场潜力比较大的是中国、美国、欧盟、印度、巴西、澳大利亚、日本等国家和地区。早在2018年年末，欧盟委员会发布“欧盟2050战略性长期愿景”，争取2050年实现零碳排放，其中欧盟国家要在2030年将可再生能源目标定为总能源的32%。欧盟各成员国家纷纷响应政策号召，力求在欧盟市场中具有较高的新能源装机容量。以西班牙为例，其批准了2021—2030年国家能源与气候综合方案，计划在2030年将本国可再生能源装机容量增加至120 GW，并且主要来源于光伏及风电。根据该方案内容，西班牙预计到2030年将有74%的电力来自可再生能源，占总能源的41%，并在2050年将光伏装机总量上升至50 GW。

（二）我国光伏产业“走出去”面临的挑战

一是以贸易关税的形式限制中国光伏产品进口。以美国为例，2022年2月，美国对光伏组件实施紧急进口限制（第201条款），对来自中国的进口光伏产品额外关税延长 4 年；美国还发动了对柬埔寨、马来西亚、泰国、越南 4 个国家光伏产品出口的反规避调查。虽然拜登政府豁免了未来 24 个月以上东南亚四国的进口关税，但仍存较大不确定性。这些均对中国的光伏企业出口产生不利影响。

二是通过政治手段打压中国光伏产业发展。如西方国家妄图通过造谣、诬陷中国新疆地区强迫劳动来打压中国光伏产业发展。2022 年 6 月，美国海关和边境保护局依据其所谓“维吾尔强迫劳动预防法案”，将中国新疆地区生产的全部产品推定为所谓的“强迫劳动”产品，禁止所有与中国新疆地区相关的产品入境美国。

三是设置绿色贸易壁垒限制中国光伏产业的发展。自 2015 年 9 月起，越来越多的国家和地区将碳足迹作为选取产品的重要指标。如 2022 年 3 月，欧盟委员会发布《2022—2024 年生态设计和能源标签工作计划》，对光伏组件、光伏逆变器、并网系统等开展生态设计调查，并对能效体系贴标签，要求全产业链符合碳足迹要求。但中国目前尚缺乏统一的针对光伏产品碳足迹核算的规则与标准。能够用于碳足迹核算的数据库以国外的为主，国内缺口较大，而国外数据库对中国电力、材料等环节的碳足迹水平核算值偏高，导致光伏产品的碳足迹水平普遍偏高。此外，欧美掌握先进的光伏技术，中国光伏产业加工贸易比重偏高，这也是中国光伏产业发展的潜在威胁。

为有效应对全球气候变化，各国和地区对光伏行业的支持力度都在逐渐增大。中国光伏产业“走出去”虽然面临一定的挑战，但海外较为庞大的市场为中国光伏产业提供了重要机遇。中国光伏产业应抓住光伏产业发展的机遇期，加快推动中国光伏产业“走出去”，主要启示和建议如下。

一是在技术层面，促进光伏产业升级，提升光伏产业竞争力。可再生能源作为主体，将成为能源生产端脱碳的重要途径。通过技术进步，打破美国、德国和日本等国的企业对多晶硅原料市场的垄断，提高国内料件供应能力。开展技术创新，以开放的态度对待每一种前瞻性技术，并在关键领域进行重点布局。在保持光伏产业“中游”优势的基础上，着重向“上游”“下游”两端拓展延伸，实现“跨越式升级”。打通光伏产业价值链各环节，实现转型升级。

二是在产能优化和贸易方面，可采取积极措施应对欧美国家设置的绿色贸易壁垒。不断优化光伏产业的用能结构，持续向以绿电保障为主的低电价地区集中，通过绿电交易、零碳产业园等途径进行绿色转型。建议政、产、学、研联动，开展联合研究，明确光伏产品的碳足迹核定方式，推动国内外在光伏产品碳足迹核算方法上的互认，不断推动低碳光伏技术的产业化进程。

三是在国际合作方面，可依托“一带一路”绿色发展国际联盟和“一带一路”

生态环保大数据服务平台等机制，促进企业抱团出海。依托“一带一路”绿色发展国际联盟和“一带一路”生态环保大数据服务平台，依照《“一带一路”绿色投资原则》，促进光伏企业信息、资源整合与协作，共同开拓“一带一路”共建国家市场，以合作共赢机制实现优势互补，促进共同发展。

四是在标准规则方面，光伏企业应加快国际化布局，通过参与标准制定增强话语权。为应对国际进口限制，光伏企业可通过设立海外研发中心、建立海外生产基地，加快国际市场布局。此外，光伏企业还需要积极参与行业国际标准、行业标准等规则制订，增强在光伏产业领域的国际竞争力和话语权。

参考文献

滕玥，2022. 热点 [J]. 环境经济，(11): 6-7.

王青，孙岫，张海霞，等，2022. 中国光伏行业 2021 年回顾与 2022 年展望 [J]. 电气时代，(5): 20-28.

于佳，2019. 海外光伏电站运行维护管理机制的应用探究——以印度为例 [J]. 河南建材，(1): 209-210.

张维佳，2022. 光伏市场或将开启加速发展模式 [N]. 中国电子报，2022-07-29(008).

IEA, 2022. Snapshot of Global PV Markets 2022[R/OL]. https://www.iea-pvps.org/snapshot-reports/snapshot-2022/.

全球氢能发展状况分析与建议

张剑智　晏　薇

2022 年 9 月，国际能源署（IEA）发布了《2022 年全球氢能评论》（*Global Hydrogen Review 2022*①）报告。氢气能源（以下简称氢能）作为一种可再生的、清洁高效的二次能源，成为许多国家能源转型的战略选择。氢能产业链包括制氢、储氢、运氢、加氢、用氢等环节。该报告从需求侧角度出发，综合评估了全球氢能需求、供给、基础设施、贸易、政策、投资与创新等的进展状况，并探讨了氢能短期和中长期发展趋势。该报告指出氢能有利于实现工业、交通等难减排领域的深度脱碳，被视为未来可有效接替终端传统化石能源的战略性转型方向，但存在氢能技术尚不成熟、氢能市场需求不高、氢能基础设施不完善等问题。该报告建议各国政府应从战略制定转向政策执行，降低风险，扩大氢能需求，提高低排放氢能项目的经济可行性及加强氢能领域的国际合作。

近年来，中国高度重视氢能的发展。2022 年 3 月，国家发展改革委、国家能源局联合印发《氢能产业发展中长期规划（2021—2035 年）》，确定了中国未来氢能发展的整体架构。但是中国氢能产业仍面临成本偏高、基础设施不足、能源效率偏低、市场需求不足、技术发展存在短板等问题。因此，研究全球氢能发展状况并分析未来发展趋势，具有一定的现实意义。

一、《2022 年全球氢能评论》主要内容综述

（一）全球氢能需求有所增长

2021 年，全球氢能需求超过 9 400 万 t，超过了新冠疫情前水平（2019 年为 9 100 万 t），氢能的需求量相当于全球最终能源消耗的 2.5%，总体而言氢能需求量还很低。其中，增长的大部分氢能仍是在传统应用领域，如炼油和工业领域。重工业、运输、发电、建筑及氢能燃料生产等新应用领域需求增长约 4 万 t，较 2020 年增长了 60%。中国是氢能第一大消费国，大约消费了 2 800 万 t，占全球消费量的

① https://www.iea.org/reports/global-hydrogen-review-2022。

30%；美国大约消费了 1 200 万 t；中东地区消费了大约 1 200 万 t；欧洲是氢能第四大消费区域，大约消费了 800 万 t。

2021 年，炼油行业消费了近 4 000 万 t 氢气。炼油企业使用氢气去除杂质，特别是硫，并将重油馏分为轻油。炼油行业所需要的氢气主要来自催化石脑油裂解和蒸汽裂解的副产品。工业领域消费了近 5 400 万 t 氢气。其中，氢制氨项目使用了 3 400 万 t 氢气、氢制甲醇项目使用了 1 500 万 t 氢气、钢铁行业使用了 500 万 t 氢气。根据欧盟 REPowerEU 计划，预计 2030 年欧洲将使用 230 万 t 可再生氢能，这将使欧洲炼油企业每年减少使用 100 多亿 m^3 的天然气。

运输领域氢能主要用于重型卡车和商用车。2021 年，燃料电池电动汽车的库存超过了 5.1 万辆，比 2020 年年底增长了 55% 以上。截至 2022 年 6 月底，世界各地有 975 个加氢站投入运营。2022 年 2 月，世界上首批液化氢从澳大利亚海运到日本。2022 年 8 月，德国开始运营首批氢能燃料电池列车。电力行业、氢能和氨的使用也越来越受到关注。根据各国和地区颁布的氢能战略、相关政策措施及正在开发的氢能项目，国际能源署预测 2030 年氢能需求可能达到 1.15 亿 t。如要在 2050 年实现净零排放，2030 年氢能需求量将近 2 亿 t。

（二）全球氢气供应规模有望扩大

2021 年，全球氢气产量 9 400 万 t，几乎都来自化石燃料制氢。其中，天然气制氢占 62%，炼油厂副产氢占 18%，煤制氢占 19%（主要来自中国）。天然气制氢和煤制氢排放了 9 亿 t CO_2，因此所制得的氢气产品被称为“灰氢”。全球低排放氢气的产量不到 100 万 t，几乎都是使用碳捕获、利用与封存技术（CCUS）的化石燃料企业产生的，这种氢能产品被称为“蓝氢”。然而，目前很多新的低排放氢气的项目正在立项审批或投入建设。如果这些项目能投入生产，到 2030 年，低排放氢气的年产量可超过 2 400 万 t，其中电解水制氢为 900 万～1 400 万 t/a，CCUS 制氢为 700～1 000 万 t/a。如果所有待批的电解水项目都能投入生产，2030 年电解水的装机容量将达到 134～240 GW。

（三）扩大电解水生产能力对氢能发展至关重要

电解水制氢是在直流电作用下将水进行分解而产生氢气和氧气的技术，该技术可以采用可再生能源电力，不会产生二氧化碳和其他有毒有害物质的排放，从而获得“绿氢”。2021 年，全球电解水产能为 8 GW/a，欧洲和中国两个区域占全球产能的 80%。预计 2030 年欧洲的电解水制氢产量将达到 500 万 t 氢气。目前，美国、印度和澳大利亚正在建设或扩大电解水产能。澳大利亚具有太阳能光伏和风力发电的优势，大力推动电解水制氢，计划向日本和韩国等亚洲国家出口氢气。拉丁美洲、中东和非洲预计也将生产大量电解氢（2030 年将超过 400 万 t 氢气）。到 2030 年，电解水制氢产能将超过 60 GW/a，其中欧洲和中国仍处于领先地位。

新装电解槽的装机容量正在迅速扩大。2021 年年底，新装电解槽达到 510 MW，比 2020 年增加 210 MW，增幅为 70%。中国宁夏太阳能氢气项目投产，是世界上最大的电解厂，电解槽容量为 150 MW。目前，全球约有 460 个电解水项目正在开发或建设，其中 40% 的产能在中国，约 1/3 在欧洲。如果计划中的电解水项目能获得批准，生产能力将会大幅扩大。

电解水的技术还需要进一步完善。2021 年，约 70% 的电解水都是碱性电解，其次是质子交换膜（PEM）电解水，占 1/4。新兴的技术包括固体氧化物电解电池和阴离子交换膜，不如碱性电解和 PEM 电解技术成熟，目前仅占装机容量的很小份额。

电解水的成本仍然较高。安装电解槽的成本（包括设备、气体处理、工程、采购及建造成本等）是 1 400～1 770 美元 /kW，碱性电解水价格低一些，而 PEM 电解水成本高一些。中国生产的碱性电解水成本比欧洲或美国相对便宜。预计 2030 年电解水的生产能力将达到 134～240 GW，而成本将比目前下降 70% 左右。

（四）氢能的基础设施尚不完善

目前，所需氢气都是在炼油厂或工业设施附近生产的。氢气可以通过储气罐车或液氢方式运输到需求量低的客户。但是随着氢能产量增大及运输距离扩大，需要建设更多的氢能储存和运输的基础设施，如管道、压缩机、卡车、船舶、液化转化工厂、储罐和地下存储设施。氢气密度低、沸点低（-252℃），建设输送氢气的管道难度很大。2022 年 9 月，美国约有 2 600 km 的氢气管道在运行，欧洲估计约有 2 000 km。但是，随着氢气需求的增大，在风能、太阳能资源丰富的地区或具有储存二氧化碳潜力的地区生产氢气具有一定的成本优势，可以推动氢能基础设施的发展。

2022 年 9 月，全球天然气储存量接近 4 300 亿 m^3，约占全球天然气需求的 10%。未来氢气在能源系统中将发挥重要的作用，因此储氢的可靠性极其重要。

（五）氢能贸易尚处于萌芽阶段

国际氢能贸易可能成为能源转型的一个重要特征，但目前国际市场对氢能的需求很低。世界范围内对低排放氢气和氢衍生物的需求不断增加，主要用于能源系统脱碳。一些国家正在寻求扩大低排放氢能的使用，从而促进工业部门脱碳。

（六）利用液化天然气基础设施运输氢气仍有巨大风险

全球已安装的天然气输送管道超过 120 万 km，另有约 20 万 km 的项目正在建设或处于建设前期阶段。随着全球碳中和进程推进，未来天然气管道将可能闲置。一些国家正在考虑利用天然气管道输送氢气或氨气，特别是欧洲的一些国家。由于输送氢气需要更低的温度，需要更换压缩机、检查管道及其组件的密封性，对接收氢气的终端设备也提出了更多要求。液化天然气储罐成本占液化天然气接收终端投资成本的一半左右，而新建的液化氢储罐的成本可能比液化天然气储罐高 50% 左右。

2022 年 9 月，只有荷兰完成一条 12 km 天然气管道改造，每年运输 4 000 t 的氢气。2022 年 6 月，荷兰政府宣布投资 7.5 亿欧元，于 2031 年建成全国氢气输送网络。氢气管网总长 1 400 km，其中 85% 为天然气管道。

二、世界主要经济体氢能战略及政策影响

（一）世界主要经济体相继发布氢能战略，积极推动氢能产业发展

《联合国气候变化框架公约》第二十六次缔约方大会（COP26）召开期间，占 2/3 以上全球氢能生产和需求的 35 个国家以及欧盟通过了氢能突破性目标："到 2030 年，全球均能获得可负担的可再生能源及低碳氢能。"2022 年 9 月，已有 25 个国家及欧盟发布了氢能战略，将氢能列入相应的清洁能源转型计划。还有 20 多个国家宣布正在制定国家氢能战略，如美国和印度。

欧盟及欧洲 16 个国家能源转型成效显著，但面临工业部门深度脱碳的难题。氢能特别是低碳排放氢能可为钢铁、石化、化工等难减排行业提供有效的碳中和方案。因此，以德国为代表的欧洲国家将氢能发展，特别是"绿氢"的规模化生产视为重点行业深度脱碳的主要推动力。

美国更为关注氢能技术研发，偏重发展"蓝氢"。由于天然气资源条件优越、成本低廉，美国企业更青睐发展以天然气制氢配套 CCUS 获得"蓝氢"，而在"绿氢"规模化应用方面较为审慎。澳大利亚、俄罗斯、沙特阿拉伯等传统油气出口国正积极致力于在碳中和时代成为低碳氢能的生产、出口大国，更偏重储存和出国贸易。以日本、韩国为代表的能源对外依存度较高的国家发展氢能主要为保障本国能源安全。

（二）新冠疫情起伏及俄乌冲突使各经济体更加关注能源安全，将促进氢能发展

2022 年 3 月，欧盟发布 REPowerEU 计划，旨在减少从俄罗斯进口化石燃料，到 2030 年，欧盟年产 1 000 万 t 可再生氢能，再进口 1 000 万 t 氢能，主要是“绿氢”。2022 年 4 月，英国发布《能源安全战略》（*The Energy Security Strategy*），目标是 2030 年低排放氢能产量达到 10 GW，其中至少一半来自电解水氢。匈牙利计划 2030 年运营 4 800 辆重型燃料电池汽车。

三、中国发展氢能的对策建议

由于不同经济体的能源资源禀赋、能源转型压力和内部市场空间存在差异，所发布的氢能战略重心以及在全球市场的定位也有所不同，全球氢能产业仍处于产业导入探索期。受碳中和目标约束，世界多数经济体在氢能长期发展目标中将“绿氢”视为核心。为保障我国能源安全，促进能源转型，实现“双碳”目标，建议如下。

一是加强国际交流与合作。目前，国际上生产和使用的氢能主要是“灰氢”，而“蓝氢”及“绿氢”规模都很小，特别是“绿氢”尚处于早期阶段。我国可结合国内氢能发展情况及能源转型需求，与国际能源署、国际可再生能源署、G20、OECD 等国际组织以及欧洲、美国、俄罗斯、澳大利亚、日本、沙特阿拉伯等开展广泛的国际交流与合作，跟踪氢能的研究进展，评估氢能的发展速度及影响，扩大氢能市场，共同推进能源转型。

二是加大氢能的研发力度，有序推进氢能发展。通过税收、绿色采购、绿色债券等绿色投融资激励机制，鼓励能源企业及科研院所加大对氢能技术的多方面投入，尤其是电解水制氢、燃料电池、储氢罐、输送氢气管道、氢气加注和安全检测等环节的关键设备的研发。深入分析“灰氢”、“蓝氢”及“绿氢”3 种氢能的经济有效性，科学合理布局，有序推进氢能发展。

参考文献

程诺，刘潇潇，曹勇，等，2022. 全球主要经济体氢能战略及项目布局特点分析 [J]. 石油石化绿色低碳，(2): 1-4.

孟翔宇，陈铭韵，顾阿伦，等，2022.“双碳”目标下中国氢能发展战略 [J]. 天然气工业，(4): 156-179.

邹才能，李建明，张茜，等，2022. 氢能工业现状、技术进展、挑战及前景 [J]. 天然气工业，(4): 1-20.

绿证交易与绿电交易对比研究

赵新光　刘　侃

随着全面推动“碳达峰、碳中和”目标的提出，构建以新能源为主体的新型电力系统，建立有利于促进绿色能源生产消费的市场体系和长效机制，已成为实现“双碳”目标的重要手段。绿证、绿电和温室气体自愿减排交易（CCER）等市场机制的实施，极大地促进了可再生能源产业的快速发展。

一、我国绿证、绿电市场的发展沿革

（一）绿证

绿证即可再生能源绿色电力证书，是国家对发电企业每兆瓦时（MW·h）可再生能源上网电量颁发的具有唯一代码标识的电子凭证，其是绿色电力环境价值的唯一凭证。

2017 年，我国试行绿证核发和自愿认购制度，国家对享受补贴的陆上风电和集中式光伏发电项目上网电量核发绿证，代替财政补贴。2020 年起，我国实施可再生能源电力消纳保障机制，明确各承担消纳责任的市场主体可通过购买绿证完成消纳责任权重。2023 年 8 月，国家发展改革委等三部门发布《国家发展改革委　财政部　国家能源局关于做好可再生能源绿色电力证书全覆盖工作　促进可再生能源电力消费的通知》（以下称“绿证新政”），将绿证核发范围扩展到所有已建档立卡的可再生能源发电项目。对风电、太阳能发电、生物质发电、地热能发电和 2023 年（含）以后新投产的常规水电项目核发可交易绿证。对常规存量水电项目，绿证随电量交易直接无偿划转。

绿证主要有 3 种应用场景。一是认证绿色电力消费，以绿证作为电力用户绿色电力消费和绿电属性标识认证的唯一凭证。二是核算可再生能源消费，落实可再生能源消费不纳入能源消耗总量和强度控制。三是支撑绿色电力交易，交易绿电的同时划转绿证，实现“证电合一”。

（二）绿电

绿电即绿色电力，在绿电交易领域是指符合国家有关政策要求的风电、光伏等可再生能源发电上网电量，未来可能扩展到水电上网电量。

2021 年 8 月，国家发展改革委、国家能源局印发《关于绿色电力交易试点工作方案的复函》，同意国家电网、南方电网开展绿电交易试点。2021 年 9 月，全国范围内启动绿电交易。2023 年 2 月，国家发展改革委等三部门下发《关于享受中央政府补贴的绿电项目参与绿电交易有关事项的通知》，明确绿电溢价收益、绿证收益与国家可再生能源补贴不可兼得。

（三）绿证与绿电的联系与区别

绿证与绿电之间存在天然的联系。绿证是可再生能源绿色电力的“电子身份证”，是对可再生能源发电项目所发绿色电力颁发的具有独特标识代码的电子证书。绿电是附带绿证的风电、光伏等绿色电力发电企业的上网电量。

绿证交易将可再生能源的能量属性与环境属性分开销售。用户购买绿证仅拥有绿色电力的环境属性，电力供给还需另外购买。绿证既可以随绿电交易而转让，也可以单独交易，不受物理网络约束，更加灵活、便捷，金融属性更强。

绿电交易将可再生能源的能量属性与环境属性捆绑销售。在绿电交易中，用户通过电力交易的方式购买风电、光伏等可再生能源电量，消费绿色电力，并获得相应的绿证，是一种“证电合一”的模式。

二、绿证交易和绿电交易的现状和展望

（一）绿证交易现状：市场仍处于发展初期，交易率低

目前我国绿证交易市场仍处于发展的初期，全国范围内绿证交易率低。根据中国绿色电力证书认购交易平台数据，2022 年全年核发绿证 2 060 万个，对应电量 206 亿 kW · h；交易绿证 969 万个，对应电量 96.9 亿 kW · h。2022 年我国风电、光伏发电量达到 1.19 万亿 kW · h，绿证核发量、交易量占全国风电和光伏发电量的比例分别为 1.73%、0.81%。截至 2022 年年底，全国累计核发绿证约 5 954 万个，累计交易数量 1 031 万个，累计交易率为 17.3%。

关于绿证交易价格，补贴绿证与无补贴绿证价格相差较大，风电和光伏也有差异。根据交易平台数据，2022 年，补贴光伏绿证、补贴风电绿证、无补贴光伏绿证、无补贴风电绿证的交易均价分别为 62 分 /（kW · h）、20 分 /（kW · h）、4.8 分 /（kW · h）、

4.4 分 /（kW · h）。

（二）绿电交易现状：占比很小，但交易量增长迅速

绿电交易试点开展以来，交易量迅速增长。根据中电联数据，2021 年 9—12 月全国各省内绿电交易电量为 6.3 亿 kW · h，2022 年全年大幅增加至 228.7 亿 kW · h，而 2023 年 1—7 月已达到 255.7 亿 kW · h，超过 2022 年全年交易量。绿电交易量目前仍然只占全国各类电源交易总量的极小部分，2022 年绿电交易量占比仅为 0.4%，2023 年 1—7 月提升至 1%。

关于绿电交易价格，根据国家可再生能源信息管理中心发布的《2022 中国可再生能源绿色电力证书发展报告》，2022 年全国绿电交易平均溢价约 5 分 /（kW · h）[按全国电网平均排放因子 0.570 3 tCO_2/（MW · h）折算成碳价相当于 87.7 元 /t]。国家电网区域绿电溢价 6～8 分 /（kW · h），南方电网区域绿电溢价 1～3 分 /（kW · h）。

（三）市场对绿证、绿电的认可度不高

在国际层面，我国绿证仅获得有条件认可。对绿证、绿电的需求很大一部分来自加入 RE100（100% Renewable Electricity）的跨国公司，RE100 对绿证的认可标准是当前应用最为广泛的国际标准之一。由于担忧环境权益重复计算，RE100 对我国绿证有条件认可，要求使用我国绿证时，需特别关注环境属性的排他性，若存在同一个项目具备多项环境属性凭证的情况，所有的凭证都需要在声明时全部注销。

（四）绿证、绿电交易市场展望

绿证、绿电交易市场规模总体较小，但呈逐年快速增长趋势。“绿证新政”的推出将提升企业购买绿电的需求，助推绿电交易市场逐渐活跃，带动绿电交易进一步发展。安永（中国）企业咨询有限公司在 2023 年 9 月发布的《绿电交易：助推绿色能源消费》白皮书指出，随着绿证核发范围的扩大、唯一性地位的明确，将从供给侧、需求侧和价格侧等方面带动绿电交易的发展。有专家估计，2030 年，全面市场化的绿色电力交易规模或将超过万亿千瓦时级别。

三、绿证、绿电与碳市场

（一）绿证、绿电与 CCER 在可再生能源上产生交叉

绿证和绿电是专为可再生能源发电项目设计的，用来代替可再生能源补贴，促

进可再生能源消纳，减轻国家财政负担。CCER主要是通过市场机制，对不承担强制减排义务、自愿开展温室气体减排活动的主体给予资金支持，从而降低全社会减排成本。绿证、绿电和CCER都支持可再生能源发电项目，体现可再生能源项目的环境溢价。

三者对可再生能源发电项目的覆盖范围不同。绿证的核发范围最大，包含了几乎所有可再生能源发电项目。绿电交易的覆盖范围集中在风电和光伏，未来可能扩展到所有获得可交易绿证的项目。CCER支持的范围最小，仅支持最迫切需要支持的项目，例如成本较高、投资收益差的海上风电、光热发电。

在认证程序方面，绿证核发相对简单，只需要可再生能源发电项目建档立卡，即可以电网企业、电力交易机构提供的数据为基础核发。绿电直接以绿证为基础进行交易。CCER减排量的签发相对复杂，需要经过审定、核查、公示、项目备案、减排量备案等流程。

在额外性要求方面，绿证、绿电没有提出额外性的概念，CCER提出了额外性的要求。只有经济效益差或存在其他技术障碍，一般情况下企业不愿意投资的项目，才能满足CCER额外性的要求。CCER减排量除用于国家碳市场履约外，未来可用于国际航空业碳抵消与削减机制（CORSIA）。

（二）可再生能源项目的环境属性可能出现重复计算

"绿证新政"提出绿证是我国可再生能源电量环境属性的唯一证明，是认定可再生能源电力生产、消费的唯一凭证，要求我国可再生能源电量原则上只能申领核发国内绿证。绿证交易信息实时同步至核发机构，以此避免绿证的重复申领或重复交易。

CCER也对该项目提出了唯一性要求，要求项目未参与其他减排交易机制，不存在项目重复认定或者减排量重复计算的情形。唯一性的要求主要通过项目业主的自我承诺来约束，约束力和监督不足。

CCER与绿证尚未实现数据互通，已经申请CCER的风电和光伏项目仍然能够申请获得绿证，并通过交易获得收益，具有重复计算风险。

（三）绿证及绿电的使用需避免与电网排放因子间可能存在的重复计算问题

电网平均排放因子是碳排放核算的重要参数之一，其计算方法为"电网中发电对应的碳排放量"除以"电网中的发电量"。在国际通用的《温室气体核算体系》（GHG Protocol）中，列出了两种排放因子计算方法（二选一），分别是基于位置（location-based）的方法和基于市场（market-based）的方法。前者采用的是区域电网的平均排放因子，后者则考虑了企业购入绿证、绿电的情况下更低的排放因子。

企业如果从电网购买了绿电用于碳抵消或碳中和，那么这部分环境权益已经被占用，不能再被用于未购买绿电用户的排放计算，即电网发电量中需要扣除这部分绿电，相应调整电网的平均碳排放因子（相当于排放因子要调高）。

对于地方试点碳市场，2023 年天津、北京、上海等地先后出台关于绿电的政策，将绿电的碳排放量核算为 0。三地在调整绿电碳排放核算方法的同时，未因此而调整其电网平均排放因子，导致这些绿电先是按照 0 排放计算，作为计算公式中分母的一部分，拉低了电网平均排放因子，后是在企业核算中按照 0 排放又算了一次。在地方试点碳市场探索中引入了绿电，虽然核算方法不够严谨，但由于绿电交易规模尚小，对试点碳市场影响不大。

对于全国碳市场，生态环境部发布的全国电网平均排放因子计算方式为（我国发电排放量 + 进口电隐含排放量）/（我国发电量 + 进口电量），其中的绿色电力已按照 0 排放计算。全国碳市场八大行业在核算企业外购电力引起的排放时，未考虑企业购买绿证、绿电的情况。在此情形下，在全国碳市场中，未出现绿证、绿电与电网排放因子重复计算问题。

当前绿证、绿电交易对我国电网平均排放因子影响较小，未来随着交易规模扩大，影响会增大。2022 年，全国绿证（含绿电绿证）交易量仅占全国发电量的 0.11%，如在我国发电量中扣除绿证交易量，重新计算全国电网平均排放因子，则由 0.570 3 tCO_2/（kW · h）变为 0.570 9 tCO_2/（MW · h），增加 0.11%。

四、下一步工作建议

（一）尽管已有绿证、绿电，CCER 仍然要纳入可再生能源发电项目

由于开发技术难度低、数据质量好等优点，无论是在早期的清洁发展机制（CDM）时期，还是在之前的 CCER 机制中，可再生能源类项目都占最主要的位置，占比超 50%。由于林业碳汇等类型项目数量少、减排潜力有限，开发 CCER 技术难度大，如果排除可再生能源类项目，新的 CCER 机制将缺乏可开发项目。

CCER 项目的优势是具有额外性，国际、国内认可度更高。建议：①在 CCER 方法学中纳入额外性较显著的几类可再生能源发电项目，例如成本高、经济性差的海上风电和光热发电项目。②在不降低 CCER 项目额外性要求的前提下，降低额外性论证的难度，对额外性较显著的几个项目类型，从国家层面统一发布额外性论证过程，不再由项目业主对每个项目单独论证。

（二）明确和具体化 CCER 唯一性的制度设计，避免与绿证、绿电重复计算

可再生能源发电项目的环境权益不能通过不同机制重复计算或重复交易，这是国际社会的共识。建议制定 CCER 项目唯一性的具体认定规则。方案一是要求可再生能源项目在 CCER 与绿证间“二选一”，申请 CCER 的可再生能源项目放弃绿证申请，已核发的绿证要注销。在“绿证新政”提出绿证核发全覆盖的背景下，可能出现所有可再生能源项目都申请绿证，没有项目符合 CCER 唯一性要求的情况。方案二是要求可再生能源类 CCER 项目进行减排量交易时，要同时划转对应的绿证。此方案需要 CCER 登记平台、交易平台与绿证交易平台建立连接。

（三）建议全国碳市场按基于位置的方法计算电网平均排放因子，暂不考虑企业的绿证、绿电

为了避免绿证、绿电的环境权益被重复计算，影响碳排放核算的结果及政策应用，建议区分核算的层级和目的。对全国碳市场，建议按照基于位置的方法，计算得出全国电网平均排放因子，即可再生能源发电项目的减排性体现为整个电网的清洁化，而非用于微观主体的减排；并且规避绿电交易量未知对碳市场配额分配和清缴履约带来的影响。对于企业自身的碳抵消或碳中和，可以选择基于市场的方法，考虑购入绿证、绿电获得的减排效应。不过在企业间排放比较时，需要注意不同排放因子计算方法导致的差异。

参考文献

国家发展改革委，财政部，国家能源局 , 2023. 关于做好可再生能源绿色电力证书全覆盖工作　促进可再生能源电力消费的通知 [EB/OL]. (2023-07-15). https://www.ndrc.gov.cn/xwdt/tzgg/202308/t20230803_1359093.html.

国家发展改革委，财政部，国家能源局，2017. 关于试行可再生能源绿色电力证书核发及自愿认购交易制度的通知 [EB/OL]. (2017-01-18). https://www.nea.gov.cn/2017-02/06/c_136035626.htm.

国家发展改革委，国家能源局，2019. 关于建立健全可再生能源电力消纳保障机制的通知 [EB/OL]. (2019-05-10). https://www.ndrc.gov.cn/xxgk/zcfb/tz/201905/t20190515_962446.html.

生态环境部 , 2023. 关于公开征求《温室气体自愿减排交易管理办法（试行）》意见的通知 [EB/OL]. (2023-07-07). https://www.mee.gov.cn/ywgz/ydqhbh/wsqtkz/202307/t20230707_1035606.shtml.

中国电力企业联合会 , 2023. 2022 年 1—12 月份全国电力市场交易简况 [N/OL]. (2023-01-29). https://sc.starrypower.cn/newspost/8BC12334B2C742458833F523C5B18AA8.

绿色供应链管理助力行业绿色低碳高质量发展
——中国家用电器制造行业调研报告

袁 钰 刘 婷 董 鑫

2023 年 10 月，生态环境部对外合作与交流中心调研组赴广东东莞、惠州、佛山，先后走访了东莞市环保产业促进中心、TCL 科技、美的集团，与广东省绿色供应链协会、东莞市环保产业协会、东莞市环境科学学会、东莞市松山湖生态环境发展促进会、TCL 实业、美的集团等单位代表进行了座谈，并参观了 TCL 环境科技和液晶产业园。

此次调研深入了解了地方和家电行业企业在绿色可持续发展方面的规划布局、工作进展和战略愿景，与各方交流了当前行业和企业在绿色可持续发展方面的关切和挑战，探讨了协同推进行业减污降碳和绿色供应链韧性发展的政策需求和意见建议。

一、中国家用电器制造行业的绿色供应链实践

随着中国制造业的不断优化升级，中国家电出口量持续增加。据统计，2023 年上半年中国家用电器出口数量超 17 亿台，同比增长 1.4%。家电企业逐步加大全球制造能力建设，开展全球供应链布局，保障企业的正常生产与运营。海外市场份额的不断扩大以及国际贸易中环保要求的不断提高，使中国家用电器制造企业对供应链的安全稳定和绿色可持续发展有了更高的要求。头部企业已率先探索从产品全生命周期维度提升绿色标准，打造绿色供应链，降低企业供应链风险及污染物排放。

（一）制定企业绿色发展战略

企业基于我国碳达峰碳中和战略布局和政策要求，结合国际相关绿色产品贸易需求，逐渐认识到绿色供应链系统性管理的重要性，在整体经营中也融入全供应链减排理念，制定了符合企业未来发展的绿色发展战略，包括构建绿色全球供应链、提供绿色产品和服务、共建绿色美好家园等企业绿色发展战略目标，并明确了分阶

段实施计划和任务内容，在企业内部确立了绿色可持续发展构架及工作组，为后续具体措施的制定与实施奠定了基础。

（二）实施产业链全环节的减污降碳协同

企业将实施绿色供应链作为打造全球供应链和提升自身环境绩效的重要措施，充分发挥自身链主枢纽的带动作用，通过绿色设计、绿色采购、绿色生产、绿色销售、绿色物流、绿色消费、绿色回收全产业链的绿色化改造，协同上游供应商和下游客户，实现了全产业链的节能减碳。

在绿色设计方面，企业在设计环节融入节能环保的理念，并在零部件设计中考虑模块化、标准化、轻量化原则。家电制造企业可通过选用环保低排放的制冷剂、研发和运用绿色包装技术、开发绿色高效能产品和参与绿色标准制定等全面推进绿色设计。

在绿色采购中，头部企业对供应商的筛选考虑其环境绩效，组织开展供应商节能减排能力建设培训、社会责任自评和碳排查反馈，赋能供应商减碳。

在绿色生产和销售环节，企业在生产制造过程中加大绿色低碳技术研发力度，引入减排工艺和低碳设备，加大清洁能源和可再生材料的使用比例，选择低碳销售渠道和营销模式，减少产品积压。企业可借鉴行业头部企业经验，通过试点工厂建设、能源管理体系和环境管理体系建设、产品碳足迹分析及“无废工厂”建设等“组织、体系、能力、素质”的全面塑造，打造全价值链的绿色制造标杆。

在绿色物流方面，企业更多采用新能源运输车辆，应用物联网、大数据、云计算、人工智能等技术与业务相结合，形成端到端的绿色智慧物流网，通过建设全自动立体化智能仓库、无纸化办公和智慧化园区以及循环包装的利用，构建绿色物流体系。

在绿色消费与回收方面，企业注重宣传绿色文化，提供更便捷、更规范的售后服务；联合供应链上游，尝试建立“回收、拆解、循环利用”端到端的绿色循环体系。

（三）企业绿色供应链管理绩效明显

我国家电制造行业头部企业近年来开展的全产业链绿色管理在减污降碳、供应链可持续发展和产品绿色转型升级协同方面已初见成效。

以美的、TCL 两家企业为例。2022 年，美的集团 14 家工厂获国家级绿色工厂认证、3 家碳中和工厂认证，温室气体排放总量（范围一和范围二）为 150.59 万 t

二氧化碳当量，较 2020 年下降 34.5%，实现回收废旧家电超 100 万台；已建成光伏 2022 年发电总量为 2.15 亿 kW · h，减排约 12.5 万 t CO_2。TCL 集团获国内首张电器产品碳标签评价证书，有 5 个国家级绿色工厂、近 40 个国家级绿色产品、2 个国家级供应链、1 个国家级绿色产品示范，其光伏项目预计每年可减少二氧化碳排放超 1 万 t，能源管理平台已实现空调总能耗和碳排放降低约 15%，其全球可持续供应链体系日益完善，保障了企业国际份额的稳步上升。

二、当前绿色供应链管理面临的问题与挑战

调研发现，企业已经在加强绿色供应链管理对实现绿色低碳可持续发展的重要性方面形成普遍共识，并有需求主动探索系统性解决方案。但在真正实施过程中，行业当前依然面临资金投入不足、政策不明、标准冗杂、上下游缺乏共识等问题。

（一）企业面临巨大生存压力，绿色发展动力匮乏、进程阻滞

受疫情及全球经济增长普遍放缓等多因素综合影响，国内部分制造业和环保企业面临市场需求低迷、企业存续艰难的困境。在此形势下，除头部企业外，多数企业只能集中精力维持本身正常的生产销售活动以先求生存，开展绿色供应链相关实践和行动的动力和支持不足，对绿色韧性发展、实现减碳目标等尚在观望。

（二）企业对国内外绿色发展、绿色贸易等政策信息缺乏全面了解

目前，欧美等地区对商品、供应链的环保要求不断提高，美的、TCL 等行业头部企业已率先制定企业绿色发展战略和减碳目标及计划，并采取了供应链条中多个环节的绿色改造等相关应对措施，以提升企业绿色形象，实现企业绿色发展目标。尽管如此，行业对国内外绿色低碳经济政策，特别是绿色低碳贸易政策的了解还比较有限，缺乏可靠专业的渠道以及时跟踪、准确全面解读并提供有效可行的解决方案。

（三）全供应链减污降碳成为行业发展的现实需求和未来关注，而国内外绿色低碳实践工具参差不齐，尚未有效指导企业开展务实行动

供应链的安全稳定和可持续对行业长远发展有着决定性作用，参与国际竞争较多的外向型行业更是对供应链安全、高效、绿色和韧性发展有较高关注。受进出口市场约束，行业企业不仅要做好自身范围一和范围二的减排，还需要考虑从整个供应链的维度降低范围三的碳排放。然而，虽然目前国家已发布《2030 年前碳达峰行动方案》，北京、天津、河北、山东等 20 多个省（自治区、直辖市）也出台相应的

碳达峰实施方案，但目前涉及产品碳足迹量化的相关国家标准仍在制定过程中，适用于不同行业的全生命周期中的原材料追溯、碳足迹分析和减排量核算的方法及相关信息披露还缺乏统一权威的规范与指导，适合我国国情的碳排放数据库较为缺乏，专业技术支持能力不足，使地方政府部门、行业协会及企业在管理、监督和生产经营中落实绿色低碳要求的信心不足、路径尚不明晰。

（四）企业对中国标准、中国规则的国际化期待较高

在当前国际贸易中，面对进口方不断加码的贸易规则，我国企业多处于被动接受和跟随的状态，即使是技术性能领先的绿色产品，也由于各国间绿色节能标准和认证方法缺乏协调，难以得到目标市场的有效认可，进而削弱我国产品的市场竞争优势。随着我国企业不断加快出海发展的步伐，加强各国绿色低碳政策和行业实践的交流对接，合作开展试点示范项目，推动绿色低碳标准以及相关测试认证方法学的互认互通，对进一步提升我国优势行业绿色竞争力具有重要的支撑保障作用。

三、后续工作设想与建议

调研发现，目前地方和重点行业对协同推进绿色供应链和减污降碳、实现绿色高质量发展的认识和关注度日益提高。基于调研中地方和行业反馈的共性问题，提出以下工作建议。

（一）进一步加强政策研究与顶层设计

针对重点行业领域，加强相关管理部门、行业协会、研究机构、行业企业等的合作，组建供应链可持续发展研究专家组，跟踪研究、分析解读国内外绿色低碳发展相关经济贸易政策，及时总结绿色供应链管理优秀案例，为政策制定和行业实践提供决策支持和技术指导。

选择企业内生动力足、供应链跨国内外、减污降碳边际效用高的重点行业先行先试，开展试点行业供应链绿色低碳发展机制和路径研究。选取试点行业关键环节，如家电行业的回收再利用环节，探讨制定国家或行业层面战略规划或行动方案的可行性，加强供应链主要相关方的协同参与，强化对供应链全链条、产品全生命周期可持续发展的规范与管理，研究建立有利于绿色供应链发展的市场或政策激励机制。

（二）强化标准制定与工具开发

强化环境、社会和公司治理（ESG）理念，进一步加强行业企业环境责任和社

会责任，研究建立试点行业企业环境信息披露相关指南和规范，构建基于我国行业真实排放水平的产品碳排放数据库。

以“一带一路”、亚太经合组织（APEC）等区域合作平台为基础，加强与区域内国家的协调合作，研究建立试点行业绿色高效产品的技术检测方法和认可机制，推动相关标准和方法学的互认互通，探索建立广泛认可的重点行业绿色供应链关键环节碳核算方法学。

（三）加大重点行业试点示范

综合考虑行业整体发展水平、出口产品占比大的产业结构特点、国内外贸易政策对其影响程度高等因素，选择家电行业等作为优先试点行业。以行业协会、研究机构和有代表性企业为载体，依托国际和区域合作机制与平台，开发双多边合作项目，结合碳足迹、碳普惠等相关探索，开展技术政策实践、方法标准互认互通、市场机制构建等多层次的试点示范，推动建立高效绿色的回收再利用体系，促进供应链绿色发展及中国标准“走出去”，营造有利的国际市场环境。

（四）持续开展能力建设

组织开展重点行业协同推进绿色供应链与减污降碳相关能力建设活动和培训，为相关方提供国内外相关的政策分析与解读。依托“一带一路”、APEC 等区域合作平台，围绕重点行业构建绿色供应链，开展政策与实践的交流研讨，推广经验和成效，促进共识和认同，推动供应链可持续发展共同行动。